大学化学实验指导书
中法双语对照版

[法]罗南·费努克斯
刘建荣
[法]高蒂尔·罗伊辛 编著
陈中锐
[法]杰尔姆·朱伯特

U0653935

Guide d'enseignement expérimental pour le professeur de Chimie

上海交通大学 出版社
SHANGHAI JIAO TONG UNIVERSITY PRESS

内容提要

　　法国工程师教育历经两百多年历史，形成了一套独特的教学模式和方法。这本实验指导书从介绍工程师基础教育阶段的化学实验教学模式和方法开始，衔接到具体实验方案，最后对实验中的理论支撑做了详细讲解。书中选用了各个化学分科的经典实验，从实验准备、实验简介、实验操作、实验结果、实验注意事项等全方位对实验进行了描述。无论是在教学模式和方法的改革、实验方案的更新、新实验思路的探索等各方面均给广大读者提供了新鲜的元素。本书适用于高校一线化学教师和化学相关专业学生，可以作为一本新颖独特、与众不同的大学化学实验教科书。

图书在版编目（CIP）数据

　　大学化学实验指导书：汉法对照／（法）罗南·费努克斯等编著. －－上海：上海交通大学出版社，2024.8
ISBN 978-7-313-29981-9

　　I. 06-3

　　中国国家版本馆CIP数据核字第2024WM4505号

大学化学实验指导书（中法双语对照版）
DAXUE HUAXUE SHIYAN ZHIDAOSHU(ZHONGFA SHUANGYU DUIZHAOBAN)

编　　著：	罗南·费努克斯，刘建荣，高蒂尔·罗伊辛，陈中锐，杰尔姆·朱伯特		
出版发行：	上海交通大学出版社	地　　址：	上海市番禺路951号
邮政编码：	200030	电　　话：	021-64071208
印　　制：	上海万卷印刷股份有限公司	经　　销：	全国新华书店
开　　本：	710 mm × 1000 mm　1/16	印　　张：	27
字　　数：	455千字		
版　　次：	2024年8月第1版	印　　次：	2024年8月第1次印刷
书　　号：	ISBN 978-7-313-29981-9		
定　　价：	88.00元		

前　言 | Préface

　　从北京化工大学巴黎居里工程学院建院之初，化学教学团队就开始筹备编写具有工程师教育特色的系列教材，但是鉴于教材的出版受多方面因素的影响，因此一直未能成型。在经过七年的建设后，学院的各项教学工作已经步入正轨，教材的出版也被提上日程。在确定编写此书之初，几位编者对编写理论教材还是实验教材进行过激烈的讨论，经过了多次会议商讨，才最终确定了要编写一本实用性强、易读易懂的化学实验讲义的教材编写计划。之后又对教材的具体结构、内容进行了多次修订，什么内容有用需要放上去，按什么顺序编写读者能够更加高效地提取自己的有用信息等又做了多次修改。本书的编写历时三年有余，每年都会给学生发一版非正式实验讲义，在学年末根据实际教学情况进行一版修正。现在呈现在各位读者面前的这本《大学化学实验指导书》是在学生用讲义的基础上，经过了结构、内容等多方面调整而得到的。例如，在我们给学生的实验讲义中还涵盖了实验室仪器的使用说明，但是考虑到各个学校使用仪器的品牌型号都存在不同，使用方法自然不同，因此就将此部分删除了。此外，有所不同的是在我们学院的讲义里，不是每一部分都有中文翻译，只有部分实验步骤是中法双语的，其他部分均是全法文的，这和我们的全法语授课有关。编者们最后经过一年的整理、翻译工作，才得到了现在这本全部双语的实验指导书。在此过程中，编者也确实遇到了一些极具挑战的翻译问题，例如法语中的"filtration"和"essorage"表示两个不同的过滤，"filtration"是中文过滤、滤出液体，即只将固液混合物分开的过程。"essorage"如果直译的话，那应该是沥干、抽干，分离出干燥固体的意思，即固液过滤的最后阶段，将固体和液体分离得更完全。但是在日常应用中，我们只用到了"过滤"这一种表达方式，很少将"过滤"

这个过程分成"过滤"和"抽干"两步。因此,在翻译中我们就只保留了过滤。诸如此类的例子还有不少,在此就不一一列举。因此,可以说这本实验指导书是近几年学院化学实验教学的较为完整的总结。

在确定要出版实验类教材后,几位编者不约而同地提出要编写一本双语实验教材。首先是考虑到受众问题,如果是全法语的教材,那受众就只能受限于中法合作办学兄弟院校,无法将法国工程师基础教育模式推广;如果只是中文,那又无法体现中法合作办学模式的特色,如果没有法语的支撑,教材本身也就失去了它独特的味道。其次考虑到的是编写此书的目的,这也是多方面的,一方面是为中法合作办学的工程师兄弟院校提供化学实验教学方案;另一方面也可以作为国内普通高校化学实验教学工作者对于教学实验改革的新参考;也可以作为学生参加化学实验竞赛、补充化学实验、学习法语的参考教材。因为充分考虑到读者受众的不同需求,因此,本书以中法双语版呈现给各位读者。

随便翻阅一个实验项目,就会发现,这是一本来源于教学,服务于教学的实验参考书、教科书、工具书。例如每个实验项目中的实验结果,就是选取了具有代表性的学生数据,这些数据真实体现了按照实验项目步骤所描述情况下得到的真实数据。这与有经验的实验技术人员得到的数据肯定是有不同的。再例如在书后我们列举的考核项目明细,里面列举了大量学生容易犯的错误,有些错误在操作之前阅读明细是可以避免的,而有些错误则是很难在不理解其缘由的情况下避免的。下面就本书的各部分内容一一介绍,希望能够给读者提供一次高效的、与众不同的教材阅读体验。

本书主要分为三个部分,在第一部分中,首先对学院进行了简单介绍后,对学院化学实验课的教学模式进行了详细介绍,特别是与国内普通高校化学实验课的不同处做了阐述。在让读者了解了大概背景后,又对实验项目的选择方法进行了介绍。因为实验项目的选择由整体的教学目标所决定,因此,在此部分我们增加了以评估内容为导向的实验选择方案。过程性考核方案已经在实验类课程中广泛推广,但是具体的评估办法不够明确,细节不明了。本书将评估内容细节依次列出,让评估教师能够在短时间内抓住重点,给出合理的分数。在本书的第二个部分,我们选取了26个适用于本科大学一至三年级的化学实验,包括分析实验、有机实验和电学实验。每个实验项目都由实验介绍,实验试剂、材料和仪器,实验步骤,实验注意事项,思考题,实验预期结果与现象,参考文献七个部分组成。除了常规实验指导书中的部分外，我们增加了实验注意事项和实验预期结果和现象。注意事项中所提及的点，都是在实验操作过程中容易犯错的、与安全相关的和决定实验成败的关键点。这样能够更好地补充实验步骤部分。实验预期结果的数据都是在我们日常实验教学中学生得到的实验数据，具有代表性、真实性。这26个实验项目的简易程度也是依次增加的，需要根据学生的实际水平进行适量的选择。实验项目中的评估内容是我们在教学中选取的评估点，但是实验中还有可以评估的其他评估内容可以作为评估点，这个可以由读者自己选择。

本书的第三部分中的内容一般在实验指导书中是没有的，也是这本实验指导书与其他同类教科书最主要的区别部分。这部分是实验项目所涉及的实验技术与方法，即需要准备的理论基础。在整个工程师教学体系下，安全教育是贯穿在每一个教学细节中的。对于从事化学化工行业的未来工程师来说，认识化学品的基础危险标签是非常有必要也是最基础的内容。这也是为什么在这部分的开始，我们就将安全教育放在首位，列出了九种危险化学品象形图，并对所有实验项目中所涉及的化学品都做了相应的标签以便学生在实验时能够迅速查阅。在之后的章节里，我们又对一些常见的化学实验标准操作进行了逐步讲解。选取的标准操作也是第二部分实验项目所涉及的，目的还是方便学生迅速查阅。这部分中的"测量和不确定度"章节也是本书的一大特点。化学实验作为一门实验科学，必然少不了对一些物理量的测量，如何正确地表示这些测量数据，那就涉及计量学的相关知识。计量学知识体系庞大且复杂，是综合数理化的一门综合学科。但是对于普通化学相关工作者，又没有必要对其进行全盘的学习。在本书的"不确定度"章节，几位编者结合了自己的实验经验又结合了计量学相关知识，编写了这一章节。本章节目的是用最简单实用的方式向读者阐明在本化学实验指导书中遇到的各个物理量测量的正确表示形式。随着计算机技术的迅猛发展，计算机已经成为科学发展的重要工具。对于未来化学化工工程师的培养，自然也少不了对于计算机的应用。在化学实验课中，我们向读者介绍三款化学应用软件：Dozzzaqueux、Regressi和GUM MC。Dozzzaqueux是一款建模软件，可以模拟各种化学滴定反应，给出滴定过程中所有离子的变化和滴定终点的化学组成、滴定体积等重要参数。Regressi是一款数据处理软件，相对于常用的Office数据处理软件，它更加针对化学实验数据的后处理，可以自动对不确定度进行相关计算。GUM MC则是利用GUM法计算不确定度的实用软件，因为往往在对于某一物理量进行测量时，需要通过很多物理量的各种综合计算而得出，这其中存在着大量的数学计算问题。GUM MC软件将所有的计算部分统一编写程序在后台处理，使用者只需将直接测得的物理量的测量值和不确定度输入就可以得到由任一复杂公式得到的新物理量的不确定度及最终物理量的正确表示。这三款软件在书中列出的实验项目中也都有所应用，是对于学生培养的一个重要启示，期待他们可以在未来的工作中开发出更多更好更加具有专业性的实用软件。我们以实验能力评估标准细则结束了本书，列举了部分实验操作的具体细则。

最后，我仅代表各位编者感谢北京化工大学教务处对于本书出版的支持，感谢学院领导对本教材从编写到出版的重视和关心，感谢参与书中图片拍摄和后期制作我院2021级学生吴枘樽、苏子翔、王卓然、陈奕衡和李耘成。虽然我们对于书中内容进行了多次校对，但难免会有错误，还请各位读者海涵。

Ronan Feneux

刘建荣

Gauthier Roisine

陈中锐

Jérôme Joubert

目 录 | Table des matières

第 1 部分

法国工程师基础教育背景介绍

Partie 1   Introduction à l'organisation
de la formation des
ingénieurs français

1.1　化学课程教学简介

法国工程师教育历经上百年历史,培养了诸多杰出的工程师精英。北京化工大学巴黎居里工程师学院(以下简称工程师学院)成立于2017年,是中国首个化工类中法合作办学的工程师学院。学院创办的目标是对未来的工程师人才进行化学训练,使其在获得扎实的理论知识和实用技能的基础上,得到更高层次的收获和锻炼。未来的工程师应当能够在具备相关能力的基础上,发展个人的思考,形成独到的见解。这样他们才能在工程师职业生涯中保持成长潜力,而不是成为固化标准的专家。基础教育阶段化学课程训练的另一个目标,是锻炼未来的工程师能够在团队中为特定的目标而协同工作的能力,即团队小组必须在理论和现实环境中处理复杂的任务。

以上目标可以从六个技能方面进行评定,并且这些技能可以延伸到其他自然科学课程的学习中。

研究对策并实施:判别条件、分析、转换或简化问题、对示例进行验证、确定假设、识别某些特征或类比。

建立模型:将现实生活中的问题转化为科学语言,比较模型和现实,验证模型并对其进行评估。

表示方法:选择最佳的架构解决问题或表示化学对象,可以从一个表示形式切换到另一个。

推理并论证:构造归纳或演绎推理,证明、确认或归谬法。

计算能力,使用符号语言:使用包含符号的表达式,构建复杂演算的步骤,计算或使用计算工具,计算结果控制。

书面和口头表达能力:理解科技文本,写出详尽的解决方案,阐述和辩护科学的结论。

在教学内容设置、各项教学活动设计和教学质量评估等各方面,工程师学院都争取保持与以上培养目标的一致性。

工程师学院的建立,是为了将优秀的法国工程师预科教育体系引入中国传统大学教育中,成为其中的一部分。这两种教育模式在教学理念、教学模式和教学方法上都有诸多不同。

1.1   Organisation pédagogique des enseignements de chimie

La formation d'ingénieurs en France a produit une élite exceptionnelle au cours des cent dernières années. L'école d'ingénieurs Chimie Pékin inaugurée en 2017 est la première école d'ingénieurs de la coopération sino-française dans la catégorie du génie chimique. La formation en chimie des futurs ingénieurs vise de solides connaissances théoriques et des capacités pratiques, mais ne se limite pas à cela : un ingénieur doit être en mesure de développer une réflexion personnelle et de former des idées originales sur la base de compétences transversales. De cette façon, il pourra poursuivre sa formation scientifique tout au long de sa future carrière, plutôt que de rester figé dans une expertise datée. Un autre objectif de cette formation préparatoire est de développer chez les futurs ingénieurs la capacité à travailler en équipe sur un projet qui nécessite de gérer des tâches complexes dans un environnement qui articule théorie et réalisation.

Ces objectifs peuvent être décomposés en 6 compétences qui peuvent être transposées à toute formation scientifique :

Investiguer et mettre en œuvre une stratégie, cibler, analyser et s'approprier un problème, formuler une hypothèse, identifier des paramètres et des analogies, concevoir et réaliser un dispositif expérimental.

Modéliser, traduire un problème concret dans un langage scientifique, comparer modèle et réalité, valider et ajuster un modèle.

Représenter, choisir le meilleur cadre pour résoudre un problème ou représenter un objet chimique, basculer d'une représentation à une autre.

Raisonner et argumenter, construire un raisonnement inductif ou déductif, apporter une preuve, confirmer ou invalider une conjecture.

Calculer et utiliser un langage symbolique, utiliser des expressions symboliques, construire les étapes d'un calcul complexe, programmer des outils de calcul.

Communiquer à l'oral et à l'écrit, comprendre des textes scientifiques, rédiger une réponse précise, présenter et soutenir un travail scientifique.

Les contenus d'enseignement, les activités pédagogiques et le processus d'évaluation mis en œuvre dans notre formation tendent à s'aligner avec ces objectifs de formation.

Au sein de notre école d'ingénieurs Chimie Pékin, nous avons cherché à transposer le modèle de formation préparatoire d'ingénieurs français dans le cadre d'une formation universitaire chinoise. Les caractéristiques de ces 2 modèles de

　　教学时间的安排决定了教学模式:法国工程师预科教育阶段,数理化课程的传统理论教学时间约占60%,实践课(包括习题和实验课)占35%,还有学生独立向教师展示和沟通时间占5%。

　　传统理论课上教师与学生的互动相对较少。理论课时间用以展示主要课程内容和基础问题的解决方法。实践课程(习题课和实验课)期间,学生以小班(15~20人)分组进行学习,在教师指导下理论延伸实践寻找问题解决方法并提高实验能力。在学生独立展示期间,教师会指定一道题目或一个问题,学生需要向教师展示解决这个问题的能力。同时,教师会根据学生的回答情况给予个性化的改进建议。总之,以上教学方法的总体目标是在教师在场的情况下,尽可能让学生处于主动,直接及时解决学生学习中遇到的问题。

　　对于未来工程师的培养,法国工程师预科教育阶段在数学和物理方面设计了相对深入的课程。在化学工程专业中,化学课程的占比低于数理化总课时的1/3。此外,数学、物理和化学教学大纲具有高度相关性,教学内容相互响应,其授课顺序充分考虑到每个学科的需要:例如化学课程中需要用刚刚学习的数学模型来进行推理,物理课程中用到了相关数学定律。

　　化学教学大纲的设计采用明显的螺旋上升的模式。通常一个单元的教学内容被分割成若干个小单元,分布在整个预科阶段向学生进行教授。虽然这样增加了教学的复杂性,但是可以促进学科整体甚至自然科学学科间整体的学习效果。例如,在有机反应机理的讲授中,在化学课程初期就设计了对于简单的反应机理的讲解(亲核取代,消除),并随着量子模型的建立而逐步深入,开始对于复杂化学反应的机理进行讲授(狄尔斯-阿尔德反应)。在预科教学最后设计的电化学课程内容将用到之前所讲授的热力学和动力学研究模型。化学课程在这里被视为一个大的、连贯的整体,而不是独立理论模型的叠加。因此,大多数情况下在同一学期的化学课程中,学生会遇到无机、分析、有机、物理化学等多方面的内容。

formation sont très différentes à la fois du point du vue pédagogique mais également didactique.

Les modalités d'enseignement diffèrent selon le temps de formation : dans le modèle de formation préparatoire d'ingénieurs français, un temps d'enseignement magistral (60%), un temps de travail dirigé / pratique (35%) et un temps de suivi individuel (5%).

Pendant le cours magistral, le professeur expose les contenus du cours et les méthodes de travail associées, les interactions avec les étudiants sont très peu nombreuses. Pendant le travail dirigé / pratique, les étudiants travaillent en petits groupes (15–20 personnes) pour mettre en œuvre les méthodes du cours et les capacités expérimentales sous le contrôle du professeur. Pendant le suivi individuel, le professeur donne un exercice ou une application et l'étudiant doit montrer au professeur sa capacité à apporter une réponse en temps réel. Il reçoit en retour des conseils personnalisés pour progresser. Pour résumer, l'objectif général de cette approche pédagogique est de placer au maximum l'étudiant dans une posture active en présence du professeur ce qui permet de réguler en direct les difficultés d'apprentissage.

Nos futurs ingénieurs chimistes reçoivent une formation avancée en mathématiques et en physique. Le temps de formation en chimie représente moins d'1/3 du temps de formation scientifique. Le syllabus de formation en mathématiques, physique et chimie est très fortement corrélé : les contenus d'enseignement se répondent mutuellement et leur ordre d'introduction tient compte des besoins de chaque discipline : la chimie a besoin d'un modèle mathématique pour raisonner ; la physique permet d'illustrer une loi mathématique.

Le syllabus de chimie est construit sur une approche en spirale : les contenus d'enseignement sont découpés en petites unités qui sont régulièrement exposées aux étudiants tout au long du cycle préparatoire. Cela favorise un apprentissage où la complexité des modèles scientifiques augmente progressivement. Par exemple, le modèle des mécanismes réactionnels est introduit de manière très précoce lors de l'étude de réactions plus simples (substitution nucléophile, élimination) et évolue progressivement vers un niveau de complexité avancé avec l'apport de la modélisation quantique (réaction de Diels Alder). L'étude des réactions électrochimiques réalisée à la fin du cycle préparatoire permet de croiser les résultats obtenus à l'aide des modèles thermodynamiques et cinétiques des transformations chimiques étudiés auparavant. La discipline CHIMIE est vue comme un grand ensemble cohérent et non la superposition de modèles théoriques indépendants.

在法国工程师预科教育中,实验课占总实践课时的2/3。工程师学院的实验课教学旨在提高学生在国际环境中解决复杂情况的能力。为了得到预期的实验结果,学生需要面对操作、理论、语言障碍的挑战。学生需要制订克服这些挑战的策略,并且学会在必要时向教师寻求帮助。从这点来看,教师在实验室的作用不是教学,而是协助学生解决实际问题。因此,化学实验课的教学组织会遵循特定的方法。

在每学期初,学生会收到一本汇集本学期实验相关内容的中法双语实验讲义:《化学实验项目》。讲义包括了实验背景、实验相关数据、操作方法和注意事项。学生需要在实验前回答讲义中的思考题。这些思考题可以帮助学生更好地理解实验原理和实验步骤。实验结果和结论相关问题则需要在实验过程中记录整理,并最终体现在讲义上。另一本预科阶段化学实验课通用的讲义《实验方法与技术》,里面包括了三个年级化学实验中需要用到的实验相关数据和操作方法等信息。

实验课采取小班教学,全法语授课模式。每个实验班不超过30人,即不超过15个两人小组。实验课由一名外教和一名熟练法语的中方教师同时授课。学生在实验课上自主进行实验并收集实验数据。实验过程中实施过程性评价。通常每个实验有3～4个评估目标,学生在讲义上可以看到"呼叫老师"的指示标志,这代表需要在教师的观察下完成对应的步骤操作或进行解释。教师在现场对其实验操作能力评估,同时通过提问考察学生对实验原理的理解程度。"呼叫老师"对实验能力的评估过程是预科实验教学方法中的重要一环。教师可以准确地掌握每个小组学生的实验操作水平和学习困难。同时,这也是实验室环境下,师生难得的单独交流机会和法语口语练习机会。

Par conséquent, au cours d'un semestre de cours de chimie, il est possible que les étudiants reçoivent deux chapitres sur le contenu de la chimie analytique, deux chapitres sur le contenu de la chimie organique et deux chapitres sur le contenu de la chimie quantique.

Le temps de travail dirigé / pratique est consacré aux 2/3 à des activités expérimentales. Cet enseignement pratique a pour objectif d'améliorer la capacité de l'étudiant à résoudre des situations complexe dans un environnement international. Pour atteindre l'objectif expérimental visé, les étudiants sont confrontés à des obstacles pratiques, théoriques et linguistiques. Ils doivent développer des stratégies pour les surmonter et savoir demander de l'aide à l'enseignant quand c'est nécessaire. De ce point de vue, le rôle de l'enseignant dans la salle de Travaux Pratiques (TP) n'est pas de transmettre un savoir à l'étudiant, mais de l'accompagner pour résoudre des problèmes pratiques. Le déroulement de ces TP suit donc une approche spécifique.

Les situations expérimentales sont rassemblées dans un premier manuel bilingue distribué aux étudiants au début du semestre. Ce manuel «Sujets de Travaux Pratiques» présente le contexte de l'expérience, des données spécifiques, le protocole expérimental à mettre en œuvre et des consignes de travail. Avant le déroulement du TP, les étudiants doivent répondre à des questions de réflexion pour bien comprendre le principe et les étapes du travail attendu. Les résultats expérimentaux et leur interprétation sont reportés dans le manuel au cours de la séance de TP. Un deuxième manuel intitulé «Méthodes et techniques» rassemble des informations plus générales pour le laboratoire.

Une séance de TP réunit un groupe de 30 étudiants qui travaillent par équipe de 2, soit 15 postes de travail simultanés. Elle est conduite entièrement en français par un enseignant français et un enseignant chinois francophone. Les étudiants mettent en œuvre le protocole expérimental de manière autonome et récoltent les résultats expérimentaux. Un système d'évaluation des capacités expérimentales est mis en œuvre : l'enseignant identifie généralement trois à quatre capacités dans chaque sujet de TP pour les évaluer lors d'un moment appelé Point Appel Professeur (PAP). Lorsqu'une équipe atteint un PAP, elle doit mettre en œuvre la capacité expérimentale devant l'enseignant qui évalue par l'observation son degré de maîtrise du geste expérimental et par le questionnement son niveau de compréhension du principe de la manipulation. L'évaluation des capacités expérimentales lors des PAP est une étape importante dans notre approche pédagogique. C'est une manière de connaître pour chaque équipe son niveau d'habileté expérimentale et les difficultés

在实验过程中,学生需要根据实验结果完成实验讲义空缺部分,进行解释和验证,在实验结束时上交讲义。有时,实验讲义中提供的操作步骤不是最优的。这是故意为之,目的是培养学生的批判性观点并鼓励学生提出改进方案。教师会对填写完的实验讲义进行单独批阅和整体评估。对实验班的整体评估可以归纳出普遍性问题,教师在本轮实验项目结束后进行课程总结。由此,一种具有自我调节(实验中)和查缺补漏(实验后)双重功能的化学实验教学模式就形成了。

在法国工程师预科教育体系中,化学实验课注重培养学生跨学科、跨领域的能力,例如自主思考能力和面对实际问题提出建设性意见的本领。未来的工程师,只掌握先进实验技术是远远不够的。他们需要能够优化现用的过程,同时提出新的方案。

工程师预科实验课课时有限(约150课时),培养目标必须相应调整:控制实验技能目标的个数,以确保学生能够充分学习每个技能,即控制教学内容的广度,加强教学内容的深度。在整个工程师预科培养过程中,相同的实验技能会多次反复出现,每次出现时的评估标准都是进阶式提升的。

对于大多数一年级的大学生来说,化学实验室是一个神秘的地方,令人紧张又具有吸引力。在中国的高中教育阶段,实验教学的主要方式是"展示",即教师操作演示或录像展示。在这种教学方式下,学生很难形成对于化学实验的感知能力,即无法对实验现象提出预测或质疑;对实验的观察停留在非常浅显的水平,无法将实验操作技术变化与实验结果变化相关联;无法认识到实验安全和实验操作精度存在的问题;无法理解完成实验得到结论所需要付出的耐心和努力。因此在大学一年级实验课,首先是让学生真正动手做实验,正确掌握基本的实验技能。一年级实验课中,评估体系采用以教师评估环节和学生的自我评估相结合的方式。学生会在课上得到额外的某些操作流程的详细评估表,在教师监督下对照流程表完成相关操作。这样的设计可以保证学生和教师足够的交流时间,帮助学生完成化学实验室最初知识体系的构建。大一实验课程结束后,学生基本可以达到"初学者"水平。

rencontrées. C'est également une occasion privilégiée pour chaque étudiant de communiquer individuellement avec ses enseignants dans la salle de TP et de pratiquer la langue française.

Pendant le TP, les étudiants doivent compléter le manuel avec leurs résultats expérimentaux et procéder à leur interprétation et validation. Parfois, les manipulations proposées sont volontairement imparfaites pour développer le regard critique de l'étudiant et l'encourager à proposer des améliorations. Après lecture des manuels complétés, l'enseignant procède à un temps de correction selon 2 modalités : des commentaires personnalisés dans le manuel de TP et un bilan collectif qui va traiter les problèmes généraux identifiés à l'issue de la séance de TP. Ce modèle d'enseignement expérimental optimise les apprentissages par des boucles de régulation (pendant le TP) et de remédiation (après le TP).

Dans le modèle de formation préparatoire d'ingénieurs français, la formation expérimentale doit contribuer à développer des compétences plus transversales, par exemple penser de manière indépendante et proposer des solutions originales face à un problème pratique. Pour le futur ingénieur, la maitrise avancée des techniques expérimentales ne suffit pas. Dans son cadre professionnel, il devra être en mesure d'optimiser les procédés existants mais également de développer de nouveaux outils.

Le temps de formation expérimentale étant assez limité en cycle préparatoire (environ 150 TH), nous avons dû adapter nos objectifs de formation : restreindre le nombre de techniques expérimentales étudiées pour pouvoir les aborder plus en profondeur. Tout au long du cycle préparatoire, chaque technique expérimentale est abordée plusieurs fois avec une évolution progressive dans le niveau de maitrise attendu.

Pour la plupart des étudiants de première année qui arrivent à l'université, le laboratoire de chimie est un endroit mystérieux, à la fois inquiétant et attirant. Au lycée en Chine, l'enseignement expérimental est très démonstratif (par l'enseignant en classe, par vidéo en ligne) et la perception des expériences de chimie est fortement conditionnée par cette approche pédagogique : pas de prévision ou de questionnement sur les phénomènes expérimentaux étudiés, les observations restent superficielles et les résultats expérimentaux ne sont pas corrélés à la technique mise en œuvre. Les étudiants n'ont aucune conscience des questions de sécurité et de précision dans le geste expérimental, de la patience et des efforts à fournir pour conduire une expérience à son terme. Par conséquent dans les TP de première année, l'objectif est d'abord de confronter les étudiants aux techniques expérimentales, c'est à dire de réaliser des expériences «en vrai !». Un système combine le

从二年级的实验课开始,学生需要在操作过程中呼叫老师以实现对实验操作的现场评估。评估的具体细则会提前发布,评估内容为大一实验中涉及的实验操作。与此同时,教师会进行现场提问。问题主要针对实验操作的原理和优缺点,也包括对实验结果的科学性阐述,以培养学生批判性的眼光。二年级结束时,学生的水平应该达到"练习生"水平。

在我们的培养方案中,三年级的学生应该可以对于实验操作的选择进行合理的解释,能够对实验结果的可行性进行评估。对于某些实验步骤,学生有能力根据实际需要,识别和选用适宜的实验操作方法。此时,我们希望他们可以达到"合格者"水平。

下面以两个实例,"测量数据的表达"和"液液萃取操作",来说明贯穿三个年级的进阶式实验能力培养模式。

测量数据的记录整理和正确表达是化学实验教学中的重要一环。一年级的实验讲义中会明确标出需要记录的实验数据,并且在实验讲义的特定位置预留一个标准实验记录表格。对需要记录的物理量大小、相关不确定度和单位做出明显提醒。部分一年级学生会把自己认定为"错误"的结果删掉或修改。教师需要鼓励学生进行一系列系统的检查,对"异常"实验数据提出合理的解释。旨在培养学生尊重实验数据本身的科学态度。二年级的实验报告中,不会预留记录原始数据的位置,但是要求在最后实验结果的表格中,填写经过处理后的结果数值、相关不确定度和单位。而对于三年级的学生,正确表示结果已经不是主要问题。他们需要解释得到结果的可接受性。根据实验目标,提出如何优化实验方案来达到更优的测量结果。

一年级的化学实验大都具有非常详细的操作过程,同一实验步骤具有高重复性,目的是训练学生获得实验基础操作能力。教师会对液液萃取操作进行演

Point Appel Professeur et une auto-évaluation est mis en place. Nous donnons aux étudiants supplémentaires des critères pour les informer des points les plus importants à respecter. Le temps d'échange et d'observation entre les enseignants et les étudiants doit être suffisant pour permettre à tous d'acquérir les capacités expérimentales visées. Le niveau de maitrise attendu est «débutant».

À partir de la deuxième année, les étudiants doivent passer par le Point Appel Professeur pour valider leur maitrise des capacités expérimentales. Les critères de validation sont publiés et le niveau d'exigence en termes de précision ou de rigueur augmente sensiblement pour les capacités expérimentales déjà abordées en 1ère année. À cette occasion, l'enseignant commence à questionner les étudiants sur le principe et les limites de la technique expérimentale mise en œuvre, sur les incertitudes associées aux mesures réalisées pour développer son regard critique. Le niveau de maitrise attendu est «intermédiaire».

Au Point Appel Professeur en troisième année, les étudiants doivent pouvoir expliquer le choix d'une technique expérimentale et évaluer l'acceptabilité des résultats obtenus. Dans certaines manipulations, l'étudiant doit identifier la technique expérimentale à mettre en œuvre et l'adapter à la situation expérimentale rencontrée. Le niveau de maitrise attendu est «avancé».

Donnons l'exemple de l'évaluation progressive de 2 capacités expérimentales: la présentation du résultat de la mesure et l'extraction liquide — liquide.

L'organisation et la présentation des données expérimentales est enjeu fort de la formation. En première année, le manuel de TP identifie précisément les données à relever et impose leur organisation dans des tableaux normalisés avec un rappel clair de la nécessité d'enregistrer la grandeur, l'incertitude associée et l'unité. Certains étudiants ont tendance à faire disparaître les données non conformes, l'enseignant les incite à plutôt réaliser un relevé expérimental systématique et en cas d'incohérence, à discuter les limites de la technique expérimentale utilisée. En deuxième année, les données intermédiaires à relever ne sont pas systématiquement détaillées mais un tableau normalisé est toujours proposé pour indiquer le résultat final de l'expérience. En troisième année, l'organisation et la présentation des données expérimentales ne sont plus guidées et le travail se concentre davantage sur l'interprétation et l'acceptabilité des résultats obtenus. Le cas échéant, des propositions pour optimiser le protocole expérimental sont attendues.

Le sujet de TP de première année propose généralement un long protocole opératoire détaillé où le même geste expérimental peut-être répété plusieurs fois afin d'en augmenter la maitrise. Le professeur fait la démonstration de la

示，并指出成功关键点。实验报告里会要求指出有机相和水相位置。实验讲义原理部分也不会涉及分子间作用等更深层次的问题（二年级理论课内容）。二年级同样出现萃取操作时，教师不会再示范完整操作。学生可以通过查阅《方法与技术》讲义和相关视频参考资料，复习标准操作细则。教师此时会对学生的操作规范程度进行评估。学生需要能够识别水相和有机相（通过数据或实验的方法）。三年级的学生在做液液萃取时，应达到熟练连贯操作水平。即学生能够在操作同时，讲解萃取操作的目的和萃取溶剂的特点等。教师会在提高工作效率方面更加深入地引导学生。例如多次萃取操作中，前几次的分液容许适度的不精确，萃取剂允许残留一定体积的水相，但是在最后一次两相分离时，两相需要尽可能分离，以保证后续干燥操作的可实施性。因此，三年级实验讲义中的实验步骤往往非常简略，但实验讲义中的思考题部分会大大增加。学生需要花费比实验更长的时间来完成实验报告。这种反思能力也是工程师培养的重要部分。

technique d'extraction liquide-liquide et identifie les points clés pour réussir cette manipulation. Le protocole expérimental indique clairement la position des phases aqueuse et organique et il n'y a pas de questions approfondies sur le principe de l'extraction dans le compte-rendu de TP. En deuxième année, l'enseignant ne fait plus la démonstration de la technique expérimentale mais l'étudiant a toujours accès à des ressources (photo, vidéo) pour se rappeler la méthode de référence. L'enseignant va toujours évaluer la qualité du geste expérimental et en plus, il va demander à l'étudiant d'identifier les phases aqueuse et organique à l'aide des données ou par l'expérience. En troisième année, la manipulation doit être maitrisée en routine. Cela signifie que l'étudiant doit pouvoir réaliser l'extraction liquide — liquide et en même temps être capable d'indiquer à l'enseignant l'objectif de la technique, de préciser les critères pour choisir un solvant d'extraction etc. L'enseignant va attirer l'attention de l'étudiant sur des détails précis pour augmenter l'efficacité du geste : par exemple la possibilité de laisser un volume résiduel de solvant organique lors des premières extractions mais la nécessité de réaliser une décantation précise lors de la dernière extraction avant séchage. Bien souvent, le protocole expérimental est moins détaillé mais la section des questions est renforcée dans le manuel de TP de 3ème année. Ainsi, les étudiants doivent consacrer un temps parfois important à la rédaction du compte-rendu de TP. Cette approche réflexive est caractéristique de la formation d'ingénieurs.

1.2　如何选择实验项目

本书涉及工程师学院本科生一年级到三年级需要完成的26个实验项目。内容包括分析化学、有机合成和物理化学实验。

任何教学活动的开展，都是为了达到某种教学目的。化学实验的开展也同样遵循这个规则。实验项目的选定，从来都不是一些化学实验的简单合集。在法国工程预科阶段，实验项目内容是根据法国教育部对于工程师预科教育的培养大纲确定的。为了使读者能够更好地根据教学目的选择实验项目，本书建立了实验能力评估内容与实验项目对应表，以便读者查找。同时，也建立了基于化学学科分类的索引。

所有实验项目均以学年–学期–实验号的形式进行了编号，例如本科一年级第二学期的第三个实验即为1Y2S3。在实验步骤中，会出现"⚡"标志，即此步骤需要"呼叫老师"，以便对加粗的实验步骤进行评估。在实际操作中，我们采用的是微软TEAMS平台（以下简称TEAMS）的"作业"功能。其中的"选项"功能允许设置需要评估的实验操作的细则。学生可以方便地在实验课程前进入并查看这些细则。图1-1展示的是利用此功能在TEAMS里设置好的三个呼叫老师评估点。目前智能手机有很多应用或小程序都可以实现同样功能。我们也将部分评估细则实例放在了本书的最后供读者参考。

1.2 La façon de choisir un sujet expérimental

Les 26 sujets expérimentaux présentés dans ce manuel sont des sujets de TP réalisés dans notre école de la première à la troisième année. Selon les caractéristiques de la formation préparatoire d'ingénieurs français, ces sujets expérimentaux proposent un large éventail de sujets portant sur la chimie analytique, la chimie organique et la chimie physique.

Tout dispositif d'enseignement doit être aligné avec un objectif pédagogique, les TP de chimie doivent suivre la même règle générale et ne pas seulement rassembler un catalogue d'expériences. Les capacités expérimentales à aborder en TP sont établies par un programme gouvernemental suivi par l'ensemble des élèves en formation préparatoire d'ingénieurs en France. Nous les avons répertoriées dans les tableaux suivants pour aider le lecteur à choisir les sujets expérimentaux adaptés à ses attentes. Nous proposons également un index basé sur les disciplines chimiques.

Tous les sujets expérimentaux dans ce manuel sont numérotés sous la forme d'un code année-semestre-expérience, par exemple, la troisième expérience du deuxième semestre de la première année est nommée 1Y2S3. Pendant la séance de TP, nous mettons en œuvre une évaluation des capacités expérimentales à l'aide du Point Appel Professeur indiqué par le symbole (⚗) qui apparaît dans le protocole expérimental. À ce moment de l'expérience, l'étudiant doit appeler le professeur afin d'être évalué. La fonction «devoir» du logiciel Teams est utilisée dans notre pratique avec l'option «barème» qui permet d'afficher les capacités expérimentales évaluées et les critères de validation. Les étudiants ont facilement accès à ces informations avant le TP et peuvent consulter leur évaluation après le TP. La Figure 1–1 montre un exemple de grille d'évaluation des 3 Points Appel Professeur en utilisant l'option «barème» sur TEAMS. De nombreuses applications existant actuellement sur des smartphones permettent de faire la même chose. Quelques exemples de critères de validation sont donnés à la fin de ce livre.

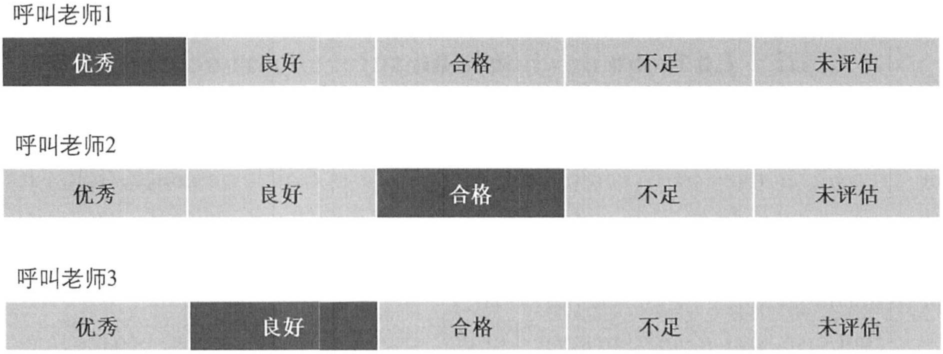

呼叫老师1

| 优秀 | 良好 | 合格 | 不足 | 未评估 |

呼叫老师2

| 优秀 | 良好 | 合格 | 不足 | 未评估 |

呼叫老师3

| 优秀 | 良好 | 合格 | 不足 | 未评估 |

图1-1　三个"呼叫老师"评估点的示意图

　　每个实验能力评估内容都会至少在两个实验项目中出现，第一次作为介绍，需要学生自主探索，进行了解和实践。此时教师的建议有利于学生对于操作的掌握。教师对此项评估内容的考核会出现在第二次或其后的实验项目中。

　　实验能力评估内容分为七个表格介绍，表1-1至表1-7，分别涉及评估学生在安全意识、测量能力、不确定度应用、合成相关操作、对合成操作的理解力、分析类相关操作和对于测量结果的解释能力。

　　"安全无小事"，因此，相关实验室安全的评估几乎每次实验都会出现（见表1-1）。如果违反基本实验室安全管理规定，学生的实验成绩会直接受到影响。目的很单一，也很直接，即加强学生的安全意识、培养正确的实验操作习惯。根据工程师学院内调查问卷显示，超过90%甚至更高比例的一年级学生是第一次走进相对专业的化学实验室。此时建立正确的化学实验室安全意识格外重要。教师需要帮助学生在掌握化学品的危害的同时，让学生敢于并能够正确使用化学品。

PAP1

Excellent	Bien	Satisfaisant	Insuffisant	Non évalué

PAP2

Excellent	Bien	Satisfaisant	Insuffisant	Non évalué

PAP3

Excellent	Bien	Satisfaisant	Insuffisant	Non évalué

Figure 1–1　Exemple de grille d'évaluation des 3 Points Appel Professeur

Chaque item de l'évaluation des capacités expérimentaux doit apparaitre dans au moins deux sujets de TP. La première mise en en œuvre permet d'initier l'étudiant au geste expérimental ; l'auto-évaluation et les conseils de l'enseignant lui permettent de progresser dans la maitrise. La seconde mise en œuvre permet à l'étudiant de consolider la maitrise du geste expérimental. L'évaluation par l'enseignant de chaque capacité intervient à la deuxième occurrence ou plus tard.

Les capacités expérimentales évaluées sont présentées dans sept tableaux, les tableaux 1 à 7 ci-dessous, qui présentent respectivement l'évaluation de la capacité de l'élève à respecter les règles de sécurité au laboratoire, à réaliser des mesures et à déterminer l'incertitude associée, à réaliser des synthèses, à bien comprendre les opérations de synthèse et les analyses réalisées et à exploiter et interpréter les résultats de la mesure.

"La sécurité nécessite une attention permanente", c'est pourquoi l'évaluation du respect des règles de sécurité au laboratoire apparait dans presque toutes les expériences (Tableau 1–1). Tout manquement va affecter directement le résultat de l'étudiant. L'objectif de cette évaluation est simple et direct. C'est pour renforcer la conscience de sécurité des élèves et développer les bonnes habitudes au laboratoire. Selon notre questionnaire, pour plus de 90% des étudiants, c'est la première fois qu'ils rentrent dans un véritable laboratoire de chimie. Il est donc particulièrement important de leur faire prendre conscience de l'importance de la sécurité, à la fois pour connaitre les dangers des composés chimiques utilisés, mais aussi pour oser et être capable de travailler en toute sécurité.

表1-1　实验能力评估内容之实验室安全与环境

评　估　内　容	所出现的实验项目标号	所评估的实验项目编号
遵守基本的实验室安全规章(包括但不限于着装、护目镜、实验室内禁止吃喝)	所有	所有
遵守实验室关于一次性防护手套的使用规范	所有	所有
遵守实验室关于通风橱的使用规范	所有	所有
能够正确认识和面对化学品的危害	1Y2S2；1Y2S3；1Y2S5；1Y2S7；2Y1S2；2Y1S3；2Y1S4；2Y1S5；2Y1S6；2Y2S2；2Y2S3；2Y2S4；2Y2S5；3Y1S1；3Y1S2；3Y1S3；3Y1S4	2Y1S5；2Y1S6；3Y1S2；3Y1S3
能够遵循化学品标签上的要求取用和处理药品	1Y2S2；1Y2S3；1Y2S5；1Y2S7；2Y1S2；2Y1S3；2Y1S4；2Y1S5；2Y1S6；2Y2S2；2Y2S3；2Y2S4；2Y2S5；3Y1S1；3Y1S2；3Y1S3；3Y1S4	1Y2S2；1Y2S3；1Y2S5；1Y2S7；2Y1S2；2Y1S3；2Y1S4；2Y1S5；2Y1S6；2Y2S2；2Y2S3；2Y2S4；2Y2S5；3Y1S1；3Y1S2；3Y1S3；3Y1S4
能够选择适宜的操作以尽可能地减少实验安全隐患	2Y1S4；2Y1S5；3Y1S1；3Y1S2	3Y1S2

　　测量是化学学科实验操作的基础。每一个实验都或多或少包含了测量操作。在利用仪器对某一个物理量进行测量时,需要提前了解仪器的功能和精度。定性或者定量控制或评估是测量的主要目的。表1-2列出了本书实验项目对应的一些物理量的测量操作。

　　在教学过程中,注重培养学生对于仪器的自主选择能力。例如实验步骤中"'精确地'称量'约'一定质量的固体"步骤,学生就需要从实验室常用的分析天平和台秤中,根据所称量固体的质量和精确度要求选择适合的仪器。一年级实验中会明确标明需要使用天平还是台秤。同时,教师也会对精度选择进行讲解。从二年级开始,实验步骤中不会给出具体的说明,需要学生自主进行选择。

Tableau 1–1　Evaluation de la capacité expérimentale : sécurité et environnement

Item	Présent dans les TP	Évalué dans les TP
Respecter les consignes de sécurité générale (tenue, blouse lunettes, ne pas manger et ne pas boire)	TOUS	TOUS
Respecter les consignes de sécurité (gants)	TOUS	TOUS
Respecter les consignes de sécurité (sorbonne)	TOUS	TOUS
Identifier le risque chimique d'un composé et adopter une attitude adaptée	1Y2S2; 1Y2S3; 1Y2S5; 1Y2S7; 2Y1S2; 2Y1S3; 2Y1S4; 2Y1S5; 2Y1S6; 2Y2S2; 2Y2S3; 2Y2S4; 2Y2S5; 3Y1S1; 3Y1S2; 3Y1S3; 3Y1S4;	2Y1S5; 2Y1S6; 3Y1S2; 3Y1S3
Adapter le traitement et rejet des composés chimiques aux informations de l'étiquette	1Y2S2; 1Y2S3; 1Y2S5; 1Y2S7; 2Y1S2; 2Y1S3; 2Y1S4; 2Y1S5; 2Y1S6; 2Y2S2; 2Y2S3; 2Y2S4; 2Y2S5; 3Y1S1; 3Y1S2; 3Y1S3; 3Y1S4	1Y2S2; 1Y2S3; 1Y2S5; 1Y2S7; 2Y1S2; 2Y1S3; 2Y1S4; 2Y1S5; 2Y1S6; 2Y2S2; 2Y2S3; 2Y2S4; 2Y2S5; 3Y1S1; 3Y1S2; 3Y1S3; 3Y1S4
Sélectionner un mode opératoire qui minimise les impacts sécurité-environnement	2Y1S4; 2Y1S5; 3Y1S1; 3Y1S2	3Y1S2

Réaliser une mesure est une capacité expérimentale essentielle pour le chimiste. Elle intervient dans presque toutes les expériences. La mesure d'une grandeur est réalisée à l'aide d'un instrument dont il faut connaître le fonctionnement et la précision. Le but principal de la mesure est de contrôler ou évaluer l'expérience qualitativement et quantitativement. Les capacités expérimentales présentées dans le Tableau 1–2 correspondant à des grandeurs physiques les plus couramment utilisées en chimie. Dans notre pratique, nous nous efforçons de développer la capacité de l'étudiant à choisir de manière autonome les instruments de mesure les plus adaptés. Par exemple pour l'étape "peser exactement environ une certaine masse de solides", les élèves doivent être capable faire le choix entre la balance standard et la balance de précision en fonction des exigences de qualité et de précision des solides pesés.

当然，学生常常不会意识到这是个选择题，而盲目地选用一种仪器。但是最后在整理实验数据，计算不确定度时，学生可能会发现不确定度来源影响过大的情况。这时提出问题，往往会收获知识。这种对错误进行反思的学习方式让学习效果更加牢靠。

表1-2　实验能力评估内容之测量

评 估 内 容	所出现的实验项目标号	所评估的实验项目编号
一个"量出"体积的测量（例如移液管）	1Y2S1；1Y2S2；1Y2S3；1Y2S5；1Y2S6；1Y2S7；2Y2S2；2Y2S3；2Y2S4；2Y2S5；3Y1S1；3Y1S2；3Y1S3；3Y1S4；3Y2S1；3Y2S2；3Y2S4	1A2S4；2Y2S3；3Y2S4
一个"量入"体积的测量（例如容量瓶）	1Y2S1；1Y2S3；1Y2S4；1Y2S5；2Y2S2；2Y2S3；2Y2S4；2Y2S5；3Y1S1；3Y2S4	1A2S4；1A2S5；2Y2S3；3Y2S4
"精确地"称量"约"一定质量的固体	1Y2S3；1Y2S7；2Y1S4；2Y2S2；2Y2S3；3Y1S1；3Y1S2；3Y2S4	1A2S7；2Y1S4；2Y2S2
"精确地"量取"约"一定体积的液体	1Y2S4；1Y2S6；3Y1S1	1A2S6
用pH试纸测量pH值	3Y1S2	
用pH计测量pH值	2Y2S3	
用电导计测量电导率	1Y2S4；1Y2S6	
测量电压/电流	3Y2S3；3Y2S4	3Y2S3；3Y2S4
测量温度	3Y1S1	
测量折光率	2Y1S1；2Y1S2；3Y1S2；3Y1S4；3Y2S1；3Y2S2	2Y1S2；3Y2S1

En première année, la balance à utiliser est indiquée dans le protocole expérimentale et l'enseignant explique le choix réalisé. À partir de la deuxième année, l'information n'est plus donnée dans le protocole expérimental. C'est l'occasion d'évaluer le niveau d'autonomie et d'initiative de l'étudiant. Certains n'identifient pas la nécessité de faire une sélection et choisissent par hasard. À la rédaction du compte-rendu, les questions d'incertitude font émerger l'obstacle expérimental et l'étudiant réalise alors si la balance utilisée est adaptée. Cette approche pédagogique par remédiation de l'erreur produit des apprentissages plus solides.

Tableau 1-2　Evaluation de la capacité expérimentale: mesure

Item	Présent dans les TP	Évalué dans les TP
Mesurer un volume EX	1Y2S1; 1Y2S2; 1Y2S3; 1Y2S5; 1Y2S6; 1Y2S7; 2Y2S2; 2Y2S3; 2Y2S4; 2Y2S5; 3Y1S1; 3Y1S2; 3Y1S3; 3Y1S4; 3Y2S1; 3Y2S2; 3Y2S4	1A2S4; 2Y2S3; 3Y2S4
Mesurer un volume IN	1Y2S1; 1Y2S3; 1Y2S4; 1Y2S5; 2Y2S2; 2Y2S3; 2Y2S4; 2Y2S5; 3Y1S1; 3Y2S4	1A2S4; 1A2S5; 2Y2S3; 3Y2S4
Peser un solide "exactement environ"	1Y2S3; 1Y2S7; 2Y1S4; 2Y2S2; 2Y2S3; 3Y1S1; 3Y1S2; 3Y2S4	1A2S7; 2Y1S4; 2Y2S2
Peser un liquide "exactement environ"	1Y2S4; 1Y2S6; 3Y1S1	1A2S6
Mesurer un pH (papier pH)	3Y1S2	
Mesurer un pH (pH-mètre)	2Y2S3	
Mesurer une conductance-conductivité	1Y2S4; 1Y2S6	
Mesurer U/I	3Y2S3; 3Y2S4	3Y2S3; 3Y2S4
Mesurer une température	3Y1S1	
Mesurer un indice de réfraction	2Y1S1; 2Y1S2; 3Y1S2; 3Y1S4; 3Y2S1; 3Y2S2	2Y1S2; 3Y2S1

表1-2　实验能力评估内容之测量　　　　　　　　　　　　（续表）

评 估 内 容	所出现的实验项目标号	所评估的实验项目编号
测量吸光度	1Y2S3；1Y2S5；2Y2S4	
测量熔点	2Y1S3；2Y1S4；2Y1S5；2Y1S6；3Y1S2；3Y1S3	2Y1S6

　　不确定度和测量是不可分割的。任何测量都不可能是完全准确的,都会存在一定的误差。计量学的知识体系庞大,处理方式复杂多样,在化学实验课中无法全部融入。因此,预科阶段实验教学的目的是给学生建立不确定度的意识和测量数据的处理方法(见表1-3)。它贯穿三个年级的实验项目,学生会一直被引导以达成这个目标。在本书的第三部分,我们也用简洁的方式对不确定度相关知识做了介绍。

表1-3　实验能力评估内容之不确定度

评 估 内 容	所出现的实验项目标号	所评估的实验项目编号
掌握基本计量词汇(测量、真值、随机误差、系统误差)	1Y2S1；3Y1S1；3Y2S3；3Y2S4	
辨别在测量中误差出现的源头	1Y2S1；2Y2S2；2Y2S3；2Y2S4；2Y2S5；3Y1S1；3Y2S3；3Y2S4	
对A类不确定度进行评估	1Y2S1；3Y1S1	3Y1S1
对B类不确定度进行评估	1Y2S1；2Y2S2；2Y2S3；2Y2S4；2Y2S5；3Y1S1；3Y2S3；3Y2S4	2Y2S3；2Y2S4；2Y2S5；3Y1S1
利用公式或软件计算复合不确定度	1Y2S1；2Y2S2；2Y2S3；2Y2S4；2Y2S5；3Y1S1；3Y2S3；3Y2S4	2Y2S3；2Y2S4；2Y2S5；3Y1S1
比较误差源和相关不确定度	2Y2S2；2Y2S3；2Y2S4；2Y2S5；3Y1S1；3Y2S3；3Y2S4	2Y2S3；2Y2S4；2Y2S5；3A1S1

Tableau 1–2　Evaluation de la capacité expérimentale: mesure　　　　(suite)

Item	Présent dans les TP	Évalué dans les TP
Mesurer une absorbance	1Y2S3; 1Y2S5; 2Y2S4	
Mesurer la température de fusion	2Y1S3; 2Y1S4; 2Y1S5; 2Y1S6; 3Y1S2; 3Y1S3	2Y1S6

　　L'incertitude est indissociable de la mesure. Aucune mesure ne peut pas être parfaitement exacte. Le système de la métrologie est très vaste, complexe et varié et il est impossible de tout intégrer pendant nos TP. Notre approche a donc pour objectif de sensibiliser les élèves au concept d'incertitude et aux méthodes de traitement des données mesurées (Tableau 1–3). Tout au long du cycle préparatoire, les étudiants restent fortement guidés afin d'atteindre les objectifs visés. Dans la troisième partie du manuel, nous présentons le concept d'incertitude à un niveau adapté à nos étudiants.

Tableau 1–3　Evaluation de la capacité expérimentale: incertitude

Item	Présent dans les TP	Évalué dans les TP
Maitriser le vocabulaire de la métrologie (mesure, valeur vraie, erreur aléatoire, erreur systématique)	1Y2S1; 3Y1S1; 3Y2S3; 3Y2S4	
Identifier les sources d'erreur lors d'une mesure	1Y2S1; 2Y2S2; 2Y2S3; 2Y2S4; 2Y2S5; 3Y1S1; 3Y2S3; 3Y2S4	
Procéder à l'évaluation de l'incertitude de type A	1Y2S1; 3Y1S1	3Y1S1
Procéder à l'évaluation de l'incertitude de type B	1Y2S1; 2Y2S2; 2Y2S3; 2Y2S4; 2Y2S5; 3Y1S1; 3Y2S3; 3Y2S4	2Y2S3; 2Y2S4; 2Y2S5; 3Y1S1
Calculer une incertitude composée à l'aide d'une formule ou d'un logiciel	1Y2S1; 2Y2S2; 2Y2S3; 2Y2S4; 2Y2S5; 3Y1S1; 3Y2S3; 3Y2S4	2Y2S3; 2Y2S4; 2Y2S5; 3Y1S1
Comparer source d'erreur et incertitude associée	2Y2S2; 2Y2S3; 2Y2S4; 2Y2S5; 3Y1S1; 3Y2S3; 3Y2S4	2Y2S3; 2Y2S4; 2Y2S5; 3A1S1

表1-3　实验能力评估内容之不确定度　　　　　　　　　　　（续表）

评　估　内　容	所出现的实验项目标号	所评估的实验项目编号
用测量值和一定可置信度水平的不确定度来表示测量结果	1Y2S1；2Y1S1；2Y1S2；2Y1S3；2Y1S4；2Y1S5；2Y1S6；2Y2S2；2Y2S3；2Y2S4；2Y2S5；3Y1S1；3Y1S3；3Y2S4	2Y1S3；2Y1S4；2Y1S5；2Y1S6；2Y2S3；2Y2S4；2Y2S5
通过比较实验测量值和参考值来评估测量结果	2Y1S1；2Y1S2；2Y1S3；2Y1S4；2Y1S5；2Y1S6；3Y1S1；3Y1S2；3Y1S3；3Y1S4；3Y2S2；3Y2S3；3Y2S4	2Y1S2；2Y1S3；2Y1S4；2Y1S5；2Y1S6
分析误差源并提出测量过程的改进建议	1Y2S4；3Y1S1；3Y2S3；3Y2S4	
使用数据处理软件(科学电子表格)	1Y2S4；1Y2S5；1Y2S6；1Y2S7；2Y2S3；2Y2S4；3Y1S1；3Y2S4；3Y2S4	2Y2S3；2Y2S4；3Y1S1；3Y2S4
判断实验数据是否线性回归	1Y2S4；1Y2S5；1Y2S6；1Y2S7；2Y2S4；3Y1S1；3Y2S4	3Y2S4
评估测量结果的可接受性	2Y1S1；2Y1S3；2Y1S4；2Y2S3；2Y2S4；2Y2S5；3Y1S1；3Y2S3；3Y2S4；	2Y1S3；2Y1S4；2Y2S3；2Y2S4；2Y2S5

　　合成和后处理操作是有机化学实验的教学重点(见表1-4)。在课程中，第一步是引导学生正确搭建反应装置，此时只对结果进行评估；第二步是掌握正确的搭建顺序，以保证搭建的合理性和高效性，此时应评估实验装置的安装顺序是否正确。

Tableau 1–3　Evaluation de la capacité expérimentale: incertitude (suite)

Item	Présent dans les TP	Évalué dans les TP
Exprimer le résultat d'une mesure par une valeur et une incertitude associée à un niveau de confiance donné	1Y2S1; 2Y1S1; 2Y1S2; 2Y1S3; 2Y1S4; 2Y1S5; 2Y1S6; 2Y2S2; 2Y2S3; 2Y2S4; 2Y2S5; 3Y1S1; 3Y2S3; 3Y2S4	2Y1S3; 2Y1S4; 2Y1S5; 2Y1S6; 2Y2S3; 2Y2S4; 2Y2S5
Commenter un résultat en le comparant à une valeur de référence	2Y1S1; 2Y1S2; 2Y1S3; 2Y1S4; 2Y1S5; 2Y1S6; 3Y1S1; 3Y1S2; 3Y1S3; 3Y1S4; 3Y2S2; 3Y2S3; 3Y2S4	2Y1S2; 2Y1S3; 2Y1S4; 2Y1S5; 2Y1S6
Analyser les sources d'erreur et proposer des améliorations du processus de mesure	1Y2S4; 3Y1S1; 3Y2S3; 3Y2S4	
Utiliser un logiciel de traitement numérique des données expérimentales (tableur scientifique)	1Y2S4; 1Y2S5; 1Y2S6; 1Y2S7; 2Y2S3; 2Y2S4; 3Y1S1; 3Y2S4; 3Y2S4	2Y2S3; 2Y2S4; 3Y1S1; 3Y2S4
Juger si les données expérimentales sont en accord avec un modèle linéaire	1Y2S4; 1Y2S5; 1Y2S6; 1Y2S7; 2Y2S4; 3Y1S1; 3Y2S4	3Y2S4
Évaluer l'acceptabilité du résultat de la mesure	2Y1S1; 2Y1S3; 2Y1S4; 2Y2S3; 2Y2S4; 2Y2S5; 3Y1S1; 3Y2S3; 3Y2S4;	2Y1S3; 2Y1S4; 2Y2S3; 2Y2S4; 2Y2S5

La synthèse et le *work-up* (après synthèse) permettent de renforcer les capacités expérimentales des étudiants dans le domaine de la chimie organique (Tableau 1–4). La première étape de la formation vise à savoir réaliser un montage expérimental conforme, on évalue uniquement le résultat de l'opération. Dans la deuxième étape, l'objectif est de gagner en efficacité en montrant que l'ordre d'assemblage permet de faire un montage mieux ajusté et plus rapidement, on évalue donc le processus d'assemblage.

表1-4　实验能力评估内容之合成操作

评 估 内 容	所出现的实验项目标号	所评估的实验项目编号
将称量好的固体装入某种容器	1Y2S3；1Y2S7；2Y1S1；2Y1S4；2Y1S5；2Y1S6；2Y2S2；2Y2S3；2Y2S4；2Y2S5；3Y1S1；3Y1S2；3Y2S1；3Y2S4	1Y2S7；2Y2S3；3Y1S1
将量好的液体装入某种容器	2Y1S1；2Y1S3；2Y2S2；2Y2S3；2Y2S4；2Y2S5；3Y1S1	2Y2S3；3Y1S1
控制反应物装入的速度	2Y1S3；2A1S2；2A1S3；3Y1S2；3Y1S4	3Y1S4
追踪和控制反应器中的温度(冷)	3Y1S4	
加热回流装置	2Y1S3；2Y1S4；2Y1S6；2Y2S3；3Y1S4；3Y2S1	2Y1S4；3Y1S4
追踪和控制反应器中的温度(热)	2Y1S2；3Y2S2	
无水反应装置	2Y1S6；3Y1S4	2Y1S6；3Y1S4
迪安-斯塔克分水器的运用	3Y2S1	3Y2S1
含有过渡金属元素的配合物的合成	3Y2S1	
液液萃取	1Y2S2；2Y1S1；2Y1S3；2Y1S6；3Y1S2；3Y2S1；3Y2S2	2Y1S1；2Y1S6
洗涤一个相	2Y1S1；2Y1S2；2Y1S3；2Y1S6；3Y1S2；3Y1S4；3Y2S1	2Y1S2；3Y1S2
辨别水相和有机相	1Y2S2；2Y1S1；2Y1S2；2Y1S3；2Y1S6；3Y1S2；3Y1S4；3Y2S1；3Y2S2	2Y1S2；2Y1S6

Tableau 1–4　Evaluation de la capacité expérimentale: geste de laboratoire-synthèse

Item	Présent dans les TP	Évalué dans les TP
Introduire un solide pesé dans un récipient	1Y2S3; 1Y2S7; 2Y1S1; 2Y1S4; 2Y1S5; 2Y1S6; 2Y2S2; 2Y2S3; 2Y2S4; 2Y2S5; 3Y1S1; 3Y1S2; 3Y2S1; 3Y2S4	1Y2S7; 2Y2S3; 3Y1S1
Introduire un liquide pesé dans un récipient	2Y1S1; 2Y1S3; 2Y2S2; 2Y2S3; 2Y2S4; 2Y2S5; 3Y1S1	2Y2S3; 3Y1S1
Contrôler la vitesse d'ajout du réactif	2Y1S3; 2A1S2; 2A1S3; 3Y1S2; 3Y1S4	3Y1S4
Suivre et contrôler l'évolution de la température dans le réacteur (froid)	3Y1S4	
Réaliser un montage à reflux	2Y1S3; 2Y1S4; 2Y1S6; 2Y2S3; 3Y1S4; 3Y2S1	2Y1S4; 3Y1S4
Suivre et contrôler l'évolution de la température dans le réacteur (chaud)	2Y1S2; 3Y2S2	
Réaliser un montage anhydre	2Y1S6; 3Y1S4	2Y1S6; 3Y1S4
Assembler un montage Dean-Stark	3Y2S1	3Y2S1
Suivre l'évolution du système au cours de la transformation	3Y2S1	
Réaliser une extraction liquide-liquide	1Y2S2; 2Y1S1; 2Y1S3; 2Y1S6; 3Y1S2; 3Y2S1; 3Y2S2	2Y1S1; 2Y1S6
Laver une phase	2Y1S1; 2Y1S2; 2Y1S3; 2Y1S6; 3Y1S2; 3Y1S4; 3Y2S1	2Y1S2; 3Y1S2
Identifier la nature des phases	1Y2S2; 2Y1S1; 2Y1S2; 2Y1S3; 2Y1S6; 3Y1S2; 3Y1S4; 3Y2S1; 3Y2S2	2Y1S2; 2Y1S6

表1-4 实验能力评估内容之合成操作   （续表）

评 估 内 容	所出现的实验项目标号	所评估的实验项目编号
干燥有机相	2Y1S1；2Y1S2；2Y1S3；2Y1S5；2Y1S6；3Y1S2；3Y1S4；3Y2S1；3Y2S2	2Y1S5
常压分馏蒸馏装置	2Y1S2；3Y1S4；3Y2S1；3Y2S2	2Y1S2；3Y1S4；3Y2S1；3Y2S2；
简单蒸馏装置	2Y1S2	2Y1S2
水蒸气蒸馏装置	2Y1S1	2Y1S1
过滤并洗涤固体	2Y1S3；2Y1S4；2Y1S5；3Y1S2；3Y1S3	2Y1S4；3Y1S2；3Y1S3
重结晶	2Y1S3；2Y1S4；3Y1S2；3Y1S3	2Y1S4
称量一定质量的吸潮固体	2Y1S3；2Y1S6；2Y2S2；2Y2S3；3Y1S1	

　　合成和后处理方法往往包括很多选择。选择正确的、适宜的方法流程对于实验结果起到关键性作用。掌握这些方法的相关原理能够帮助实验者更加合理地选择这些方法从而更加高效地得到产物。本书对于操作原理的评估(见表1-5)，一般以思考题的形式出现在实验讲义中。首先，学生需要解释在讲义里实验操作中的选择；其次，学生可以提出自己认为更加符合实验目的的操作方法。

表1-5 实验能力评估内容之分析合成步骤

评 估 内 容	所出现的实验项目标号	所评估的实验项目编号
选择并证明合成步骤的合理性	2Y1S3；2Y1S5；2Y1S6；3Y1S1；3Y1S3；3Y2S1	2Y1S5；3Y1S3

Tableau 1–4 Evaluation de la capacité expérimentale: geste de laboratoire-synthèse

(suite)

Item	Présent dans les TP	Évalué dans les TP
Réaliser le séchage de la phase organique	2Y1S1; 2Y1S2; 2Y1S3; 2Y1S5; 2Y1S6; 3Y1S2; 3Y1S4; 3Y2S1; 3Y2S2	2Y1S5
Réaliser un montage distillation fractionnée P_{atm}	2Y1S2; 3Y1S4; 3Y2S1; 3Y2S2	2Y1S2; 3Y1S4; 3Y2S1; 3Y2S2;
Réaliser un montage de distillation simple	2Y1S2	2Y1S2
Réaliser un montage d'hydrodistillation	2Y1S1	2Y1S1
Essorer puis laver un solide	2Y1S3; 2Y1S4; 2Y1S5; 3Y1S2; 3Y1S3	2Y1S4; 3Y1S2; 3Y1S3
Réaliser une recristallisation	2Y1S3; 2Y1S4; 3Y1S2; 3Y1S3	2Y1S4
Réaliser une pesée à masse constante d'un solide humide	2Y1S3; 2Y1S6; 2Y2S2; 2Y2S3; 3Y1S1	

Les techniques de synthèse et de *work-up* présentent une grande diversité. Le choix de la technique peut modifier radicalement le résultat de l'expérience. Seule une bonne compréhension des principes de ces techniques permet de faire le meilleur choix possible et conduire à la formation d'un produit pur avec un haut rendement. L'évaluation de ces capacités expérimentales (Tableau 1–5) s'effectue par des questions posées dans le compte rendu, d'abord pour expliquer tel choix de technique dans un protocole puis c'est à l'étudiant de proposer la technique qui lui semble la plus adaptée à l'objectif expérimental.

Tableau 1–5 Evaluation de la capacité expérimentale: analyser une synthèse

Item	Présent dans les TP	Évalué dans les TP
Choisir et justifier un protocole de synthèse	2Y1S3; 2Y1S5; 2Y1S6; 3Y1S1; 3Y1S3; 3Y2S1	2Y1S5; 3Y1S3

表1-5　实验能力评估内容之分析合成步骤　　　　　　　　　　（续表）

评　估　内　容	所出现的实验项目标号	所评估的实验项目编号
选择并证明反应物的装入顺序和所需精度	2Y1S3；3Y1S1；3Y2S2	
选择合适的玻璃仪器	2Y1S2；2Y2S2；2Y2S3；2Y2S4；2Y2S5；3Y1S1；3Y1S2	2Y2S3；2Y2S4；3Y1S2
解释实验装置的选择原因（回流、干燥、优化）	2Y1S2；2Y1S6；3Y1S4；3Y2S1	
选择并证明实验后处理的合理性	2Y1S2；2Y1S3；2Y1S4；2Y1S5；2Y1S6；3Y2S2	
区分萃取和洗涤操作	2Y1S2；2Y1S3；2Y1S6；3Y1S2；3Y2S1	2Y1S3
解释旋转蒸发操作的作用	2Y1S3；2Y1S5；2Y1S6；3Y1S2	2Y1S3
选择并证明适当的过滤条件	2Y1S3；2Y1S4；2Y1S5；2Y1S6；3Y1S3	2Y1S5
解释重结晶的原理	2Y1S3；2Y1S4	2Y1S4
证明所选重结晶的溶剂体积	2Y1S3；2Y1S4	2Y1S4
评估反应生成物的纯度	2Y1S2；2Y1S3；2Y1S4；2Y1S5；2Y1S6；3Y1S2；3Y1S3；3Y1S4；3Y2S1；3Y2S1；3Y2S2	
计算合成产率	2Y1S2；2Y1S3；2Y1S4；2Y1S5；2Y1S6；3Y1S2；3Y1S3；3Y1S4；3Y2S1；3Y2S2	
提出反应操作步骤和后处理过程	3Y1S2	3Y1S2

　　分析实验的相关操作涉及的评估内容包括实验室常见的定性测定未知组

Tableau 1–5　Evaluation de la capacité expérimentale: analyser une synthèse

(suite)

Item	Présent dans les TP	Évalué dans les TP
Choisir et justifier l'ordre d'introduction des réactifs/la précision nécessaire	2Y1S3; 3Y1S1; 3Y2S2	
Choisir la verrerie adaptée	2Y1S2; 2Y2S2; 2Y2S3; 2Y2S4; 2Y2S5; 3Y1S1; 3Y1S2	2Y2S3; 2Y2S4; 3Y1S2
Expliquer l'intérêt d'un montage expérimental (reflux, anhydre, optimisation)	2Y1S2; 2Y1S6; 3Y1S4; 3Y2S1	
Choisir et justifier un protocole de *work-up*	2Y1S2; 2Y1S3; 2Y1S4; 2Y1S5; 2Y1S6; 3Y2S2	
Distinguer extraction et lavage	2Y1S2; 2Y1S3; 2Y1S6; 3Y1S2; 3Y2S1	2Y1S3
Expliquer l'intérêt de l'évaporateur rotatif	2Y1S3; 2Y1S5; 2Y1S6; 3Y1S2	2Y1S3
Choisir et justifier une technique de filtration adaptée	2Y1S3; 2Y1S4; 2Y1S5; 2Y1S6; 3Y1S3	2Y1S5
Expliquer le principe de recristallisation	2Y1S3; 2Y1S4	2Y1S4
Justifier le choix et la quantité de solvant de recristallisation	2Y1S3; 2Y1S4	2Y1S4
Évaluer la pureté du produit de réaction formé	2Y1S2; 2Y1S3; 2Y1S4; 2Y1S5; 2Y1S6; 3Y1S2; 3Y1S3; 3Y1S4; 3Y2S1; 3Y2S1; 3Y2S2	
Calculer le rendement d'une synthèse	2Y1S2; 2Y1S3; 2Y1S4; 2Y1S5; 2Y1S6; 3Y1S2; 3Y1S3; 3Y1S4; 3Y2S1; 3Y2S2	
Proposer un protocole expérimental de synthèse ou de *work-up*	3Y1S2	3Y1S2

Cette partie de l'évaluation concerne principalement des capacités expérimentales liées à la chimie analytique: des méthodes qualitatives pour déterminer la composition

分的方法、定量测定未知溶液浓度、已知浓度溶液的配置方法等(见表1-6)。

表1-6　实验能力评估内容之分析操作

评　估　内　容	所出现的实验项目标号	所评估的实验项目编号
实施薄层层析分析	2Y1S1; 2Y1S3; 2Y1S4; 2Y1S5; 3Y1S2	2Y1S4; 2Y1S5
实施一个特征分析实验	2Y1S2; 3Y2S3	3Y2S3
通过滴定法确定溶液浓度	1A2S2; 1A2S7; 2Y2S2; 2Y2S3; 2Y2S5; 3Y1S1	2Y2S3
通过紫外可见光分光光度法确定溶液浓度	1Y2S3; 1A2S2; 2Y2S4	2Y2S4
实施直接滴定	2Y2S2; 2Y2S3; 2Y2S5	2Y2S5
实施利用指示剂确定滴定终点的滴定	1Y2S2; 2Y2S2; 2Y2S5	2Y2S2
实施间接滴定	1Y2S7; 2Y2S5	2Y2S5
实施简单滴定	2Y2S2; 2Y2S5	
实施连续滴定	3Y1S1; 2Y2S5	
实施pH滴定	2Y2S3	
利用量热仪确定反应量	3Y1S1	
通过电池研究确定标准量	3Y2S3	
绘制电流-电压曲线	3Y2S4	
通过稀释制备一种溶液	1Y2S5; 2Y2S4; 3Y1S1	
通过溶解制备一种溶液	1Y2S3; 3Y1S1; 3Y2S4	3Y2S4

表1-7所涉及的评估内容主要在学生提交的实验报告中体现。其目的是引导学生对分析方法技术原理进行思考。在实践中,只有掌握了一定数量的实验

d'une substance, des méthodes quantitatives pour déterminer la concentration d'une solution et des méthodes pour préparer une solution de concentration connue (Tableau 1–6).

Tableau 1–6　Evaluation de la capacité expérimentale: geste de laboratoire-analyse

Item	Présent dans les TP	Évalué dans les TP
Réaliser une CCM	2Y1S1; 2Y1S3; 2Y1S4; 2Y1S5; 3Y1S2	2Y1S4; 2Y1S5
Réaliser un test caractéristique	2Y1S2; 3Y2S3	3Y2S3
Déterminer une concentration par étalonnage	1A2S2; 1A2S7; 2Y2S2; 2Y2S3; 2Y2S5; 3Y1S1	2Y2S3
Déterminer une concentration par spectrophotométrie UV-visible	1Y2S3; 1A2S2; 2Y2S4	2Y2S4
Réaliser un titrage direct	2Y2S2; 2Y2S3; 2Y2S5	2Y2S5
Réaliser un titrage colorimétrique	1Y2S2; 2Y2S2; 2Y2S5	2Y2S2
Réaliser un titrage indirect	1Y2S7; 2Y2S5	2Y2S5
Réaliser un titrage simple	2Y2S2; 2Y2S5	
Réaliser des titrages successifs	3Y1S1; 2Y2S5	
Réaliser un titrage pH-métrique	2Y2S3	
Déterminer une grandeur de réaction par calorimétrie	3Y1S1	
Déterminer une grandeur standard par l'étude de pile	3Y2S3	
Tracer une courbe intensité potentiel	3Y2S4	
Préparer une solution par dilution	1Y2S5; 2Y2S4; 3Y1S1	
Préparer une solution par dissolution	1Y2S3; 3Y1S1; 3Y2S4	3Y2S4

L'évaluation de cette capacité expérimentale (Tableau 1–7) est principalement réalisée dans le compte-rendu. L'objectif est de donner aux élèves l'occasion de réfléchir sur le principe des techniques d'analyse. En pratique, les expériences ne peuvent être conçues efficacement que si un certain nombre de techniques d'analyse

分析技术,才能够独立设计实验。因此,掌握实验分析技术原理是非常重要的。

表1-7 实验能力评估内容之分析技术解释

评 估 内 容	所出现的实验项目标号	所评估的实验项目编号
解释展开剂的选择	2Y1S3；2Y1S4；2Y1S5	
给出一个特征分析方法	2Y1S1；2Y1S2	
比较一个测量值与参考值	2Y1S1；2Y1S2；2Y1S3；2Y1S4；2Y1S5；2Y1S6；3Y1S2；3Y1S3；3Y2S1；3Y2S2；3Y2S3	
提出一种滴定方法并证明其可行性	2Y2S5	
选择指示剂	2Y2S1	
识别和利用滴定曲线(滴定)	2Y2S1；2Y2S3	
识别和利用滴定曲线(热力学)	3Y1S1	
使用模拟软件	2Y2S1；2Y2S3；3Y1S1；3Y1S2	2Y2S1
证明间接滴定的必要性	2Y2S5	
区分滴定终点和颜色转变,并确定使其一致的最佳条件	2Y2S5	
选择一种动力学研究方法	1Y2S5；1Y2S6；1Y2S7	
提出简化速率定律的条件	1Y2S6；1Y2S7	
定义活化能的值	1Y2S5	1Y2S5

表1-8所示是以化学分科建立的索引,有部分实验可能同时涉及多个化学分科情况。因此会存在重复出现的情况。

expérimentale sont maîtrisées. Par conséquent, la bonne compréhension du principe des techniques d'analyse est très importante.

Tableau 1–7　Evaluation de la capacité expérimentale: interpréter une technique d'analyse

Item	Présent dans les TP	Évalué dans les TP
Expliquer le choix de l'éluant	2Y1S3; 2Y1S4; 2Y1S5	
Proposer un test caractéristique	2Y1S1; 2Y1S2	
Comparer une grandeur mesurée aux valeurs dans les tables	2Y1S1; 2Y1S2; 2Y1S3; 2Y1S4; 2Y1S5; 2Y1S6; 3Y1S2; 3Y1S3; 3Y2S1; 3Y2S2; 3Y2S3	
Proposer et justifier un protocole de titrage	2Y2S5	
Choisir un indicateur coloré	2Y2S1	
Identifier et exploiter une courbe de titrage (titre)	2Y2S1; 2Y2S3	
Identifier et exploiter une courbe de titrage (thermo)	3Y1S1	
Utiliser un logiciel de simulation	2Y2S1; 2Y2S3; 3Y1S1; 3Y1S2	2Y2S1
Justifier la nécessité d'un titrage indirect	2Y2S5	
Distinguer l'équivalence et le virage de l'indicateur coloré et déterminer les conditions optimales pour les faire coïncider	2Y2S5	
Choisir une méthode d'étude cinétique	1Y2S5; 1Y2S6; 1Y2S7	
Proposer des conditions pour simplifier la loi de vitesse	1Y2S6; 1Y2S7	
Déterminer la valeur de l'énergie d'activation	1Y2S5	1Y2S5

Voici un index basé sur les disciplines chimiques (Tableau 1–8). Il y a des sujets de TP qui peuvent être présenté dans plusieurs disciplines en même temps.

表1-8   以化学分科建立的索引

化学分科	实 验 项 目 编 号
分析化学	1Y2S1; 1Y2S2; 1Y2S3; 1Y2S4; 1Y2S5; 1Y2S7; 2Y2S1; 2Y2S2; 2Y2S3; 2Y2S4; 2Y2S5; 3Y1S1
有机化学	2Y1S1; 2Y1S2; 2Y1S3; 2Y1S4; 2Y1S5; 2Y1S6; 3Y1S2; 3Y1S3; 3Y1S4; 3Y2S1; 3Y2S2
无机化学	2Y2S1; 2Y2S2; 2Y2S3; 2Y2S4; 2Y2S5; 3Y1S1
物理化学	1Y2S2; 1Y2S3; 1Y2S4; 1Y2S5; 1Y2S6; 1Y2S7; 3Y1S1; 3Y2S3; 3Y2S4

　　实施教学活动的根本任务是达到教学目标。为了达成某一目标,方法有很多种。对教学内容,教学方法和评估方法进行适宜的综合协调,才能有效地达到最终的教学目标。读者将发现,同一个评估内容会多次出现在不同的实验中。正如前文所述,这正是工程师学院加强深度,弱化广度,达到进阶式培养目的的一种体现。即选择有限的实验操作种类,加强对于特定实验操作的深度掌握。

　　本书涉及的教学实验项目均已经过大量测实验证和优化。即便如此,在实际实验教学实施过程中,还可能存在各种因素导致项目无法顺利实施,例如实验设备缺失、化学药品采购和管控问题等。考虑到实际教学组织中会遇到的种种问题和准备实验的烦琐性,在本书第二部分实验项目介绍中,每个实验项目都包括七个方面信息:实验介绍;实验试剂、材料和仪器;实验步骤;实验注意事项;思考题;实验预期结果与现象;参考文献。

　　"实验介绍"部分包括实验所需时间、实验难度、实验危险程度和背景介绍。难度分为难、中、易三个等级。危险程度同样分为高、中和低三个等级。

　　"实验试剂、材料和仪器"部分列出了每个小组所需要的药品量、玻璃仪器

Tableau 1–8　Index basé sur les disciplines chimiques

Domaine de chimie	Code du TP
Chimie analytique	1Y2S1; 1Y2S2; 1Y2S3; 1Y2S4; 1Y2S5; 1Y2S7; 2Y2S1; 2Y2S2; 2Y2S3; 2Y2S4; 2Y2S5; 3Y1S1
Chimie organique	2Y1S1; 2Y1S2; 2Y1S3; 2Y1S4; 2Y1S5; 2Y1S6; 3Y1S2; 3Y1S3; 3Y1S4; 3Y2S1; 3Y2S2
Chimie inorganique	2Y2S1; 2Y2S2; 2Y2S3; 2Y2S4; 2Y2S5; 3Y1S1
Chimie physique	1Y2S2; 1Y2S3; 1Y2S4; 1Y2S5; 1Y2S6; 1Y2S7; 3Y1S1; 3Y2S3; 3Y2S4

Pour atteindre un objectif d'enseignement, il existe de nombreuses méthodes pédagogiques. L'alignement pédagogique permet de mettre en cohérence le contenu visé, la méthode d'enseignement et l'évaluation mises en œuvre. Les lecteurs verront que la même capacité expérimentale apparaîtra plusieurs fois dans différents sujets de TP. Comme nous l'avons expliqué, nous avons pour objectif l'appropriation progressive d'un nombre limité de capacités expérimentales mais avec un niveau de maitrise et de compréhension approfondie.

La mise au point de ces sujets de TP a nécessité beaucoup d'essais pour aboutir à ces propositions. Certains projets expérimentaux ne peuvent pas être mis en œuvre dans l'enseignement pour diverses raisons pratiques, telles que l'absence d'équipement expérimental, les problèmes d'achat de composés chimiques etc. Pour tenir compte des difficultés qui peuvent être rencontrées dans l'organisation pratique d'un enseignement expérimental et la préparation des TP, chaque sujet de TP proposé dans la deuxième partie de ce manuel est organisé en sept sections: I. Introduction; II. Produit, Matériel et instruments; III. Manipulation; IV. Points d'attention; V. Points de réflexion; VI. Résultats et observations expérimentaux; VII. Références.

Dans la section Introduction, la durée, la difficulté, le niveau de danger et une petite introduction au contexte sont présentés. La difficulté est divisée en trois niveaux: difficile, moyenne et facile. Le niveau de risque est également divisé en trois niveaux: élevé, moyen et faible.

Dans la section Composés, Matériels et instruments, nous avons répertorié les quantités de chaque composé chimique et la verrerie nécessaires pour chaque

和其他消耗品。其中，药品信息包含化学品的CAS号，方便读者查询。同时列出了实验项目必备或者可选的共用仪器设备，以及需要准备的共用试剂。根据这些信息，读者可以判断现有条件能否顺利开展实验项目。

"实验注意事项"部分，根据参编教师的经验，特别列举了在每个实验项目实施过程中，需要的特殊"技巧"。希望这些影响实验成功的关键点可以帮助开展实验的教师和学生得到满意的实验结果。

"实验预期结果与现象"展示了实验项目实施过程中，学生做出的真实结果和现象，方便读者进行对照判别。

équipe d'étudiants. Pour les composés chimiques, nous avons également ajouté le numéro CAS pour faciliter la consultation du lecteur. Vous y trouverez également une liste de certains équipements collectifs nécessaires pour ce sujet de TP afin que le lecteur puisse choisir facilement en fonction de l'équipement disponible dans son laboratoire.

Dans la section Point d'attention, selon notre expérience, nous avons listé des «astuces» spécifiques à mettre en œuvre pour certaines étapes. Cela permet d'attirer l'attention des enseignants et d'aider les élèves à obtenir des résultats satisfaisants lorsqu'ils répètent l'expérience.

Dans la section Résultats et observation expérimentaux, nous donnons des exemples de résultats expérimentaux obtenus par nos étudiants dans les conditions réelles de TP. Cela servira pourra servir pour la comparaison avec vos propres résultats.

第 2 部分

实验项目

Partie 2　Sujets de TP

实验1Y2S1　测量和测量不确定度

1. 实验介绍

实验所需时间：4小时。

实验难度：易。

危险等级：低。

本实验使用不同的量具以及量取方法组合，取得同一体积的去离子水，测得其精确质量和温度。根据测量温度对应的标准水密度，计算得出量取得到的去离子水体积。最后对多次测量的结果进行统计和不确定度计算，并对不同量具、量取组合得到的精确度和扩展不确定度进行讨论。

2. 实验试剂、材料和仪器

实验试剂：

试 剂 名 称	小 组 用 量	备 注
去离子水	400 mL	必备

公用仪器设备或软件：

名 称	备 注
分析天平（精度：0.1 mg）	必备
精密温度计（精度：0.01℃）	必备
GumMC 软件	可选

TP 1Y2S1   Mesures et incertitudes de mesures

I. Introduction

Durée: 4 h.

Difficulté: facile.

Niveau de danger: faible.

Dans ce TP, on utilise différentes verreries pour mesurer un même volume d'eau déionisée. Ensuite, sa masse et sa température exactes sont mesurées. A partir de la masse mesurée et de la masse volumique de l'eau pure à la température mesurée, le volume d'eau déionisée est calculé et comparé aux valeurs expérimentales. Enfin, des calculs statistiques et d'incertitude sont effectués sur le résultat des mesures. Une discussion est enfin réalisée sur la précision des différentes verreries utilisées et les incertitudes élargies.

II. Composés, équipements et matériel par équipe

Composés chimiques

Composé	Dose	Remarque
eau déionisée	400 mL	nécessaire

Equipements ou logiciels collectifs

Equipement	Remarque
balance de précision (précision : 0,1 mg)	nécessaire
thermomètre de précision (précision: 0,01 °C)	nécessaire
logiciel de GumMC	optionnel

每小组所需玻璃仪器:

仪器名称	规　格	小组用量/个	仪器名称	规　格	小组用量/个
容量瓶	10 mL	1	量筒	10 mL	1
定容移液管	5 mL	1	量筒	25 mL	3
定容移液管	10 mL	1	量筒	50 mL	1
刻度移液管	5 mL	1	量筒	100 mL	1
刻度移液管	10 mL	1	滴定管	25 mL	1
烧杯	25 mL	1	烧杯	50 mL	1
烧杯	500 mL	1			

非玻璃仪器:蝴蝶固定架夹、铁架台、三路移液球、洗瓶、计算机工作站。
其他消耗品:无。

3. 实验步骤

逐一使用下表中的仪器,取"10 mL"水并测量其质量。

序　号	仪　　器
1	10 mL 容量瓶(定容后)
2	10 mL 容量瓶(定容后倒入烧杯中)
3	10 mL 容量移液管
4	2×5 mL 容量移液管
5	10 mL 刻度移液管
6	2×5 mL 刻度移液管
7	10 mL 量筒
8	25 mL 量筒

Verrerie par équipe

Verrerie	Taille	Nombre	Verrerie	Taille	Nombre
fiole jaugée	10 mL	1	éprouvette graduée	10 mL	1
pipette jaugée	5 mL	1	éprouvette graduée	25 mL	3
pipette jaugée	10 mL	1	éprouvette graduée	50 mL	1
pipette graduée	5 mL	1	éprouvette graduée	100 mL	1
pipette graduée	10 mL	1	burette graduée	25 mL	1
bécher	25 mL	1	bécher	50 mL	1
bécher	500 mL	1			

Matériel par équipe: pince à burette, support en fer, poire aspirante, pissette, ordinateur.

Consommables: rien.

III. Manipulation

Avec chaque verrerie du tableau ci-dessous, on prélève (10 mL) d'eau et on mesure la masse.

No.	Verrerie
1	fiole jaugée 10 mL (remplie)
2	fiole jaugée 10 mL (verser dans un bécher)
3	pipette jaugée 10 mL
4	pipette jaugée 2×5 mL
5	pipette graduée 10 mL
6	pipette graduée 2×5 mL
7	éprouvette graduée 10 mL
8	éprouvette graduée 25 mL

(续表)

序　号	仪　器
9	50 mL 量筒
10	100 mL 量筒
11	50 mL 烧杯
12	25 mL 滴定管

注意记录所用的天平的精度。

首先,用分析天平称量空的(充分干燥的)25 mL烧杯和空的(充分干燥的)10 mL容量瓶。记录天平上显示的所有数字。

在步骤1中,称量填充水至刻度的10 mL 容量瓶(已知容量瓶的质量为m_{fiole})的总质量m_{tot}。此时不测量水的温度,而是使用步骤2的温度测量数值。

在步骤2中,将步骤1中10 mL容量瓶中的水倒入干燥的25 mL烧杯中。测量容器和水的总质量m_{tot},然后测量水的温度。

在步骤3～12中,将一定体积的水倒入干燥的25 mL 烧杯中(已知烧杯的质量为$m_{bécher}$)。

测量容器和水的总质量m_{tot}。

获得质量数据后,测量容器中水的温度。

必要时对烧杯和容量瓶进行干燥,以进行后续操作。

参考资料:

统计分析

根据本次实验中得到的测量值,我们可以进行统计研究。对于N次测量得到$\{V_i\}$,标准不确定度$u(V)$可以通过以下公式计算:

$$u(V) = \frac{1}{\sqrt{N}} \sqrt{\frac{1}{N-1} \sum_{i=1}^{N} (V_i - \overline{V})^2}$$,其中$\overline{V}$是V_i的平均值。

V值在取95%可置信水平的扩展不确定度时可以通过下面公式给出:

(suite)

No.	Verrerie
9	éprouvette graduée 50 mL
10	éprouvette graduée 100 mL
11	bécher 50 mL
12	burette graduée 25 mL

Relever la précision des balances disponibles.

Peser un bécher 25 mL vide (bien sec) et la fiole jaugée 10 mL vide (bien sec) sur la balance de précision. Noter les masses avec tous les chiffres donnés par la balance.

Pour l'expérience *No.1*, on pèse la masse de l'eau dans une fiole jaugée 10 mL (de masse m_{fiole} connue) complétée au trait de jauge, masse totale m_{tot}. La température de l'eau T n'est pas mesurée à ce moment. On prendra la température mesurée lors de l'expérience *No.2*.

Dans l'expérience *No.2*, verser l'eau de la fiole jaugée 10 mL de l'expérience *No.1* dans un bécher sec de 25 mL. Mesurer la masse totale m_{tot} du récipient et de l'eau, puis mesurer la température de l'eau.

Dans les expériences *No.3–No.12*, le volume d'eau est versé dans un bécher 25 mL sec (de masse $m_{\text{bécher}}$ connue).

Mesurer la masse de l'eau versée dans le bécher, masse totale m_{tot}.

Mesurer la température de l'eau T dans le récipient après avoir mesuré sa masse.

Sécher le bécher et la fiole jaugée si besoin pour les manipulations suivantes.

Documents:

Analyse statistique

À partir des valeurs mesurées pendant le TP, on peut faire une étude statistique. L'incertitude-type $u(V)$ pour N mesures $\{V_i\}$ peut être calculée par la formule:

$$u(V) = \frac{1}{\sqrt{N}} \sqrt{\frac{1}{N-1} \sum_{i=1}^{N} (V_i - \overline{V})^2} \quad \text{où } \overline{V} \text{ est la valeur moyenne des } V_i.$$

La valeur de V peut être donnée avec une incertitude élargie pour un

$$V = \overline{V} \pm k \cdot u(V)\,(\text{不要遗漏单位！})$$

对于样本数 $N > 30$ 时，$k \approx 2$。

数据处理

（1）由 *CRC Handbook of Chemistry and Physics* 第6-5节，查询在测量温度 T（单位℃）时水的密度 $\rho_{T,\text{tab}}$（单位 $g \cdot mL^{-1}$）（查表得到数值）。

（2）根据测量的质量 m_{tot} 和表格值 $\rho_{T,\text{tab}}$，计算水的体积 V_{eau}，保留3位小数。$m_{\text{eau}} = m_{\text{tot}} - m_{\text{bécher/fiole}}$，$V_{\text{eau}} = m_{\text{eau}}/\rho_{T,\text{tab}}$。

（3）使用GumMC软件或其他工具对班级中的数据进行统计，计算体积测量结果的不确定度（A类）。将测量结果以测量体积和置信水平95%的拓展不确定度表示。

4. 实验注意事项

由于在实验量取操作训练中存在大量误差（这点可以由统计数据的离散度证实），因此本实验的结论可能违背一般常识。这种情况应该进行说明，并指出偏差量。同时，需要正确地记录真实数据，而不是理想值。

5. 思考题

（1）从实际情况考虑，直接计算目标10 mL水的质量 m 的不确定度是否有价值？为什么？

（2）为什么使用量筒、移液管量取10 mL水不用干燥量具？

（3）为什么移液管量取目标体积时，先将液面吸取至高于刻度线，然后将尖端提离液面之上，再放液至刻度线？

（4）使用滴定管时，为什么要确保阀门下面尖嘴处不能有空气泡？

niveau de confiance de 95% par la formule

$V = \overline{V} \pm k.u(V)$ (ne pas oublier l'unité)

Pour $N > 30$, $k \approx 2$.

Traiter les données expérimentales

(1) À partir de «*CRC Handbook of Chemistry and Physics*»: *section 6–5*, déterminer quelle doit être la masse volumique d'eau $\rho_{T, tab}$ (en $g \cdot mL^{-1}$) à la température T mesurée (en°C) (valeur tabulée) .

(2) Calculer le volume d'eau V_{eau} à partir de la masse mesurée m_{tot} et de la valeur tabulée $\rho_{T, tab}$. Conserver 3 décimales. $m_{eau} = m_{tot} - m_{bécher/fiole}$; $V_{eau} = m_{eau}/\rho_{T, tab}$.

(3) Utiliser le logiciel GumMC ou d'autres outils pour effectuer des statistiques sur les données de la classe, calculer l'incertitude des résultats de mesure volumétrique (Type A). Les résultats de mesure sont exprimés par le volume mesuré avec une incertitude élargie pour un niveau de confiance de 95%.

IV. Points d'attention

En raison du grand nombre d'erreurs manipulatoires (ce qui peut être confirmé par la distribution des mesures), les conclusions de cette expérience peuvent aller à l'encontre du bon sens général. Cette situation devrait être expliquée en prenant soin d'indiquer les données erronées. Dans le même temps, il faut enregistrer correctement les données réelles plutôt que les valeurs idéales.

V. Points de réflexion

(1) Est-il utile, compte tenu de la situation pratique, de calculer directement l'incertitude de la masse m d'eau prélevée (10 mL)? Pourquoi?

(2) Pourquoi utiliser l'éprouvette, ou la pipette pour prendre 10 mL d'eau sans les sécher?

(3) Pourquoi lorsqu'on utilise une pipette, le niveau de liquide doit être amené au-dessus de la graduation/jauge d'abord, puis la pointe de la pipette sortie du liquide, puis le liquide mis au niveau de la graduation/jauge?

(4) Lors de l'utilisation d'une burette, pourquoi doit-on s'assurer qu'il n'y pas de bulle d'air en sortie de burette?

6. 实验预期结果与现象

玻 璃 仪 器	均 值	扩展不确定度（95%）	单 位
10 mL 容量瓶（定容后）	9.983	± 0.014	mL
10 mL 容量瓶（定容后倒入烧杯中）	9.89	± 0.05	mL
10 mL 容量移液管	9.93	± 0.09	mL
2 × 5 mL 容量移液管	9.81	± 0.08	mL
10 mL 刻度移液管	9.975	± 0.027	mL
2 × 5 mL 刻度移液管	10.03	± 0.05	mL
10 mL 量筒	9.81	± 0.06	mL
25 mL 量筒	9.73	± 0.08	mL
50 mL 量筒	10.12	± 0.18	mL
100 mL 量筒	9.60	± 0.17	mL
50 mL 烧杯	9.78	± 0.19	mL
25 mL 滴定管	10.007	± 0.029	mL

7. 参考文献

[1] B Fosset, C Lefrou, A Masson. Chimie physique expérimentale[M]. France: Hermann, 2000.

[2] 柯以侃,王桂花.大学化学实验[M].北京：化学工业出版社,2010.

[3] S Clède, M Émond, A Bernard. Techniques expérimentales en chimie réussir les TP aux concours[M]. France: Dunod, 2011.

VI. Résultats et observations expérimentaux

Verrerie	Moyennes	Incertitude élargie (95%)	unité
fiole jaugée 10 mL (remplie)	9,983	±0,014	mL
fiole jaugée 10 mL (verser dans le bécher)	9,89	±0,05	mL
pipette jaugée 10 mL	9,93	±0,09	mL
pipette jaugée 2×5 mL	9,81	±0,08	mL
pipette graduée 10 mL	9,975	±0,027	mL
pipette graduée 2×5 mL	10,03	±0,05	mL
éprouvette graduée 10 mL	9,81	±0,06	mL
éprouvette graduée 25 mL	9,73	±0,08	mL
éprouvette graduée 50 mL	10,12	±0,18	mL
éprouvette graduée 100 mL	9,60	±0,17	mL
bécher 50 mL	9,78	±0,19	mL
burette 25 mL	10,007	±0,029	mL

VII. Référence

[1] B Fosset, C Lefrou, A Masson. Chimie physique expérimentale[M]. France: Hermann, 2000.
[2] 柯以侃,王桂花.大学化学实验[M].北京: 化学工业出版社,2010.
[3] S Clède, M Émond, A Bernard. Techniques expérimentales en chimie réussir les TP aux concours[M]. France: Dunod, 2011.

实验1Y2S2　萃取和分配系数

1. 实验介绍

实验所需时间：3小时。

实验难度：易。

危险等级：低。

对混合物中不同组分进行提纯分离是有机化学中的典型操作。简单可行的方法之一是利用对各组分在互不相溶的溶剂中的溶解度不同来进行分离：这就是萃取。

例如两种不混溶的溶剂 A 和 B，以及可以溶解在 A 和 B 中的化合物 C。

当我们混合 A、B 和 C 时，C 会出现在 A 和 B 之中，最终建立了一个平衡：

$$C_{(B)} \rightleftharpoons C_{(A)}$$

这种平衡具有特征常数 $K = \dfrac{\left[C_{(A)} \right]}{\left[C_{(B)} \right]}$，称为分配系数。通常这里 A 是有机相，B 是水相。K 取决于温度。

如果我们在体积为 V_B 的 B 溶剂中放入 n_0 摩尔的 C，然后添加体积为 V_A 的 A 溶剂，那么有

$$K = \frac{(n_0 - n_1)/V_A}{n_1/V_B}$$

其中 n_1 是平衡时 B 相中 C 的量。

我们可以推出：

$$n_1 = n_0 \frac{V_B}{KV_A + V_B}$$

如果我们的目标是让 C 从 B 相转移到 A 相中，则萃取率为

TP1Y2S2　Extraction et coefficient de partage

I. Introduction

Durée: 3 h.

Difficulté: facile.

Niveau de danger: faible.

La séparation des constituants d'un mélange est une opération classique en chimie organique. L'une des méthodes les plus simples à mettre en œuvre est l'utilisation de solvants non miscibles sélectifs de chacun des constituants: c'est l'extraction.

Considérons deux solvants A et B non miscibles, et un composé C pouvant se dissoudre à la fois dans A et dans B.

Lorsqu'on mélange A, B et C, il y a partage de C entre A et B, et un équilibre s'établit:

$$C_{(B)} \rightleftharpoons C_{(A)}$$

Cet équilibre est caractérisé par la constante $K = \dfrac{[C_{(A)}]}{[C_{(B)}]}$, appelée coefficient de partage. Souvent, on prend A la phase organique et B la phase aqueuse. K dépend de la température.

Si on dispose de n_0 moles de C dans le volume V_B de B, et si on rajoute un volume V_A de A, alors:

$$K = \frac{(n_0 - n_1)/V_A}{n_1/V_B}$$

où n_1 est la quantité de C dans B à l'équilibre.

On en déduit:

$$n_1 = n_0 \frac{V_B}{KV_A + V_B}$$

Si le but est d'obtenir le passage de C de B dans A, l'efficacité de l'extraction est:

$$R = \frac{n_0 - n_1}{n_0}$$

在本实验中，我们将确定丙酸（CH_3CH_2COOH）在水和正丁醇之间的分配系数 K，然后比较两种不同方案的萃取率。

2. 实验试剂、材料和仪器

实验试剂：

试 剂 名 称	CAS No.	小组用量	备 注
$1.0\ mol \cdot L^{-1}$ 丙酸水溶液		75 mL	必备，需配制，并标定
$0.2\ mol \cdot L^{-1}$ 氢氧化钠的水溶液		100 mL	必备，需配制，并标定
正丁醇	71-36-3	50 mL	必备
酚酞溶液		几滴	必备，需配制

每小组所需玻璃仪器：

仪器名称	规格	小组用量/个	仪器名称	规格	小组用量/个
分液漏斗	125 mL	1	锥形瓶	50 mL	2
烧杯	100 mL	5	锥形瓶	100 mL	4
烧杯	500 mL	1	容量移液管	5 mL	1
量筒	10 mL	1	容量移液管	10 mL	1
量筒	25 mL	2	容量移液管	25 mL	1
滴定管	25 mL	1			

非玻璃仪器：铁架台、铁圈、定量移液球、磁力搅拌器、C型磁子。

$$R = \frac{n_0 - n_1}{n_0}$$

On veut déterminer le coefficient de partage K de l'acide propanoïque (CH_3CH_2COOH) entre l'eau et le butan-1-ol, puis comparer les efficacités d'extraction pour deux protocoles différents.

II. Composés, équipements et matériel par équipe

Composés chimiques

Composé	CAS No.	Dose	Remarque
solution d'acide propanoïque ($1,0\ mol \cdot L^{-1}$)		75 mL	nécessaire, besoin de préparation et étalonnage
solution d'hydroxyde de sodium ($0,2\ mol \cdot L^{-1}$)		100 mL	nécessaire, besoin de préparation et étalonnage
butan-1-ol	71–36–3	50 mL	nécessaire
solution de phénolphtaléine		quelques gouttes	nécessaire, besoin de préparation

Verrerie par équipe

Verrerie	Taille	Nombre	Verrerie	Taille	Nombre
ampoule à décanter	125 mL	1	erlenmeyer	50 mL	2
bécher sec	100 mL	5	erlenmeyer	100 mL	4
bécher sec	500 mL	1	pipette jaugée	5 mL	1
éprouvette graduée	10 mL	1	pipette jaugée	10 mL	1
éprouvette graduée	25 mL	2	pipette jaugée	25 mL	1
burette graduée	25 mL	1			

Matériel par équipe: support en fer, anneau de fer, poire aspirante quantitative,

其他消耗品：一次性塑料滴管。

3. 实验步骤

A部分　分配系数的确定

步骤1　单次萃取

（1）检查分液漏斗的阀门是否正常工作，并将其关闭。将漏斗置于架子上。在阀门下放置一个容器。

（2）使用量筒将25 mL的正丁醇和25 mL的去离子水倒入分液漏斗中。

（3）然后用容量移液管加入25.00 mL的丙酸溶液（CH_3CH_2COOH，浓度 $C_0 = \sim 1.0 \ mol \cdot L^{-1}$）。

（4）塞上塞子。振荡5分钟，并规律放气。

（5）将分液漏斗重新安放在支架上，取下盖子。静置分液几分钟，直到两相完全分离。

（6）然后在两个干烧杯中分离两相。两个相都是从漏斗下方阀门放出。

步骤2　测定水相中的酸浓度 $[CH_3CH_2COOH]_{aq}$

（1）准备25 mL滴定管填入浓度为 $0.2 \ mol \cdot L^{-1}$ 的氢氧化钠溶液（NaOH）。加液前检查阀门。用巴斯德吸管吸取几毫升待填充的溶液润洗3次滴定管。检查阀门下面尖嘴里是否存有空气。

（2）使用10 mL容量移液管精确吸取10.00 mL分离出的水相，放入锥形瓶中。加入30 mL去离子水和两滴酚酞。

（3）在搅拌下，滴定酸溶液。记录滴入体积 $V_{b, aq}$。

步骤3　测定有机相中的酸浓度 $[CH_3CH_2COOH]_{org}$

（1）准备25 mL滴定管填入浓度为 $0.2 \ mol \cdot L^{-1}$ 的氢氧化钠溶液（NaOH）。

（2）使用容量移液管精确吸取5.00 mL分离出的有机相，放入锥形瓶中。加入30 mL去离子水和两滴酚酞。

（3）在搅拌下，滴定酸溶液。记录滴入体积 $V_{b, org}$。

agitateur magnétique, barreau aimanté de type C.

Consommables: pipette pasteur plastique.

III. Manipulation

Partie A   Détermination du coefficient de partage

Etape 1   L'extraction simple

(1) Vérifier que le robinet de l'ampoule à décanter fonctionne correctement et le fermer. Poser l'ampoule sur son support. Placer un récipient sous le robinet.

(2) Verser avec une éprouvette graduée 25 mL de butan-1-ol et 25 mL d'eau déionisée dans l'ampoule à décanter.

(3) Ajouter alors 25,00 mL de solution d'acide propanoïque (CH_3CH_2COOH, $C_0 = \sim 1,0 \ mol \cdot L^{-1}$) en prélevant avec une pipette jaugée.

(4) Boucher. Agiter pendant 5 minutes en dégazant régulièrement.

(5) Reposer l'ampoule sur son support, enlever le bouchon. Décanter quelques minutes jusqu'à séparation totale des deux phases.

(6) Séparer ensuite les deux phases dans deux béchers secs. Les deux phases s'écoulent toujours par le robinet de l'ampoule à décanter.

Etape 2   Dosage de l'acide présent dans la phase aqueuse $[CH_3CH_2COOH]_{aq}$

(1) Préparer une burette graduée de 25 mL avec la solution d'hydroxyde de sodium (NaOH) à la concentration de l'ordre $0,2 \ mol \cdot L^{-1}$. Vérifier le robinet avant d'ajouter un liquide. Rincer la burette 3 fois avec quelques millilitres de solution à remplir en utilisant une pipette Pasteur. Bien vérifier qu'il n'y a pas de bulle d'air en sortie de burette.

(2) Prélever précisément 10,00 mL de la phase aqueuse en utilisant une pipette jaugée de 10 mL et verser dans un erlenmeyer. Ajouter 30 mL d'eau déionisée et deux gouttes de phénolphtaléine.

(3) Doser la solution d'acide sous agitation magnétique. Relever le volume dosé $V_{b, aq}$.

Etape 3   Dosage de l'acide présent dans la phase organique $[CH_3CH_2COOH]_{org}$

(1) Préparer une burette graduée avec la solution d'hydroxyde de sodium (NaOH) à la concentration de $0,2 \ mol \cdot L^{-1}$.

(2) Prélever précisément 5,00 mL de la phase organique en utilisant une pipette jaugée et verser dans un erlenmeyer. Ajouter 30 mL d'eau déionisée et deux gouttes de phénolphtaléine.

(3) Doser la solution d'acide sous agitation magnétique. Relever le volume dosé $V_{b, org}$.

B部分 萃取效率比较

步骤4 三次萃取

（1）检查分液漏斗的阀门是否正常工作，并将其关闭。将漏斗置于架子上。在阀门下放置一个容器。

（2）使用量筒量取10 mL 的正丁醇和25 mL 的水倒入分液漏斗中。

（3）然后用容量移液管加入25.00 mL 丙酸溶液。

（4）如前操作：萃取，静置，分离两相。

（5）重新用10 mL 的正丁醇对水相进行连续萃取，并再次分液，分离。

（6）重新用5 mL 的正丁醇对水相进行连续萃取，并再次分液，分离。

（7）最后合并有机相（共25 mL）。

步骤5和步骤6 滴定酸含量

如前所述，滴定三次连续萃取后的水相以及有机相中的丙酸。

数据处理

A部分 分配系数的确定

（1）计算 $[CH_3CH_2COOH]_{aq, A}$ 和 $[CH_3CH_2COOH]_{org, A}$。

（2）从单次萃取结果计算分配系数 K 和萃取率 e_1。

B部分 萃取效率比较

（3）计算 $[CH_3CH_2COOH]_{aq, B}$ 和 $[CH_3CH_2COOH]_{org, B}$。

（4）计算三次萃取的萃取率 e_2。

（5）比较并讨论实验结果 e_1 和 e_2。

4. 实验注意事项

（1）因为过程中用到的溶液类型比较多，需在容器上进行标记，防止误用和污染。

（2）有机相和含酚酞的废液禁止倾倒入下水道。注意回收桶上的标签。

Partie B Efficacité de l'extraction

Etape 4 L'extraction triple

(1) Vérifier que le robinet de l'ampoule à décanter fonctionne correctement et le fermer. Poser l'ampoule sur son support. Placer un récipient sous le robinet.

(2) Verser à l'éprouvette graduée dans l'ampoule à décanter 10 mL de butan-1-ol et 25 mL d'eau.

(3) Ajouter alors 25,00 mL de solution d'acide propanoïque en prélevant avec une pipette jaugée.

(4) Extraire, laisser décanter et séparer les deux phases comme précédemment.

(5) Reprendre l'extraction de la phase aqueuse avec 10 mL de butan-1-ol, décanter et séparer à nouveau.

(6) Reprendre l'extraction de la phase aqueuse précédente avec 5 mL de butan-1-ol, décanter et séparer à nouveau.

(7) Finalement, rassembler les phases organiques (25 mL en total).

Etape 5 et 6 Dosage de l'acide

Doser comme précédemment l'acide propanoïque présent dans la phase aqueuse qui a subi trois extractions successives, ainsi que l'acide propanoïque dans la phase organique.

Traiter les données expérimentales:

Partie A Détermination du coefficient de partage

(1) Calculer $[CH_3CH_2COOH]_{aq, A}$ et $[CH_3CH_2COOH]_{org, A}$.

(2) Calculer K puis l'efficacité e_1 de l'extraction simple.

Partie B Efficacité de l'extraction

(3) Calculer $[CH_3CH_2COOH]_{aq, B}$ et $[CH_3CH_2COOH]_{org, B}$.

(4) Calculer l'efficacité e_2 de l'extraction triple.

(5) Comparer e_2 et e_1 et Conclure.

IV. Points d'attention

(1) Comme les types de solutions utilisées dans le processus sont nombreux, il faut marquer les récipients pour prévenir les erreurs.

(2) La phase organique et les déchets liquides contenant de la phénolphtaléine ne doivent pas être versés à l'évier. Faire attention aux étiquettes sur les bidons de recyclage.

5. 思考题

（1）标记为25.00 mL 的体积与标记25 mL 的体积有什么不同？

（2）在准备盛装标准溶液的滴定管时，应注意哪几点（列出四点或更多）？考虑如果违反上述注意事项，会产生什么错误或风险。

（3）在本次实验中，以下哪些仪器使用时候需要充分干燥，哪些不需要干燥（允许存在去离子水），哪些仪器需要润洗？为什么？

a. 盛取滴定碱液的烧杯；

b. 盛取丙酸溶液的烧杯；

c. 滴定丙酸的烧杯或锥形瓶；

d. 盛放分液后水相的烧杯；

e. 盛放分液后有机相的烧杯。

（4）酸碱滴定：

a. 酚酞指示剂溶液的溶剂是什么？酚酞指示剂的变色范围是多少（pH 值）？

b. 指示剂酚酞加入的量是否可以任意？为什么？

c. 给出 pH 的计算方法。

d. 标准溶液和被滴定溶液的浓度都不能太高。为什么？

e. 为什么要在有机相中加入一定量的水？

6. 实验预期结果与现象

（1）滴定终点参考值 $V_{b,aq}$（单次萃取）= 9.80 mL，$V_{b,org}$（单次萃取）= 15.10 mL，$V_{b,aq}$（三次萃取）= 8.30 mL，$V_{b,org}$（三次萃取）= 17.50 mL。

（2）分配系数参考值：K=3.10。

（3）萃取率 e 参考值：e_1=62%（单次萃取），e_2=68%（三次萃取）。

7. 参考文献

[1] B Fosset, C Lefrou, A Masson. Chimie physique expérimentale[M]. France: Hermann, 2000.

[2] J P Bayle. 400 manipulations commentées de chimie des solutions Volume 1 — de l' Expérience au Concept[M]. France: Ellipses, 2011.

V. Points de réflexion

(1) Quelle est la différence entre un volume noté 25,00 mL et un volume noté 25 mL?

(2) Quels sont les points à surveiller lors de la préparation de la burette pour une solution standard (liste de quatre points ou plus)? Quelles erreurs peuvent survenir si les précautions ci - dessus ne sont pas respectées?

(3) Dans cette expérience, lesquels des instruments suivants ont besoin d'un séchage adéquat lorsqu'ils sont utilisés, lesquels n'ont pas besoin d'être séchés (la présence d'eau déionisée est permise) et ceux qui ont besoin d'un rinçage? Pourquoi?

a. le bécher contenant de la solution de soude étalonnée;

b. le bécher contenant une solution d'acide propanoïque;

c. le bécher ou l'erlenmeyer utilisé lors du titrage de l'acide propanoïque;

d. le bécher contenant la phase aqueuse après la séparation;

e. le bécher contenant la phase organique après la séparation.

(4) Titrage acide-base:

a. Quel est le solvant de la solution de phénolphtaléine? Quelle est la plage de décoloration (pH) de la phénolphtaléine?

b. La phénolphtaléine peut-elle être ajoutée en toute quantité? Pourquoi?

c. Donner la méthode de calcul du pH.

d. Les concentrations de la solution titrante et de la solution titrée ne doivent pas être trop élevées. Pourquoi?

e. Pourquoi ajouter une certaine quantité d'eau à la phase organique?

VI. Résultats et observations expérimentaux

(1) A l'équivalence $V_{b, aq}$ (extraction simple) = 9,80 mL, $V_{b, org}$ (extraction simple) = 15,10 mL, $V_{b, aq}$ (extraction triple) = 8,30 mL, $V_{b,org}$ (extraction triple) = 17,50 mL.

(2) Référence du coefficient de partage: $K=3,10$.

(3) Référence de l'efficacité de l'extraction: e_1= 62% (extraction simple) et e_2 = 68% (extraction triple).

VII. Référence

[1] B Fosset, C Lefrou, A Masson. Chimie physique expérimentale[M]. France: Hermann, 2000.

[2] J P Bayle. 400 manipulations commentées de chimie des solutions Volume 1 - de l'Expérience au Concept[M]. France: Ellipses, 2011.

实验1Y2S3 分光光度法配合物分析

1. 实验介绍

实验所需时间：3小时。

实验难度：易。

危险等级：低。

铁（Ⅱ）离子在存在邻菲罗啉（o-phen）时，能够形成有色$Fe(o\text{-}phen)_n^{2+}$配合物。本实验的目的是确定配位数n。

为此，我们将制备一系列含有固定浓度铁（Ⅱ）和不同浓度邻-菲咯啉的溶液。在配合物的最大吸收波长处，测量这些溶液的吸光度。假设在该波长下，溶液中不存在其他有显著吸收的物质。

邻菲罗啉一水合物（M=198.2 g·mol^{-1}）的分子式为$C_{12}H_8N_2 \cdot H_2O$。

2. 实验试剂、材料和仪器

实验试剂：

试 剂 名 称	CAS No.	小组用量	备 注
莫尔盐（六水合硫酸亚铁铵）	10045-89-3	0.3 g	必备
盐酸羟胺	5470-11-1	10 g	必备
硫酸钠	7757-82-6	5 g	必备
0.480 g·L^{-1}水合邻二氮菲的水溶液		100 mL	必备，需配制
去离子水		500 mL	必备

TP 1Y2S3　Analyse d'un complexe par spectrophotométrie

I. Introduction

Durée: 3 h.

Difficulté: facile.

Niveau de danger: faible.

En présence d'orthophénantroline (o-phen), le fer(II) forme un complexe coloré $Fe(o\text{-phen})_n^{2+}$. L'objectif de la manipulation est de déterminer l'indice de coordination n.

On prépare pour ceci une série de solutions contenant du fer(II) à une concentration fixée et de l'orthophénantroline à des concentrations variables. À la longueur d'onde du maximum d'absorption du complexe, on mesure l'absorbance de ces solutions. On admettra que les autres espèces présentes dans le milieu n'absorbent pas notablement à cette longueur d'onde.

L'hydrate d'orthophénantroline ($M=198,2$ g · mol^{-1}) a pour formule $C_{12}H_8N_2 \cdot H_2O$.

II. Composés, équipements et matériel par équipe

Composés chimiques

Composé	CAS No.	Dose	Remarque
sel de mohr	10045–89–3	0,3 g	nécessaire
chlorhydrate d'hydroxylamine	5470–11–1	10 g	nécessaire
sulfate de sodium	7757–82–6	5 g	nécessaire
solution d'hydrate d'orthophénantroline 0,480 g · L^{-1}		100 mL	nécessaire, besoin de préparation
eau déionisée		500 mL	nécessaire

公用仪器设备:

名　　称	备　　注
分析天平	必备
超声清洗机	必备

每小组所需玻璃仪器:

仪器名称	规　　格	小组用量/个
容量瓶	100 mL	10
容量瓶	250 mL	1
容量移液管	25 mL	1
容量移液管	10 mL	1
滴定管	20 mL	1
烧杯	250 mL	1
烧杯	100 mL	3
量筒	100 mL	2
光学玻璃比色皿	1 cm	9

非玻璃仪器:定量移液球,药匙,清洁布,连接到计算机工作站的分光光度计。
其他消耗品:一次性称量盘(小号),塑料滴管。

3. 实验步骤

步骤1　制备铁(Ⅱ)原液F

(1) 精确称取大约为 0.280 g 质量 m 的莫尔盐 $[(NH_4)_2Fe(SO_4)_2 \cdot 6H_2O$,$M=392.2 \ g \cdot mol^{-1}]$。

备注:"精确称取大约 0.280 g 的质量 m" = "精确称取一个接近 0.280 g 的质量 m"。

Equipements collectifs

Equipement	Remarque
balance de précision	nécessaire
bain à ultrasons	nécessaire

Verrerie par équipe

Verrerie	Taille	Nombre
fiole jaugée	100 mL	10
fiole jaugée	250 mL	1
pipette jaugée	25 mL	1
pipette jaugée	10 mL	1
burette graduée	20 mL	1
bécher	250 mL	1
bécher	100 mL	3
éprouvette graduée	100 m	2
cuve en verre optique	1 cm	9

Matériel par équipe: poire aspirante, spatules, chiffon en tissu, spectrophotomètre interfacé à un poste informatique.

Consommables: capsules de pesée, pipettes pasteur plastiques.

III. Manipulation

Etape 1 Préparation de la solution mère F de fer(II)

(1) Peser exactement environ une masse m de 0,280 g de sel de Mohr [$(NH_4)_2Fe(SO_4)_2 \cdot 6H_2O$, $M = 392{,}2$ g $\cdot$ mol^{-1}].

Remarque: «peser exactement environ une masse m de 0,280 g» = «peser avec précision une masse m voisine de 0,280 g».

(2) Placer quantitativement cette masse dans un bécher 100 mL, ajouter environ

（2）将这些莫尔盐全部定量转移至 100 mL 烧杯中，加入约 5.0 g 盐酸羟胺（NH_2OH,HCl），倒入 60～80 mL 去离子水。摇动直到固体完全溶解。

（3）将此溶液定量倒入 100 mL 容量瓶中，加入去离子水完成定容并摇匀。

（4）使用容量移液管准确取出 25 mL 该溶液，将其倒入 250 mL 烧杯中。

（5）加入约 100 mL 水，边搅拌边加入约 5 g 盐酸羟胺和5 g 硫酸钠。搅拌直到固体消失。

（6）将此溶液定量倒入 250 mL 容量瓶中，加入去离子水定容至刻度并摇匀。我们得到溶液F。

备注：

① 盐酸羟胺可还原被空气中氧气氧化而出现的铁（Ⅲ）离子。

② 硫酸钠对pH的影响很小。

步骤2 准备一系列的溶液

已经配制好的O溶液（每个位置100 mL）浓度相当于在1 L水中含有0.480 g 邻菲咯啉一水合物。

（1）准备一个填充溶液O的25 mL滴定管。加液前检查阀门。用一次性滴管吸取几毫升待填充的溶液润洗3次滴定管。检查阀门下面尖嘴里是否存有空气。

（2）使用10 mL容量移液管在9个100 mL容量瓶中加入溶液F，然后使用滴定管加入溶液O。制备以下溶液：

溶液序号	0	1	2	3	4	5	6	7	8
F/mL	10.00	10.00	10.00	10.00	10.00	10.00	10.00	10.00	10.00
O/m	0	2.00	4.00	6.00	8.00	9.00	12.00	15.00	20.00

（3）加入去离子水定容至刻度并摇匀。

步骤3 检测配合物的最大吸收波长λ_M

5,0 g de chlorhydrate d'hydroxylamine (NH$_2$OH, HCl) et verser 60 à 80 mL d'eau déionisée. Agiter jusqu'à complète dissolution des solides.

(3) Verser quantitativement cette solution dans une fiole jaugée 100 mL, compléter au trait de jauge avec de l'eau déionisée et homogénéiser.

(4) Prélever précisément à la pipette jaugée 25 mL de cette solution et les verser dans un bécher 250 mL.

(5) Ajouter environ 100 mL d'eau, environ 5 g de chlorhydrate d'hydroxylamine et 5 g de sulfate de sodium en agitant. Agiter jusqu'à disparition des solides.

(6) Verser quantitativement cette solution dans une fiole jaugée de 250 mL, compléter au trait de jauge avec de l'eau déionisée et homogénéiser.

On obtient la solution F.

Remarques:

① Le chlorhydrate d'hydroxylamine réduit les ions fer(Ⅲ) qui peuvent apparaître par oxydation par le dioxygène de l'air.

② Le sulfate de sodium agit très légèrement sur le pH.

Etape 2　Préparation de la gamme de solutions

La solution O est fournie (100 mL par position). Elle contient l'équivalent de 0,480 g d'hydrate d'orthophénantroline dans un litre d'eau.

(1) Préparer une burette graduée de 25 mL avec la solution O. Vérifier le robinet avant d'ajouter le liquide. Rincer la burette 3 fois avec quelques millilitres de solution à remplir en utilisant une pipette Pasteur. Vérifier bien qu'il n'y a pas de bulle d'air en sortie de burette.

(2) Dans 9 fioles jaugées de 100 mL, la solution F est introduite à la pipette jaugée de 10 mL et la solution O est ajoutée ensuite à la burette graduée. Préparer les solutions suivantes:

Solution No.	0	1	2	3	4	5	6	7	8
F/mL	10,00	10,00	10,00	10,00	10,00	10,00	10,00	10,00	10,00
O/mL	0	2,00	4,00	6,00	8,00	9,00	12,00	15,00	20,00

(3) Compléter au trait de jauge avec de l'eau déionisée et homogénéiser.

Etape 3　Détection de la longueur d'onde de l'absorbance maximale du complexe λ_M

（1）检查分光光度计的样品槽。

（2）打开分光光度计，让设备预热并使用 USB 电缆连接计算机。

（3）在"预热"（warming）和"系统自检"（system self-check）之后，打开 "UV-professional"软件新做一个或载入之前的"基线"（baseline）。

备注：基线通常每周或每月测量一次，以检查光源情况（灯的工作状态）。

（4）选择"波长扫描"（Wavelength scan）方法，使用去离子水为分光光度计设置空白（set blank）。

（5）使用8号溶液扫描配合物的吸收光谱。

（6）找到对应最大吸光度的波长 λ_M。

步骤4　吸光度测量

（1）更改软件方法为"光度计"（Photometry）。在 $\lambda=\lambda_M$ 波长下，用0号溶液设置空白。

（2）测量并记录1～8号溶液的吸光度。

数据处理

（1）对 $\lambda = \lambda_M$ 计算出摩尔吸光系数。

（2）坐标纸绘制和使用软件绘制（Regressi）数据图形，Abs $= f(V_{o\text{-phen}})$。讨论0～8号混合溶液中的变化和原因。

（3）使用Regressi软件建模并取得交点数据。

（4）计算配位数 n。

4. 实验注意事项

（1）在测量吸光度时，需要确保比色皿、透明通光面的放置方向。

（2）配位化合物对酸碱环境都较为敏感，需要考虑污染来源，并避免污染。

（3）溶解硫酸钠时，将盐缓慢倒入搅拌的水中可以避免结块，加快溶解。

（4）含盐酸羟胺的废液不可以直接倒入下水道，需将其倒入指定回收桶。

(1) Vérifier l'état du spectrophotomètre.

(2) Allumer le spectrophotomètre pour le préchauffer et connecter à l'ordinateur avec un câble USB.

(3) Lancer le logiciel «*UV-professional*» après «warming» et «*system self-check*». Faire ou rependre la «*baseline*».

Remarque: la «baseline» est généralement mesurée 1 fois par semaine ou par mois pour vérifier l'état de la source de lumière.

(4) En utilisant la méthode «*Wavelength scan*», réaliser le blanc «Set Blank» du spectrophotomètre avec la solution No.0.

(5) Tracer le spectre d'absorption du complexe en utilisant la solution No.8.

(6) Repérer la longueur d'onde λ_M correspondant à l'absorbance maximale.

Etape 4　Mesures d'absorbance

(1) Changer à la méthode «*Photometry*» du logiciel. Refaire le blanc «*Set Blank* » avec la solution No.0 pour $\lambda = \lambda_M$.

(2) Mesurer et noter l'absorbance des solutions No.0 à No.8.

Traiter les données expérimentales:

(1) Calculer le coefficient d'extinction molaire du complexe pour $\lambda = \lambda_M$.

(2) Réaliser un graphique sur papier puis grâce au logiciel Regressi à partir des données Abs = $f(V_{\text{o-phen}})$. Discuter des changements et des causes dans les solutions mélangées numérotées 0–8.

(3) Utiliser le logiciel Regressi pour modéliser et obtenir les coordonnées du point d'intersection.

(4) En déduire l'indice de coordination n.

IV. Points d'attention

(1) Lors de la mesure de l'absorbance, vérifier que la cuve est correctement placée.

(2) Les complexe sont sensibles à l'environnement acide et basique. Il est important d'éviter toute pollution.

(3) Lors de la dissolution du sulfate de sodium, verser lentement le sel dans l'eau sous agitation peut éviter l'agglomération et accélérer la dissolution.

(4) Les déchets liquides contenant du chlorhydrate d'hydroxylamine ne peuvent pas être jetés directement à l'évier. Il faut les verser dans un bidon de recyclage désigné.

5. 思考题

（1）为什么要精确称量硫酸亚铁铵盐，而不需要精确称量另外两种盐？

（2）如果硫酸亚铁铵盐固体没有定量转移，我们得到的吸光度将如何变化（升高/降低）？为什么？

（3）如果移液管、滴定管使用时没有润洗，得到的吸光度将如何变化？为什么？

（4）在此实验中，能够得到的混合溶液的最高吸光度应为0.800。如果测量到的吸光度数值超过此值，请讨论可能的原因。

（5）证明如果反应完全，则曲线将由两条直线段组成，其交点的横坐标将是以下反应计量点体积：$Fe^{2+} + n$ o-phen $\rightarrow Fe(o\text{-phen})_n^{2+}$。

6. 实验预期结果与现象

（1）配制的系列溶液除0号为无色透明之外，后续溶液呈暗橙色，且1～4号溶液颜色有明显加深变化。5～8号溶液色深变化不明显。

（2）Abs $= f(V_{o\text{-phen}})$ 曲线有明显分段变化，其中0～4号溶液建模的曲线呈穿过原点斜率大于零的直线，5～8号建模曲线呈斜率接近0的水平直线。最高吸光度 A_{max} 应为0.800。

（3）曲线拐点（两条直线交点）之前，溶液颜色逐渐加深（Abs正比于 $V_{o\text{-phen}}$）。这时 Fe^{2+} 过量。不足量反应物邻菲罗啉的加入量决定生成颜色配合物的浓度。

（4）曲线拐点（两条直线交点）之后，溶液 Abs 与 $V_{o\text{-phen}}$ 加入量无关，Abs 基本恒定。这时 Fe^{2+} 不足量，邻菲罗啉过量。不足量反应物决定生成颜色配合物的浓度。所有溶液中 Fe^{2+} 含量相同，配合物浓度被限制基本相同。

（5）配位数 n 值需要取整数，为3。

（6）由于反应平衡的影响，当加入的邻菲罗啉过量时，随着加入量的增加，

V. Points de réflexion

(1) Pourquoi peser exactement le sulfate ferreux d'ammonium, mais pas les deux autres sels?

(2) Si le sulfate ferreux d'ammonium solide n'est pas transféré quantitativement, comment l'absorbance que nous obtenons va-t-elle changer (augmenter/diminuer)? Pourquoi?

(3) Si la pipette, ou la burette sont utilisées sans rinçage, comment l'absorbance sera-t-elle modifiée? Pourquoi?

(4) Dans cette expérience, l'absorbance maximale de la solution devrait être 0,800. Si la valeur d'absorbance mesurée dépasse cette valeur, discuter les causes possibles.

(5) Montrer que si la réaction était rigoureusement totale, la courbe serait composée de deux segments de droite dont l'abscisse du point d'intersection serait la valeur du volume à l'équivalence de la réaction suivante:

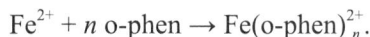

$$Fe^{2+} + n \text{ o-phen} \rightarrow Fe(\text{o-phen})_n^{2+}.$$

VI. Résultats et observations expérimentaux

(1) La solution du numéro 0 est incolore et limpide, les autres solutions sont orange foncé, et l'intensité de la couleur des solutions No.1–4 varie fortement. Les solutions No.5–8 ont des couleurs d'intensité similaire.

(2) La courbe Abs=$f(V_{\text{o-Phen}})$ peut être modélisée par différents segments de droite. La droite correspondant aux solutions 0 à 4 passe par le point de coordonnée (0, 0) et a une pente positive. La droite correspondant aux solutions 5 à 8 a une pente proche de 0. L'absorbance maximale $A_{\max}$ doit être de 0,800.

(3) Avant le point d'intersection de deux droites, la couleur de la solution s'intensifie progressivement (l'absorbance est proportionnelle à $V_{\text{o-Phen}}$). À ce stade, il y a un excès de Fe^{2+}. La concentration du complexe coloré est déterminé par la quantité d'orthophénantroline.

(4) Après le point d'intersection de deux droites, l'absorbance de la solution est indépendante de $V_{\text{o-Phen}}$, l'absorbance est sensiblement constante. À ce moment-là, l'orthophénantroline est en excès. La concentration du complexe coloré est déterminé par la quantité d'ions Fe^{2+}. La teneur en Fe^{2+} est la même dans toutes les solutions et la concentration en complexe est donc sensiblement la même.

(5) La valeur de l'indice de coordination, n doit être un entier, égal à 3.

(6) En raison de l'influence de l'équilibre de la réaction, lorsque

会使反应向生成物方向移动。因此，理论上5～8号溶液的吸光度变化是略微上升的。

7. 参考文献

[1] 宋毛平,何占航.基础化学实验与技术[M].北京：化学工业出版社,2008.
[2] 柯以侃,王桂花.大学化学实验[M].北京：化学工业出版社,2010.

l'orthophénantroline ajoutée est en excès, elle déplace l'équilibre de la formation du complexe à mesure que la quantité ajoutée augmente. La variation d'absorbance de la solution No.5–8 est donc théoriquement légèrement croissante.

VII. Référence

[1] 宋毛平,何占航.基础化学实验与技术 [M].北京:化学工业出版社,2008.
[2] 柯以侃,王桂花.大学化学实验 [M].北京:化学工业出版社,2010.

实验1Y2S4　水溶液中的酸度解离常数测定

1. 实验介绍

实验所需时间：3小时。

实验难度：易。

危险等级：低。

一元酸AH在水中的酸度常数K_a可以表示为

$$AH_{(aq)} \rightleftharpoons A^-_{(aq)} + H^+_{(aq)}$$

$$K_a = K^\circ = \frac{\left[A^-\right]_{eq}\left[H^+\right]_{eq}}{\left[AH\right]_{eq}C^\circ} \tag{1}$$

溶液的电导来自酸解离的A^-和H^+离子。溶液的电导率可由表达式描述：

$$\sigma = \sum_i \lambda_i^\circ C_i = \lambda_{H^+}^\circ\left[H^+\right] + \lambda_{A^-}^\circ\left[A^-\right] \tag{2}$$

因此，极限摩尔电导率λ_i°也称为无限稀释时的摩尔电导率，是在$T = 298.15\,K$时以$mS \cdot m^2 \cdot mol^{-1}$为单位的值。

假设溶液的离子强度足够低，以至于可以认为每个离子的摩尔电导率(λ_i)与其在无限稀释时的摩尔电导率近似相等：

$$\lambda_{H^+} + \lambda_{A^-} \approx \lambda_{H^+}^\circ + \lambda_{A^-}^\circ = \Lambda^\circ \tag{3}$$

忽略水的解离产生的离子。这些离子浓度可以表示为

$$\left[H^+\right] = \left[CH_3CO_2^-\right] = C \tag{4}$$

电导率可以由以下形式给出：

TP1Y2S4 Détermination de constantes d'acidité dans l'eau

I. Introduction

Durée: 3 h.

Difficulté: facile.

Niveau de danger: faible.

La constante d'acidité K_a dans l'eau pour un monoacide AH s'exprime:

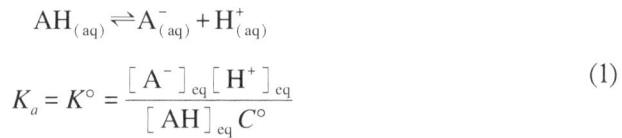

$$AH_{(aq)} \rightleftharpoons A^-_{(aq)} + H^+_{(aq)}$$

$$K_a = K^\circ = \frac{[A^-]_{eq}[H^+]_{eq}}{[AH]_{eq} C^\circ} \tag{1}$$

La conductance de la solution est due aux ions A^- et H^+ provenant de la dissociation de l'acide. La conductivité de la solution est donnée par l'expression suivante:

$$\sigma = \sum_i \lambda_i^\circ C_i = \lambda_{H^+}^\circ [H^+] + \lambda_{A^-}^\circ [A^-] \tag{2}$$

Où, la conductivité molaire limite λ_i°, aussi appelée la conductivité molaire à dilution infinie, s'exprime en $mS \cdot m^2 \cdot mol^{-1}$ et est évaluée à $T = 298.15$ K.

On suppose que la force ionique des solutions reste suffisamment faible pour pouvoir assimiler la conductivité molaire de chaque ion (λ_i) avec sa conductivité molaire à dilution infinie:

$$\lambda_{H^+} + \lambda_{A^-} \approx \lambda_{H^+}^\circ + \lambda_{A^-}^\circ = \Lambda^\circ \tag{3}$$

On néglige les ions provenant de la dissociation de l'eau. Les concentrations des ions en solution vérifient donc:

$$[H^+] = [CH_3CO_2^-] = C \tag{4}$$

La conductivité peut être donnée sous la forme:

$$\sigma = \Lambda^\circ C \tag{5}$$

设初始酸浓度为 C_0，以 $mol \cdot L^{-1}$ 为单位，我们有

$$K_a = \frac{C^2}{(C_0-C)C^\circ} = \frac{(\sigma/\Lambda^\circ)^2}{(C_0-\sigma/\Lambda^\circ)C^\circ} \tag{6}$$

推导出

$$\frac{\sigma}{\Lambda^{\circ 2}} = K_a \frac{C_0 C^\circ}{\sigma} - \frac{K_a C^\circ}{\Lambda^\circ} \tag{7}$$

可以绘制 $\frac{\sigma}{\Lambda^{\circ 2}}$ 关于 $\frac{C_0 C^\circ}{\sigma}$ 的函数的曲线图，通过斜率确定常数 K_a 的值。

2. 实验试剂、材料和仪器

实验试剂：

试 剂 名 称	CAS No.	小 组 用 量	备　　注
乙酸	64-19-7	5 mL	必备
KCl溶液（0.1 mol·L⁻¹）		10 mL	必备,需配制
去离子水		600 mL	必备

公用仪器设备：

名　　称	备　　注
超声清洗机	必备

$$\sigma = \Lambda^\circ C \tag{5}$$

Soit C_0 la concentration initiale en acide exprimée en mol $\cdot$ L^{-1}, on a

$$K_a = \frac{C^2}{(C_0 - C)C^\circ} = \frac{(\sigma/\Lambda^\circ)^2}{(C_0 - \sigma/\Lambda^\circ)C^\circ} \tag{6}$$

d'où

$$\frac{\sigma}{\Lambda^{\circ 2}} = K_a \frac{C_0 C^\circ}{\sigma} - \frac{K_a C^\circ}{\Lambda^\circ} \tag{7}$$

Le tracé de la courbe $\dfrac{\sigma}{\Lambda^{\circ 2}}$ en fonction de $\dfrac{C_0 C^\circ}{\sigma}$ permet donc de déterminer, la valeur de la constante K_a.

II. Composés, équipements et matériel par équipe

Composés chimiques

Composé	CAS No.	Dose	Remarque
acide acétique	64–19–7	5 mL	nécessaire
solution KCl (0,1 mol $\cdot$ L^{-1})		10 mL	nécessaire, besoin de préparation
eau déionisée		600 mL	nécessaire

Equipements collectifs

Equipement	Remarque
bain à ultrasons	nécessaire

每小组需玻璃仪器如表所示：

仪器名称	规　　格	小组用量	仪器名称	规　　格	小组用量
烧杯	500 mL	1	扩口锥形瓶	50 mL	3
容量瓶	100 mL	6			

非玻璃仪器：铁架台、十字夹、四爪夹、电导计、电脑工作站、恒温水浴（25.5℃）。

其他消耗品：吸水纸，一次性塑料滴管。

3. 实验步骤

步骤1　准备酸溶液

（1）使用分析天平，将一定滴数（1、2、4、8、16 和 32 滴）的乙酸（CH_3CO_2H，$M = 60.05$ g·mol^{-1}）滴入 6 个 100 mL 的容量瓶中。

a. 为了更准确地测量，在添加酸之前和之后应该塞住容量瓶。

b. 记录分析天平上显示乙酸质量的所有数字。

（2）向含酸容量瓶中加入去离子水完成定容，塞住瓶子并摇匀。然后将它们放入 25.5℃ 的恒温水浴中。

备注：我们可以验算这些溶液的离子强度小于 3×10^{-3} mol·L^{-1}，能够得到近似 $\lambda_i \approx \lambda_i^\circ$。

步骤2　检测电导率

（1）在测量开始时使用 10 mL 浓度为 0.1 mol·L^{-1} 的氯化钾溶液校准电导仪一次。不要忘记温度探头。

（2）已经预热的酸溶液倒入 50 mL 锥形瓶中。然后将锥形瓶放入 25.5℃ 的恒温水浴中。

（3）依次测量记录溶液电导率值和溶液的温度。

数据处理

（1）使用 CRC《*Handbook of Chemistry and Physics*》手册查询所需要的摩尔极限电导率 λ_i° 和乙酸的 pK_a 值。

Verrerie par équipe

Verrerie	Taille	Nombre	Verrerie	Taille	Nombre
bécher	500 mL	1	erlenmeyer à col large	50 mL	3
fiole jaugée	100 mL	6			

Matériel par équipe: support en fer, noix, pince 4 doigts, conductimètre, poste informatique, bain d'eau thermostaté à 25,5°C.

Consommables: Papier essuie-tout, pipette pasteur plastique.

III. Manipulation

Etape 1　Préparer les solutions d'acide

(1) En utilisant une balance de précision, introduire 1, 2 ,4, 8, 16 et 32 gouttes d'acide acétique (CH$_3$C$_2$H, M = 60,05 g $\cdot$ mol^{-1}) dans 6 fioles jaugées de 100 mL.

a. La fiole doit être fermée avant et après l'ajouter d'acide pour une mesure plus précise.

b. Noter les masses d'acide acétique pesées avec tous les chiffres affichés par la balance de précision.

(2) Compléter les fioles au trait de jauge avec de l'eau déionisée. Boucher les fioles et Homogénéiser. Puis les mettre dans le bain thermostaté à 25,5°C.

Remarque: On peut vérifier que la force ionique de ces solutions est inférieure à 3.10^{-3} mol $\cdot$ L^{-1} ce qui justifie l'approximation $\lambda_i \approx \lambda_i^{\circ}$

Etape 2　Détermination de conductivité

(1) Etalonner le conductimètre une fois avant les mesures avec 10 mL de solution de chlorure de potassium, KCl, à une concentration 0,1 mol $\cdot$ L^{-1}. Ne pas oublier le thermomètre.

(2) Mettre la solution d'acide préchauffée dans un Erlenmeyer 50 mL. Placer l'erlenmeyer ensuite dans le bain thermostaté à 25,5°C.

(3) Reporter la valeur de la conductivité et la température de chaque solution.

Traiter les données expérimentales:

(1) Au besoin, chercher les valeurs des conductivités limites molaires λ_i° et le pK_a de l'acide acétique dans *CRC Handbook of Chemistry and Physics*.

（2）画出得到的酸浓度相关于电导率 $C_0 = f(\sigma)$ 的图形。

（3）推导出模型：$\dfrac{\sigma}{\Lambda^{\circ 2}} = K_a \dfrac{C_0 C^\circ}{\sigma} - \dfrac{K_a C^\circ}{\Lambda^\circ}$。

（4）使用刚推导出的模型，$\dfrac{\sigma}{\Lambda^{\circ 2}} = K_a \dfrac{C_0 C^\circ}{\sigma} - \dfrac{K_a C^\circ}{\Lambda^\circ}$，对测量数据 σ_i、$C_{0,i}$ 进行线性回归计算。注意对数据进行必要的单位变换。

（5）分析图形，根据需要剔除异常坐标数据。重新计算线性相关系数 R^2 和解离常数 K_a。

4. 实验注意事项

（1）通常情况下，我们查询到的乙酸的解离常数值是乙酸在标准状态下，即 25℃时的解离常数 K_a。由于 K_a 是关于温度的函数。因此，本实验为了能够与文献上 K_a 进行对比，需要将乙酸溶液的温度控制在 24.5～25.5℃之间。

（2）在测量和标定前，都应该用工作溶液润洗探头和容器 3 次。溶液应该从低浓度开始测量。避免测量时污染目标溶液，导致浓度变化。低浓度溶液残留对高浓度溶液的浓度变化影响较小。相反，高浓度溶液残留对低浓度溶液浓度变化影响大。本实验开始时进行标定使用的氯化钾溶液离子浓度（$0.1\ \mathrm{mol \cdot L^{-1}}$）远大于之后的乙酸溶液浓度，因此需要用大量的去离子水洗涤探头和容器，之后再用低浓度乙酸溶液润洗。

5. 思考题

（1）解释异常数据的成因。

（2）比较实验测得的 pK_a 和物化手册中的标准值。讨论实验方法和操作中的误差来源。

（3）我们能否使用较高浓度的酸溶液进行电导率测量实验，得到其解离常数？

（4）在本实验中，如果电导计校准失误，是否会影响解离常数 K_a 计算结果？

(2) Dessiner la courbe de concentration en acide obtenue en fonction de la conductivité $C_0 = f(\sigma)$.

(3) En déduire que $\dfrac{\sigma}{\Lambda^{\circ 2}} = K_a \dfrac{C_0 C^\circ}{\sigma} - \dfrac{K_a C^\circ}{\Lambda^\circ}$.

(4) En utilisant l'expression précédente, effectuer une régression linéaire sur les données mesurées σ_i, $C_{0, i}$. Attention aux changements d'unités nécessaires sur les données.

(5) Analyser la courbe et, au besoin, éliminer les points aberrants. Recalculer le coefficient de corrélation R^2 et la constante K_a.

IV. Points d'attention

(1) Normalement, la constante de dissociation de l'acide acétique que l'on trouve dans la littérature est la constante de dissociation de l'acide acétique à l'état standard, c'est-à-dire à 25 degrés Celsius. Puisque K_a est une fonction de la température, pour pouvoir comparer, il est nécessaire de maintenir la température de la solution d'acide acétique entre 24,5 et 25,5°C.

(2) La cellule conductimétrique et le récipient doivent être rincés 3 fois avec une solution de travail avant la mesure et l'étalonnage, pour éviter la contamination de la solution cible lors de la mesure. Les résidus de solution à faible concentration ont peu d'effet sur la concentration des solutions à forte concentration. Inversement, les résidus de solution à forte concentration ont un effet important sur la concentration de solution à faible concentration. Ici on commence par l'étalonnage de la concentration de chlorure de potassium à 0,1 mol · L^{-1} qui est beaucoup plus concentrée que la solution d'acide acétique. Il faut donc que la cellule conductimétrique et le récipient soient lavés avec beaucoup d'eau déionisée, puis avec une solution d'acide acétique à faible concentration.

V. Points de réflexion

(1) Expliquer la cause des données anormales.

(2) Comparer avec le pK_a de l'acide acétique dans la littérature. Commenter le résultat.

(3) Pouvons-nous faire des expériences de mesure de conductivité avec une solution acide plus concentrée pour obtenir sa constante de dissociation?

(4) Dans cette expérience, si le conductimètre est mal calibré, cela affecte-t-il la valeur calculé de la constante de dissociation K_a?

（5）本实验采用直接法配制梯度浓度溶液。除这种方法外也可以用间接法，对高浓度母液进行多次稀释得到系列梯度浓度的溶液。比较这两种方法的优缺点。

6. 实验预期结果与现象

（1）实验结果与乙酸的 pK_a 标准值（4.76）非常接近。

（2）公式（7）的线性相关性 R^2 一般大于0.999。

7. 参考文献

[1] 柯以侃,王桂花.大学化学实验[M].北京：化学工业出版社,2010.

[2] Fosset B, Lefrou C, Masson A. Chimie physique expérimentale[M]. France: Hermann, 2000.

(5) Dans cette expérience, les solutions de concentration croissante sont préparées par une méthode directe. Une méthode indirecte peut également être utilisée en réalisant plusieurs dilutions d'une solution mère d'acide acétique de concentration élevée. Comparer les avantages et les inconvénients de ces deux méthodes.

VI. Résultats et observations expérimentaux

(1) Le résultats expérimentaux (pK_a) sont très proches de la valeur tabulée d'acide acétique (4,76).

(2) La corrélation linéaire R^2 du modèle (7) est généralement supérieure à 0,999.

VII. Référence

[1] 柯以侃, 王桂花. 大学化学实验[M]. 北京: 化学工业出版社, 2010.
[2] Fosset B, Lefrou C, Masson A. Chimie physique expérimentale[M]. France: Hermann, 2000.

实验1Y2S5　碘和环己酮的作用

1. 实验介绍

实验所需时间：3.5小时。

实验难度：易。

危险等级：低。

根据以下反应方程式研究环己酮转化为碘代环己酮的动力学：

$$C_6H_{10}O_{(aq)} + I_{2(aq)} = C_6H_9OI_{(aq)} + H^+_{(aq)} + I^-_{(aq)}$$

在溶液中当碘离子I^-过量时，碘分子以三碘阴离子I_3^-的形式出现。

$$I_{2(aq)} + I^-_{(aq)} \rightleftharpoons I^-_{3(aq)}$$

呈黄色的碘分子或三碘阴离子I_3^-在反应过程中消失，即发生褪色现象，可用分光光度法检测。我们希望从实验数据中确定不同反应物具有的反应部分级数。

2. 实验试剂、材料和仪器

实验试剂：

试 剂 名 称	小组用量	备　注
含有5×10^{-4} mol · L^{-1}的I_2的（100 g · L^{-1}）KI溶液	10 mL	必备,需配制
1.6 mol · L^{-1}硫酸氢钠液	20 mL	必备,需配制
0.05 mol · L^{-1}环己酮水溶液	60 mL	必备,需配制
去离子水	大量	必备

TP1Y2S5　Action du diiode sur la cyclohexanone

I. Introduction

Durée: 3.5 h.

Difficulté: facile.

Niveau de danger: faible.

On étudie la transformation de la cyclohexanone en iodocyclohexanone selon l'équation de réaction suivante:

$$C_6H_{10}O_{(aq)} + I_{2(aq)} = C_6H_9OI_{(aq)} + H^+_{(aq)} + I^-_{(aq)}$$

Lorsqu'il existe un excès d'ions iodure I^-, le diiode se présente sous la forme d'anion triiodure I_3^- en solution.

$$I_{2(aq)} + I^-_{(aq)} \rightleftharpoons I^-_{3(aq)}$$

Le diiode ou l'anion triiodure I_3^- étant jaune, sa disparition au cours de la réaction, conduit à une décoloration, qui peut être suivie par spectrophotométrie. On veut déterminer les ordres partiels par rapport aux différents réactifs à partir des données expérimentales.

II. Composés, équipements et matériel par équipe

Composés chimiques

Composé	Dose	Remarque
I_2 (5×10^{-4} mol $\cdot$ L^{-1}) dans solution de KI (100 g $\cdot$ L^{-1})	10 mL	nécessaire, besoin de préparation
solution de NaHSO$_4$ (1,6 mol $\cdot$ L^{-1})	20 mL	nécessaire, besoin de préparation
cyclohexanone en solution aqueuse (0,05 mol $\cdot$ L^{-1})	60 mL	nécessaire, besoin de préparation
eau déionisée	beaucoup	nécessaire

每小组所需玻璃仪器:

仪器名称	规　格	小组用量	仪器名称	规　格	小组用量
刻度移液管	1 mL	1	烧杯	100 mL	8
刻度移液管	5 mL	1	烧杯	250 mL	1
容量移液管	5 mL	1	光学玻璃比色皿	1 cm	1
容量移液管	10 mL	1	容量移液管	25 mL	1
容量瓶	50 mL	1	容量瓶	10 mL	1

非玻璃仪器: 移液球、连接电脑的可见分光光度计、计算机工作站、清洁布、去离子水洗瓶、数显温度计。

其他消耗品: 一次性塑料滴管,吸水纸。

3. 实验步骤

步骤1　检测三碘阴离子I_3^-的最大吸光度

(1) 检查分光光度计的样品槽。

(2) 打开分光光度计,让设备预热并使用 USB 电缆连接计算机。

(3) 在"预热"(warming)和"系统自检"(system self-check)之后, 打开(UV-professional)软件新做一个或载入之前的"基线"(baseline)。

(4) 选择"波长扫描"(Wavelength scan)方法,使用去离子水为分光光度计"设置空白"(Set Blank)。

(5) 使用刻度移液管精确取 11.00 mL 去离子水和 1.50 mL 碘的碘化钾溶液(碘浓度 5×10^{-4} mol·L^{-1},KI溶液(100 g·L^{-1})),然后倒入干净的 50 mL 烧杯中。摇匀。

(6) 扫描出制备好溶液的吸收光谱。确定最大吸光度 A 和其对应的最大吸收波长 λ_M。

步骤2　反应的动力学研究

(1) 软件方法更改为"动力学"(Kinetics)。将波长设置为 λ_M。设定动力学实验持续时间为 480 s,数据记录频率每 2 秒一次。

(2) 用去离子水重做"设置空白"(Set Blank)。

(3) 使用 5 mL 容量移液管和 10 mL 容量瓶将 5.00 mL 的 NaHSO₄ 溶

Verrerie par équipe

Verrerie	Taille	Nombre	Verrerie	Taille	Nombre
pipette graduée	1 mL	1	bécher	100 mL	8
pipette graduée	5 mL	1	bécher	250 mL	1
pipette jaugée	5 mL	1	cuve en verre optique	1 cm	1
pipette jaugée	10 mL	1	pipette jaugée	25 mL	1
fiole jaugée	50 mL	1	fiole jaugée	10 mL	1

Matériel par équipe: poire aspirante, spectrophotomètre relié à un poste informatique, poste informatique, chiffon, pissette, thermomètre numérique.

Consommables: pipette pasteur plastique, papier essuie-tout.

III. Manipulation

Etape 1　Détection de l'absorbance maximale de l'anion triiodure I_3^-

(1) Vérifier l'état du spectrophotomètre.

(2) Allumer le spectrophotomètre pour le préchauffer et connecter à l'ordinateur avec un câble USB.

(3) Lancer le logiciel «*UV-professional*» après «*warming*» et «*system self-check*». Faire ou repende la «*baseline*».

(4) En utilisant la méthode «*Wavelength scan*», réaliser le blanc «*Set Blank*» du spectrophotomètre avec de l'eau déionisée.

(5) Prélever précisément 11,00 mL d'eau déionisée et 1,50 mL de solution de I_2 à 5×10^{-4} mol · L^{-1} dans KI (100 g · L^{-1}) à la pipette graduée et les verser dans un bécher de 50 mL propre. Homogénéiser.

(6) Tracer le spectre d'absorption de la solution préparée. la valeur maximale de A et la longueur d'onde λ_M correspondant à l'absorbance maximale.

Etape 2　Etudes cinétique de la réaction

(1) Changer à la méthode «*Kinetics*» du logiciel. Fixer la longueur d'onde à λ_M. Régler la durée de l'expérience à 480 s et la fréquence d'acquisition à 2 s.

(2) Refaire le blanc «*Set Blank*» avec de l'eau déionisée.

(3) Faire une dilution précise de 5,00 mL de solution de $NaHSO_4$ (1,6 mol · L^{-1}) dans 10,00 mL à l'aide de la pipette jaugée de 5 mL et de la fiole jaugée de 10 mL.

（1.6 mol・L⁻¹）精确稀释至10.00 mL。得到 0.8 mol・L⁻¹ 浓度的酸溶液。

（4）使用25 mL容量移液管和50 mL 容量瓶将25.00 mL 的环己酮溶液（0.05 mol・L⁻¹）精确稀释至50.00 mL。得到0.025 mol・L⁻¹ 浓度的环己酮溶液。

依次（在前一个检测完成之后再进行下一个）配制以下4种溶液并检测：

溶液	环 己 酮	酸(H⁺) = 硫酸氢钠(NaHSO₄)
S1	10.00 mL 浓度为 0.025 mol・L⁻¹ 的溶液	1.00 mL 浓度为 0.8 mol・L⁻¹ 的溶液
S2	10.00 mL 浓度为 0.025 mol・L⁻¹ 的溶液	1.00 mL 浓度为 1.6 mol・L⁻¹ 的溶液
S3	10.00 mL 浓度为 0.05 mol・L⁻¹ 的溶液	1.00 mL 浓度为 0.8 mol・L⁻¹ 的溶液
S4	10.00 mL 浓度为 0.05 mol・L⁻¹ 的溶液	1.00 mL 浓度为 1.6 mol・L⁻¹ 的溶液

需使用正确体积的容量/刻度移液管准确量取上述溶液，并将它们混合在干净、干燥的50 mL烧杯中。

（1）在每个准备好的溶液S_i, $i \in \{1, \cdots, 4\}$中，用5 mL刻度移液管快速地加入1.50 mL的碘和碘化钾混合溶液［碘浓度5×10^{-4} mol・L⁻¹，KI溶液（100 g・L⁻¹）］。迅速搅拌均匀，并将混合物倒入比色皿中。比色皿放置在分光光度计中。查看最初放入时的吸光度数值，对比步骤 1 中观察到的最大吸光度A，判断其是否过低。

（2）当样品槽内反应结束后，停止软件的数据跟踪。保存好数据记录。

（3）测量反应结束后比色皿中溶液的温度，记录为发生反应时的温度。

数据处理

反应速率的方程可以表示为以下形式：

$$v = k_0 \left[C_6H_{10}O \right]^\alpha \left[H_3O^+ \right]^\beta \left[I_2 \right]^\gamma$$

（1）计算从S1到S4的混合物中的浓度。

（2）绘制4个溶液的$A = f(t)$。

（3）将每条直线$A = f(t)$的斜率与环己酮初始浓度$[C_6H_{10}O]_0$和酸初始浓度

On obtient donc une concentration en acide de 0,8 mol $\cdot$ L^{-1}.

(4) Faire une dilution précise de 25,00 mL de solution de cyclohexanone (0,05 mol $\cdot$ L^{-1}) dans 50,00 mL à l'aide de la pipette jaugée de 25 mL et de la fiole jaugée de 50 mL. On obtient donc une concentration en cyclohexanone de 0,025 mol $\cdot$ L^{-1}.

Préparer et analyser successivement les 4 solutions suivantes:

Solution	cyclohexanone	acide (H$^+$) = hydrogénosulfate de sodium (NaHSO$_4$)
S1	10,00 mL à 0,025 mol $\cdot$ L^{-1}	1,00 mL à 0,8 mol $\cdot$ L^{-1}
S2	10,00 mL à 0,025 mol $\cdot$ L^{-1}	1,00 mL à 1,6 mol $\cdot$ L^{-1}
S3	10,00 mL à 0,05 mol $\cdot$ L^{-1}	1,00 mL à 0,8 mol $\cdot$ L^{-1}
S4	10,00 mL à 0,05 mol $\cdot$ L^{-1}	1,00 mL à 1,6 mol $\cdot$ L^{-1}

Prélever précisément en utilisant la pipette jaugée/graduée de volume approprié et les mélanger dans un bécher de 50 mL propre et sec.

(1) Dans chaque solution S$_i$, $i \in \{1, \cdots, 4\}$ prête, ajouter rapidement 1,50 mL de solution de I$_2$ à 5×10^{-4} mol $\cdot$ L^{-1} dans KI (100 g $\cdot$ L^{-1}) à la pipette graduée 5 mL. Agiter rapidement et verser le mélange dans une cuve. Placer la cuve dans le spectrophotomètre. Vérifier l'absorbance au début qui ne doit pas être trop faible par rapport à l'absorbance maximale A observée dans l'étape 1.

(2) Quand la réaction dans la cuve est terminée, arrêter le suivi sur le logiciel. Bien enregistrer les données.

(3) Mesurer la température de la solution contenue dans la cuve en fin de réaction. On considèrera qu'il s'agit de la température à laquelle la réaction a eu lieu.

Traiter les données expérimentales:

La loi de vitesse de la réaction peut s'exprimer sous la forme suivante:

$$v = k_0 \left[C_6H_{10}O \right]^{\alpha} \left[H_3O^+ \right]^{\beta} \left[I_2 \right]^{\gamma}$$

(1) Calculer les concentrations dans les mélanges S1 à S4.

(2) Tracer $A = f(t)$ pour les 4 solutions.

(3) Vérifier que l'hypothèse $\gamma = 0$ est bien vérifiée. Relier la pente de chaque

$[H^+]_0$ 进行关联。验证假设 $\gamma = 0$ 是否成立。

（4）使用不同条件下得到的直线斜率，计算 α 和 β 的值。我们认为所有实验的反应温度基本相同。

4. 实验注意事项

（1）本实验涉及每小组所需玻璃仪器的合理选用，因此在操作开始前需要明确每种溶液的用量需求，以正确地选择容器和配制设备。

（2）因褪色反应可能在几十秒内完成，所以需要提前打开软件界面和分光光度计。

5. 思考题

（1）在本实验条件下可以怎样简化速度定律？

（2）假设 $\gamma = 0$，对速率方程进行积分，并推导这种情况下随时间演化的碘分子的浓度。

（3）给出 Beer-Lambert 定律的表达式。它的适用范围是什么？

（4）解释为什么必须在碘分子的最大吸收波长处进行碘分子浓度演化的监测。

（5）根据速率方程积分结果，推导出 $\gamma = 0$ 假设下，吸光度 $A = f(t)$ 的表达式。并提出以下简单反应机理：

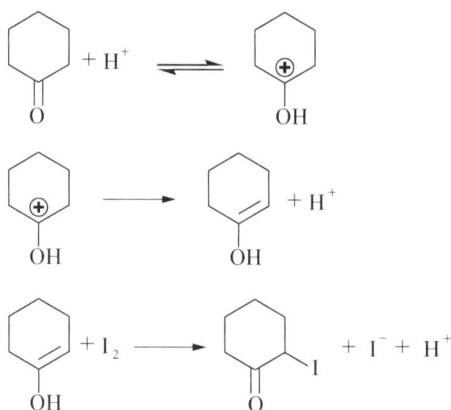

droite $A = f(t)$ à la concentration initiale en cyclohexanone $[C_6H_{10}O]_0$ et en acide $[H^+]_0$.

(4) En utilisant les rapports de pentes entre les différentes expériences, calculer les valeurs de α et β. On s'assurera que la température de réaction est sensiblement la même pour toutes les expériences.

IV. Points d'attention

(1) Cette expérience implique un choix raisonnable de verrerie, avant le début de l'opération, il faut réfléchir aux besoins de préparation de chaque solution pour choisir correctement la verrerie à utiliser.

(2) Comme la réaction peut être terminée en quelques dizaines de secondes, il est préférable de préparer l'interface logicielle et le spectrophotomètre à l'avance.

V. Points de réflexion

(1) Quelle simplification de la loi de vitesse peut-on proposer dans les conditions utilisées?

(2) Intégrer la loi de vitesse dans les conditions de l'hypothèse $\gamma = 0$ et décrire l'évolution temporelle de la concentration en diiode.

(3) Donner l'expression de la loi de Beer-Lambert. Quelles sont les limites d'application de cette loi?

(4) Expliquer pourquoi le suivi de la concentration en diiode doit être effectué en se plaçant à la longueur d'onde du maximum d'absorption du diiode.

(5) A partir de l'intégration de la loi de vitesse, exprimer l'absorbance $A = f(t)$ dans l'hypothèse $\gamma = 0$.

On peut proposer le schéma réactionnel simple suivant:

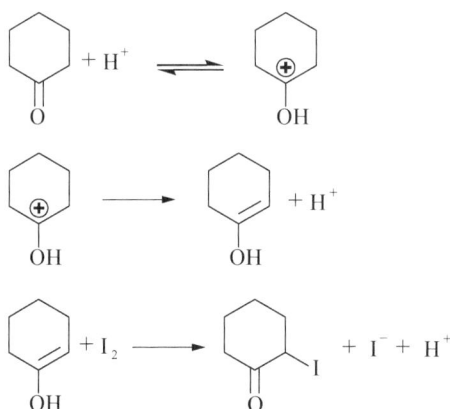

其中第一步是具有平衡常数 K_0 特征的快速平衡反应，第二步是限速步骤，第三步是快速反应步骤。

（6）将反应速率表示为 K_0 和第二步的速率常数 k_2 的函数。

（7）讨论上述机理是否与实验结果一致。

（8）在本实验中，进行空白测量的基准溶液不同是否会对分级数的计算结果产生影响。

（9）每次在烧杯中混合上述三种溶液时，为什么总是要精确分别量取 10.0 mL + 1.0 mL + 1.5 mL = 12.5 mL？如果不精确控制体积，对反应分级数计算会产生什么影响？

6. 实验预期结果与现象

（1）步骤1得到的碘分子的溶液为黄色，吸光度 A 约为1.4。结果过高或过低代表配制操作有错误。

（2）步骤2得到的四条曲线都是斜率小于0的直线（达到零点后变为水平直线，溶液颜色消失变为无色）。所有情况监测到的 $A(t=0)$ 不应高于1.4。

（3）曲线斜率 $a_{S_1} : a_{S_2} : a_{S_3} : a_{S_4} = 1 : 2 : 2 : 4$。假设分级数 $\gamma = 0$ 成立，可以求出分级数 $\alpha = \beta = 1$。

7. 参考文献

[1] 宋毛平,何占航,基础化学实验与技术 [M].北京: 化学工业出版社,2008.

[2] Fosset B, Lefrou C, Masson A. Chimie physique expérimentale[M]. France: Hermann, 2000.

La première étape est un équilibre rapide caractérisé par une constante d'équilibre K^0. La deuxième étape est l'étape cinétiquement déterminante et la troisième étape est rapide.

(6) Exprimer la vitesse de réaction en fonction de K_0 et de la constante de vitesse k_2 de la deuxième étape.

(7) Le schéma réactionnel proposé est-il cohérent avec les résultats expérimentaux?

(8) Dans cette expérience, le choix de la solution pour les mesures de blanc a-t-il une influence sur le calcul de l'ordre partiel.

(9) Pour chacune des trois solutions préparées, pourquoi faut-il toujours mélanger exactement 10,0 mL + 1,0 mL + 1,5 mL = 12,5 mL? Quel est l'impact d'une variation de volume sur le calcul de l'ordre partiel de la réaction?

VI. Résultats et observations expérimentaux

(1) La solution de diiode obtenue à l'étape 1 est jaune et l'Absorbance A est d'environ 1,4. Un résultat trop élevé ou trop faible est le signe d'une erreur de manipulation lors de la préparation de la solution.

(2) Les quatre courbes obtenues à l'étape 2 sont toutes des droites de pente négative (qui deviennent des droites horizontales après avoir atteint zéro ce qui correspond à la disparition de la couleur jaune de la solution). $A(t = 0)$ ne doit pas être supérieur à 1,4 quel que soit la solution.

(3) On obtient les pentes des courbes $a_{S_1} : a_{S_2} : a_{S_3} : a_{S_4} = 1 : 2 : 2 : 4$. On vérifie hypothèse $\gamma = 0$, on trouve des ordres partiels $\alpha = \beta = 1$.

VII. Référence

[1] 宋毛平, 何占航, 基础化学实验与技术 [M]. 北京: 化学工业出版社, 2008.
[2] Fosset B, Lefrou C, Masson A. Chimie physique expérimentale[M]. France: Hermann, 2000.

实验1Y2S6　叔丁基氯的溶剂分解

1. 实验介绍

实验所需时间：3.5小时。

实验难度：易。

危险等级：低。

本实验研究叔丁基氯（2-氯-2-甲基丙烷）在混合溶剂（水-叔丁醇）中水解生成 2-甲基-2-丙醇（叔丁醇）的反应。该反应致使离子物质的浓度改变，因此引起溶液电导率的变化。我们利用电导率测量研究反应动力学：

测量电导率随时间变化，确定叔丁基氯的反应级数和指定混合溶剂中的速率常数值。

根据在不同温度下的动力学结果，可以计算在指定混合溶剂中的反应活化能。

2. 实验试剂、材料和仪器

实验试剂：

试 剂 名 称	CAS No.	小组用量	备 注
KCl 标准溶液（0.1 mol · L^{-1}）		20 mL	必备
叔丁醇	75-65-0	6 或 12 g	必备
叔丁基氯	507-20-0	2 mL	必备
去离子水		大量	必备

TP 1Y2S6　Solvolyse du chlorure de tertiobutyle

I. Introduction

Durée: 3.5 h.

Difficulté: facile.

Niveau de danger: faible.

On étudie la réaction d'hydrolyse du chlorure de tertiobutyle (2-chloro-2-méthylpropane) conduisant au 2-méthylpropan-2-ol (tBuOH) dans un mélange de solvants (eau-tBuOH). La réaction conduit à une variation des concentrations des espèces ioniques, donc à une variation de la conductivité de la solution: on suit la cinétique de réaction par une mesure de conductimétrie.

La mesure de la conductivité au cours du temps permet de déterminer l'ordre de réaction par rapport au chlorure de tertiobutyle et la valeur de la constante de vitesse dans un solvant donné.

Le suivi cinétique à plusieurs températures permet d'accéder à l'énergie d'activation de la réaction dans le solvant envisagé.

II. Composés, équipements et matériel par équipe

Composés chimiques

Composé	CAS No.	Dose	Remarque
solution KCl (0,1 mol · L^{-1})		20 mL	nécessaire
2-méthylpropan-2-ol	75–65–0	6 ou 12 g	nécessaire
chlorure de tertiobutyle	507–20–0	2 mL	nécessaire
eau déionisée		beaucoup	nécessaire

公用仪器设备：

名　称	备　注
分析天平	必备

每个小组所需玻璃仪器：

仪器名称	规　格	小组用量
玻璃棒	30 cm	1
锥形瓶	50 mL	2
烧杯	50 mL	2
刻度移液管	1 mL	1

非玻璃仪器：电导计、计算机工作站、恒温槽、铁架台、十字夹、四爪夹、定量吸球、去离子水洗瓶。

其他消耗品：一次性塑料滴管。

3. 实验步骤

（1）用10 mL浓度为0.1 mol·L^{-1}的KCl标准溶液校准电导仪。

一半的小组使用混合溶剂A进行实验，另一半使用混合溶剂B进行实验。结果汇总后进行讨论。

① 混合物A：24.0 g水和6.0 g 2-甲基-2-丙醇

② 混合物B：18.0 g水和12.0 g 2-甲基-2-丙醇

（2）将电导仪连接到计算机。在"DCH2.0"电导仪软件中，选择"自动记录"（auto-record）方式，每分钟记录一次数据。

（3）在50 mL锥形烧瓶中，混合并称量水和2-甲基-2-丙醇，然后置于$T_1 = 35℃$的恒温水浴中。

（4）将连接电导仪的电极放入锥形瓶中。不要忘记温度探头。

Equipements collectifs

Equipement	Remarque
balance de précision	nécessaire

Verrerie par équipe

Verrerie	Taille	Nombre
baguette en verre	30 cm	1
erlenmeyer	50 mL	2
bécher	50 mL	2
pipette graduée	1 mL	1

Matériel par équipe: conductimètre, poste informatique, bain thermostaté, support en fer, noix, pince 4 doigts, poire aspirante, pissette d'eau déionisée.

Consommables: pipette pasteur plastique.

III. Manipulation

(1) Etalonner le conductimètre avec 10 mL de solution standard de KCl à $0,1 \text{ mol} \cdot L^{-1}$.

La moitié du groupe réalise les expériences sur le mélange A et l'autre moitié sur le mélange B. Les résultats seront mis en commun pour réaliser les interprétations.

① Mélange A: 24,0 g d'eau et 6,0 g de 2-méthylpropan-2-ol

② Mélange B: 18,0 g d'eau et 12,0 g de 2-méthylpropan-2-ol

(2) Connecter le conductimètre à l'ordinateur. Dans le logiciel de conductimétrie «DCH2.0», choisir la méthode «auto-record» pour acquérir des données toutes les minutes.

(3) Peser et mélanger l'eau et le 2-méthylpropan-2-ol dans un erlenmeyer de 50 mL, puis placer l'erlenmeyer dans un bain thermostaté à $T_1 = 35°C$.

(4) Placer dans l'erlenmeyer une cellule de conductimétrie reliée au conductimètre. Ne pas oublier la sonde de température.

（5）当该混合物达到热平衡时，记录混合物温度。

（6）快速加入 0.5 mL 2-氯-2-甲基丙烷，小心搅拌，注意电极。

（7）启动软件"自动记录"《auto-record》。有规律地、连续地以稳定的强度搅动，并且仅在每次电导率测量前后停止搅拌几秒钟。仪器在读取数值期间，被检测溶液需要相对平静。

（8）继续自动每分钟记录一次电导率值，直到数值稳定。

重新开始上述步骤，完成另一温度 $T_2 = 40$℃下的操作和数据采集。

数据处理

（1）画出两个温度下电导率（σ）-时间（t）曲线（记录对应的温度条件）。

（2）分别指出 σ_∞ 在 σ-τ 图中的位置，估计 σ_∞。

（3）画出 $\ln\left(\dfrac{\sigma_\infty - \sigma_0}{\sigma_\infty - \sigma}\right)$ 关于时间变化的曲线 $\ln\left(\dfrac{\sigma_\infty - \sigma_0}{\sigma_\infty - \sigma}\right) = f(t)$。如果反应的级数是1，那么我们应该得到直线图形。

（4）根据实验结果计算相应温度下的 k。

（5）计算混合溶液中反应活化能的近似值。

（6）尝试使用范特霍夫微分法$\left(\text{我们认为速率 } v = \dfrac{\mathrm{d}\sigma}{\mathrm{d}t} \approx \dfrac{\Delta\sigma}{\Delta t} = \dfrac{\sigma_{n+1} - \sigma_n}{t_{n+1} - t_n}\right)$，计算反应级数，并与积分方法的结论进行对比。

4. 实验注意事项

（1）由于动力学常数 k 是温度的函数，因此为了得到相对稳定的动力学常数，需要控制内部溶液温度与目标温度（水浴设定温度）差值不超过1.5℃。此时，可以加入叔丁基氯。

（2）为了不损坏电导仪，在清洗、润洗和测量过程中需将电导计探头（电极和温度探头）始终固定在电极架上。为了保证测量结果的准确性，在测量和标定前，都应该用工作溶液润洗探头和容器3次。

(5) Lorsque l'équilibre thermique est atteint pour ce mélange, noter la température mesurée.

(6) Ajouter rapidement 0,5 mL de 2-chloro-2-méthylpropane en agitant soigneusement et en faisant attention à la cellule conductimétrique.

(7) Lancer le «auto-record» du logiciel. Maintenir une agitation régulière et arrêter seulement quelques secondes avant chaque mesure de conductivité. Pendant la lecture de la valeur, la solution doit être au repos.

(8) Continuer d'enregistrer automatiquement la valeur de la conductivité toutes les minutes jusqu'à sa stabilisation.

Le même protocole est mis en œuvre avec un bain thermostaté à $T_2 = 40°C$.

Traiter les données expérimentales:

(1) Tracer σ en fonction du temps pour les deux températures envisagées (indiquer les températures mesurées).

(2) Où lit-on la valeur σ_∞ sur les courbes précédentes? Déterminer les valeurs σ_∞.

(3) Tracer les courbes $\ln\left(\dfrac{\sigma_\infty - \sigma_0}{\sigma_\infty - \sigma}\right)$ en fonction du temps: $\ln\left(\dfrac{\sigma_\infty - \sigma_0}{\sigma_\infty - \sigma}\right) = f(t)$. Si la réaction est bien d'ordre 1, on doit obtenir des droites.

(4) Évaluer k à partir des résultats expérimentaux pour les températures choisies.

(5) Déterminer la valeur approximative de l'énergie d'activation de la réaction dans le mélange de solvants étudié.

(6) Utiliser la méthode différentielle de Van't Hoff $\left(\text{on suppose que le taux } v = \dfrac{d\sigma}{dt} \approx \dfrac{\Delta\sigma}{\Delta t} = \dfrac{\sigma_{n+1} - \sigma_n}{t_{n+1} - t_n}\right)$, pour calculer la vitesse de la réaction. Comparer avec la conclusion de la méthode intégrale.

IV. Points d'attention

(1) Comme la constante cinétique k est une fonction de la température, afin d'obtenir une constante cinétique relativement stable, il est nécessaire de contrôler la différence entre la température de la solution interne et la température cible (température de consigne du bain d'eau) Lorsque la différence de la température ne dépasse pas 1,5°C. Le chlorure de tertiobutyle peut être ajouté.

(2) Ne pas retirer les sondes de leur support pendant le lavage, le mouillage et la mesure pour éviter d'endommager le matériel. Avant la mesure et l'étalonnage, les sondes et le récipient doivent être rincés 3 fois avec la solution de travail pour éviter les erreurs de mesure.

（3）电导计读数（包括标定）时，电极导电面应完全浸没在工作溶液中，并避免振动和液面波动（停止搅拌）。

（4）我们希望反应处于"理想搅拌"条件进行，以便得到稳定的反应速度。因此，建议手动搅拌的强度需要尽可能均匀且不要撞击电导计电极。

5. 思考题

本反应机理如下：

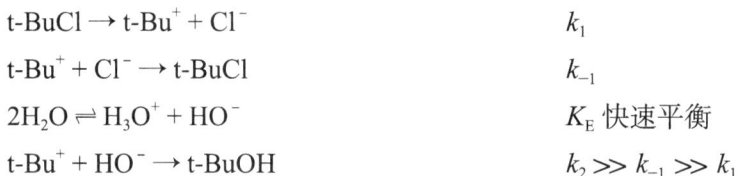

$t\text{-BuCl} \rightarrow t\text{-Bu}^+ + \text{Cl}^-$	k_1
$t\text{-Bu}^+ + \text{Cl}^- \rightarrow t\text{-BuCl}$	k_{-1}
$2H_2O \rightleftharpoons H_3O^+ + HO^-$	K_E 快速平衡
$t\text{-Bu}^+ + HO^- \rightarrow t\text{-BuOH}$	$k_2 \gg k_{-1} \gg k_1$

（1）给出叔丁基氯水解成叔丁醇的反应方程式。

（2）证明这个机理可以解释该反应符合速率方程：

$$-\frac{d[t\text{-BuCl}]}{dt} = k_1[t\text{-BuCl}]$$

（3）推导出反应的体积进程 x 和时间 t 相关的表达式。

（4）回顾 Arrhenius 公式。

（5）使用反应进程表，将溶液在任意时刻 t 的电导率 σ 表示为反应体积进程 x 的函数。溶液的初始电导率为 σ_0。给出经过无限长时间后溶液的电导率 σ_∞ 的表达式。

（6）推导溶液电导率 σ 相对于时刻 t 变化的函数 $\ln\left(\dfrac{\sigma_\infty - \sigma_0}{\sigma_\infty - \sigma}\right) = kt$。

（7）比较积分方法和微分方法得到的反应级数。

（8）计算反应活化能（如混合溶液 A），并与相邻实验小组数据（例：混合溶液 B）进行比较后做出评论。

（9）叔丁基氯的初始加入量对半反应时间和速率常数有什么影响？

(3) Lors de la lecture du conductimètre (y compris l'étalonnage), la surface conductrice de la cellule doit être complètement immergée dans la solution de travail et il est impératif d'éviter les vibrations et les fluctuations de niveau liquide (arrêt de l'agitation).

(4) Nous voulons que la réaction se déroule dans des conditions "d'agitation idéale" afin d'obtenir une vitesse de réaction stable. Il est recommandé d'agiter à la main le plus régulièrement possible et eu prenant soin de ne pas heurter la cellule conductimétrique.

V. Points de réflexion

Le mécanisme de la réaction est le suivant:

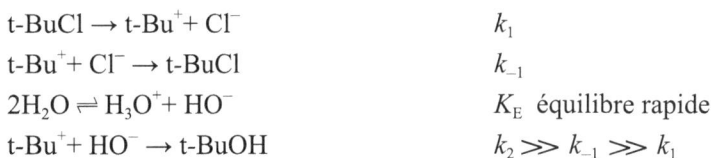

t-BuCl → t-Bu$^+$+ Cl$^-$	k_1
t-Bu$^+$+ Cl$^-$ → t-BuCl	k_{-1}
2H$_2$O ⇌ H$_3$O$^+$+ HO$^-$	K_E équilibre rapide
t-Bu$^+$+ HO$^-$ → t-BuOH	$k_2 \gg k_{-1} \gg k_1$

(1) Donner l'équation bilan de la réaction d'hydrolyse du 2-chloro-2-méthylpropane en 2-méthylpropan-2-ol.

(2) Montrer que ce mécanisme permet d'expliquer la loi de vitesse suivante pour cette réaction:

(3) En déduire une expression reliant l'avancement volumique de la réaction x

$$-\frac{d[\text{t-BuCl}]}{dt} = k_1 [\text{t-BuCl}]$$

et le temps t.

(4) Rappeler la loi d'Arrhénius.

(5) A l'aide du bilan de la réaction, exprimer la conductivité de la solution à un instant t quelconque en fonction de l'avancement volumique de la réaction x. On considèrera que la solution a une conductivité initiale σ_0. Exprimer la conductivité de la solution au bout d'un temps infiniment long σ_∞.

(6) Montrer que $\ln\left(\frac{\sigma_\infty - \sigma_0}{\sigma_\infty - \sigma}\right) = kt$ avec σ, la conductivité de la solution à l'instant t.

(7) Comparer l'ordre de la réaction déterminé par la méthode intégrale et par la méthode différentielle.

(8) Déterminer l'énergie d'activation de la réaction (ex: mélange A), puis comparer le résultat obtenu avec celui du groupe voisin (ex: mélange B). Commenter.

(9) Quel est l'effet de la quantité initiale de chlorure de tertiobutyle ajoutée sur

（10）为什么电导计测量时需要测定温度？

（11）本实验中，如果电导计校准失误，是否会影响反应级数和速率常数计算结果？

（12）为什么在实验过程中，在电导率两次测量中间需要搅拌，而测量时需要停止搅拌？

（13）如果电导计电极片没有完全浸入测量溶液，我们看到叔丁基氯分解的时间(t)-电导率(σ)图像会出现什么特征？

6. 实验预期结果与现象

（1）理论上，叔丁基氯的初始加入量不会影响半反应时间。但实际上如果反应物加入量过多会影响溶液的均匀性，使得半反应时间不稳定。

（2）σ的测量值是一条渐进曲线，向理论的最大值σ_∞靠近。在此实验中，由于反应监测较短，这个最大值σ_∞无法到达（$15 \sim 30$ min）。因此σ_∞需要估计。

（3）在较低温度下，由于反应变慢，因此测量值和σ_∞的估计值之间的差值会增加。注意要考虑这里的σ_∞是估计值。

（4）当取得合理的σ_∞时，我们使用图形法或者线性回归分析方法对数据进行处理，得出模型$\ln\left(\dfrac{\sigma_\infty - \sigma_0}{\sigma_\infty - \sigma}\right) = f(t)$成线性。

（5）搅拌强度不均匀会引起速率变化。搅拌强度越高，越接近理想均匀环境，反应的表观级数接近1（理论值）；搅拌强度低，反应的表观级数会降低，模型的线性度也会降低。

7. 参考文献

[1] Mesplède J, Randon J. 100 manipulations de chimie générale et analytique[M]. France: Bréal, 2004.

[2] Blondeau J. Manipulations de chimie: l'indispensable des techniques de laboratoire-Capes, agrégation[M]. France: Ellipses, 2017.

le temps de demi-réaction et les constantes de vitesse?

(10) Pourquoi est-il nécessaire de mesurer la température lors de l'acquisition de la conductivité?

(11) Dans cette expérience, si le conductimètre est mal étalonné, cela a-t-il une influence sur les résultats des calculs d'ordre et de constante de vitesse?

(12) Pourquoi doit-on agiter entre deux mesures et arrêter l'agitation pendant chaque mesure?

(13) Si la cellule de mesure n'est pas complètement immergée dans la solution, comment cela modifie-t-il la courbe $\sigma = f(t)$?

VI. Résultats et observations expérimentaux

(1) Théoriquement, la quantité initiale de chlorure de *tert*-butyle ajoutée n'affecte pas le temps de demi-réaction. Mais en réalité, si on ajoute trop de réactifs, cela affecte l'homogénéité de la solution, rendant le temps de demi-réaction instable.

(2) La valeur mesurée σ augmente vers un maximum σ_∞. Dans cette expérience, ce maximum n'est jamais atteint à cause de la durée trop courte (15 à 30 minutes) de l'acquisition. Il est donc nécessaire d'estimer la valeur de σ_∞.

(3) Plus la température est basse, plus la réaction est lente. L'écart entre les valeurs mesurées σ et σ_∞ est donc d'autant plus grand. Il faut en tenir compte lors de l'estimation de la valeur de σ_∞.

(4) Quand on obtient une valeur raisonnable pour σ_∞, on utilise une méthode graphique ou une méthode numérique pour traiter des données. On vérifie que

$\ln\left(\dfrac{\sigma_\infty - \sigma_0}{\sigma_\infty - \sigma}\right) = f(t)$ est bien linéaire.

(5) L'intensité inégale de l'agitation provoque des changements de vitesse. Plus l'intensité de l'agitation est élevée, plus la solution se rapproche de l'environnement homogène idéal, l'ordre apparent de la réaction étant proche de la valeur théorique 1. Si l'intensité de l'agitation est insuffisante, l'ordre apparent de la réaction diminue, tout comme la linéarité du modèle.

VII. Référence

[1] Mesplède J, Randon J. 100 manipulations de chimie générale et analytique[M]. France: Bréal, 2004.

[2] Blondeau J. Manipulations de chimie: l'indispensable des techniques de laboratoire-Capes, agrégation[M]. France: Ellipses, 2017.

实验1Y2S7　测定部分分级数

1. 实验介绍

实验所需时间：3小时。

实验难度：易。

危险等级：低。

对于下述反应（1），我们希望研究过氧化氢的浓度对于速率v的影响。我们将测定过氧化氢的速率方程中的部分级数。

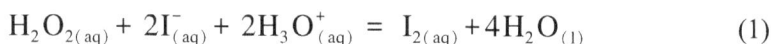

$$H_2O_{2(aq)} + 2I^-_{(aq)} + 2H_3O^+_{(aq)} = I_{2(aq)} + 4H_2O_{(l)} \tag{1}$$

我们设置一个只有$[H_2O_2]$影响速率的反应条件，保持$[H_3O^+]$、$[I^-]$、$[I_2]$和T为常数，即反应级数降级条件：

① 使用过量的酸。

② 由反应（1）转化为I_2而消耗掉的离子I^-，将由比反应（1）更迅速的反应（2）立即重新生成。

$$I_{2(aq)} + 2S_2O_{3\,(aq)}^{2-} = 2I^-_{(aq)} + S_4O_{6\,(aq)}^{2-} \tag{2}$$

③ 因为反应没有明显放热，所以可以认为反应混合物温度和外界温度一致，此时房间环境作为恒温设备。

我们使用反应（2）作为工具来研究（1）的动力学。碘分子是有色的，当溶液中不再有硫代硫酸根$S_2O_3^{2-}$时，溶液显色［这时反应（2）停止消耗碘，而反应（1）继续生成碘］。由此，我们可以确定消耗硫代硫酸盐所需的时间，它与消耗H_2O_2所需的时间相关。

由于淡黄色的碘分子消失时的现象不够明显。一般加入淀粉溶液，用其与碘分子形成的配合物来增加这种显色。

备注：当碘化物I^-离子过量时，碘在溶液中以碘三阴离子I_3^-的形式出现。

TP1Y2S7   Recherche d'un ordre partiel

I. Introduction

Durée: 3 h.

Difficulté: facile.

Niveau de danger: faible.

Pour la réaction (1), on souhaite étudier l'effet de la concentration de H_2O_2 sur la vitesse v de la réaction (1). Afin d'évaluer l'ordre partiel de H_2O_2 dans la loi de vitesse.

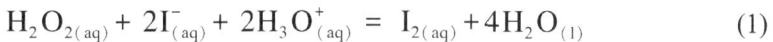

$$H_2O_{2(aq)} + 2I^-_{(aq)} + 2H_3O^+_{(aq)} = I_{2(aq)} + 4H_2O_{(1)} \qquad (1)$$

On se place dans des conditions où seul $[H_2O_2]$ peut influer sur la vitesse, on maintient $[H_3O^+]$, $[I^-]$, $[I_2]$ et T constants, c'est la dégénérescence de l'ordre:

① on utilise un excès d'acide.

② les ions I^- transformés en I_2 par la réaction (1) sont immédiatement régénérés par la réaction (2), très rapide par rapport à (1).

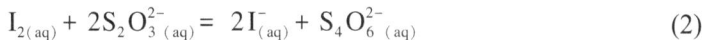

$$I_{2(aq)} + 2S_2O_3^{2-}{}_{(aq)} = 2I^-_{(aq)} + S_4O_6^{2-}{}_{(aq)} \qquad (2)$$

③ car la réaction n'entraîne pas de variation notoire de la température T, la salle joue le rôle de thermostat.

On se sert également de la réaction (2) pour l'étude de la cinétique de (1). Le diiode est coloré donc lorsqu'il n'y a plus d'ion thiosulfate $S_2O_3^{2-}$, le milieu est coloré [la réaction (2) s'arrête et la réaction (1) continue]. On repère donc le temps nécessaire pour consommer le thiosulfate, il est relié au temps nécessaire pour consommer H_2O_2.

La disparition de la couleur jaune pâle des molécules de diiode n'est pas assez nette. On peut accroître cette coloration par l'ajout d'empois d'amidon qui forme un complexe avec le diiode.

Remarque: Lorsqu'il existe un excès d'ions iodure I^-, le diiode se présente sous la forme d'anion triiodure I_3^- en solution.

2. 实验试剂、材料和仪器

实验试剂：

试 剂 名 称	CAS No.	小组用量	备 注
碘化钾	7681-11-0	2 g	必备
2.0 mol·L^{-1} 硫酸氢钠溶液		100 mL	必备，需配制
0.5 mol·L^{-1} 过氧化氢溶液		40 mL	必备，需配制
淀粉溶液		10 mL	必备，需配制
1.0 mol·L^{-1} 硫代硫酸钠		60 mL	必备，需配制
去离子水		100 mL	必备

每小组所需玻璃仪器：

仪器名称	规 格	小组用量	仪器名称	规 格	小组用量
烧杯	100 mL	2	容量移液管	10 mL	1
烧杯	250 mL	1	量筒	10 mL	2
烧杯	500 mL	1	量筒	50 mL	1
滴定管	25 mL	1	量筒	100 mL	1

非玻璃仪器：计时器、定量吸球、磁力搅拌器、棒形（C型）磁子、温度计。
其他消耗品：清洁布、塑料滴管。

3. 实验步骤

（1）准备一个装好浓度 $c \approx 1.0$ mol·L^{-1} 硫代硫酸钠溶液（Na$_2$S$_2$O$_{3(aq)}$）的滴定管。

（2）在干净的烧杯A中，放入100 mL去离子水、10.00 mL浓度约为 0.5 mol·L^{-1} 的过氧化氢溶液和5 mL淀粉溶液。

II. Composés, équipements et matériel par équipe

Composés chimiques

Composé	CAS No.	Dose	Remarque
iodure de potassium	7681–11–0	2 g	nécessaire
hydrogénosulfate de sodium (2,0 mol · L^{-1})		100 mL	nécessaire, besoin de préparation
solution de peroxyde d'hydrogène (0,5 mol · L^{-1})		40 mL	nécessaire, besoin de préparation
empois d'amidon		10 mL	nécessaire, besoin de préparation
thiosulfate de sodium 1,0 mol · L^{-1}		60 mL	nécessaire, besoin de préparation
eau déionisée		100 mL	nécessaire

Verrerie par équipe

Verrerie	Taille	Nombre	Verrerie	Taille	Nombre
béchers	100 mL	2	pipette jaugée	10 mL	1
bécher	250 mL	1	éprouvettes graduées	10 mL	2
bécher	500 mL	1	éprouvette graduée	50 mL	1
burette graduée	25 mL	1	éprouvette graduée	100 mL	1

Matériel par équipe: chronomètre, poire aspirante, agitateur magnétique, barreau aimanté (type C), thermomètre.

Consommables: chiffon, pipettes pasteur plastiques.

III. Manipulation

(1) Préparer une burette graduée avec la solution de thiosulfate de sodium (Na$_2$S$_2$O$_3$) à $c \approx 1,0$ mol · L^{-1}.

(2) Dans un bécher A propre, placer 100 mL d'eau déionisée, 10,00 mL d'eau oxygénée à c $\approx 0,5$ mol · L^{-1} et 5 mL d'empois d'amidon.

（3）将烧杯 A 放在磁力搅拌器上，滴定管下方。加入 V_{thio} = 0.5 mL 的硫代硫酸钠溶液，之后持续搅拌。

（4）称取 1.00 g 碘化钾，加入至干净、干燥的烧杯 B 中，再加入 10 mL 的去离子水，制成浓度约 100 g·L^{-1} 的碘化钾溶液。在烧杯 B 中，加入 50 mL 浓度为 2.0 mol·L^{-1} 的硫酸氢钠溶液。需要在最后时刻准备这种混合物，避免空气中的氧气氧化溶液中的 I^-。

（5）将烧杯 B 中的溶液快速倒入烧杯 A 中，同时启动秒表。用少量去离子水快速冲洗烧杯 B，然后将冲洗水加入烧杯 A。

（6）当出现棕色时，记下秒表指示的时间（**不要停止计时！**）并快速加入约 0.5 mL 硫代硫酸钠溶液。滴定管记录加入的体积 V_{thio}。

（7）重复此操作，共进行 12 次测量。

（8）反应结束时测量并记录烧杯中混合物的温度。

数据处理

（1）从测量结果作出硫代硫酸钠加入体积 $V_{(thio)}$－时间 t 的曲线图形。

（2）绘制 $\ln\left(1 - \dfrac{cV_{thio}}{2n_0}\right) = f(t)$ 曲线。

（3）使用图形方法，验证级数 1 是否成立，并给出相应的表观速率常数 k_{app}。

4. 实验注意事项

（1）我们希望反应在"理想搅拌"条件下进行，以便得到稳定的反应速度。电磁搅拌需要均匀且充分，但需要避免混入气泡和飞溅溢出。

（2）限量反应物浓度变化是时间的函数。A、B 溶液一旦混合，即反应开始，此时记为时间 t = 0。计时开始后不能停（因为反应会停止，反应物浓度不会因停表而停止变化），需要记录变色时间和对应已加入的硫代硫酸钠溶液体积。

(3) Placer le bécher A sous la burette sur un agitateur magnétique et ajouter $V_{thio} = 0,5$ mL de la solution de thiosulfate de sodium. On maintient l'agitation par la suite.

(4) Peser 1,00g d'iodure de potassium et verser dans un bécher B propre et see. Introduire ensuite 10 mL d'eau déionisée pour préparer une de solution d'iodure de potassium à environ $100 \ g \cdot L^{-1}$. Dans le bécher B, ajouter 50 mL d'hydrogénosulfate de sodium à $2,0 \ mol \cdot L^{-1}$. Préparer ce mélange en dernière minute, pour éviter l'oxydation de I^- par dioxygène dans l'air.

(5) Verser rapidement le contenu du bécher B dans le bécher A en déclenchant le chronomètre. Rincer rapidement le bécher B avec un peu d'eau déionisée et ajouter l'eau de rinçage au bécher A.

(6) Lorsque la coloration brune apparaît, noter le temps indiqué par le chronomètre (**ne pas l'arrêter !**) et ajouter rapidement environ 0,5 mL de solution de thiosulfate. Noter le volume V_{thio} ajouté par la burette graduée.

(7) Refaire ceci jusqu'à obtenir 12 mesures.

(8) Mesurer et noter la température du mélange dans le bécher en fin de réaction.

Traiter les données expérimentales:

(1) À partir des résultats de mesure, tracer la courbe du volume de thiosulfate de sodium ajouté $V_{(thio)}$ en fonction du temps t.

(2) Tracer la courbe $\ln\left(1 - \dfrac{cV_{thio}}{2n_0}\right) = f(t)$.

(3) À l'aide d'une méthode graphique, vérifier que l'hypothèse de l'ordre 1 est validée et donner la valeur de k_{app}.

IV. Points d'attention

(1) Nous voulons que la réaction se déroule dans des conditions "d'agitation idéale" afin d'obtenir une vitesse de réaction stable. L'agitation électromagnétique doit donc être uniforme et suffisamment forte, mais la formation de bulles et les éclaboussures doivent être évitées.

(2) La variation de la concentration des réactifs limitants dépend du temps. Le mélange des solutions A et B marque le début de la réaction (temps $t = 0$). Il ne faut jamais arrêter le chronomètre. A chaque ajout de thiosulfate de sodium, on enregistre l'instant t où la solution devient brune et le volume de solution de thiosulfate de sodium ajouté.

（3）加入一定体积硫代硫酸钠溶液后若无褪色，说明加入的硫代硫酸钠物质的量不足，不足以消耗溶液中当前的碘分子。显色条件没有打破，因此看不到褪色现象。这时，不要终止计时，可以重复加入一定体积硫代硫酸钠溶液稍等至褪色现象出现。

（4）含碘分子、碘化物的废液有毒，并对水生生物有害，禁止倾倒入下水道。注意回收桶上的标签。

5. 思考题

（1）为什么要向初始A溶液中加入100 mL去离子水？

（2）一开始加入0.5 mL硫代硫酸钠溶液的作用是什么？结合得到的实验结果，讨论其是否必须在混合前加入？请定量分析为什么？

（3）为什么需要搅拌？讨论搅拌速度对实验结果的影响。

（4）作出过氧化氢浓度$c_{H_2O_2}$–时间t曲线图形。

（5）作出I_3^-离子物质量–时间的关系曲线示意图。并结合实际现象对本实验原理进行阐述（需要解释降级问题，以及对这个实验的可行性说明）。

（6）设H_2O_2初始物质量为n_0，任意时刻t时物质量为n。建立V_{thio}、n、n_0和c的关系方程。

（7）证明当假设H_2O_2的级数为1时，有$\ln\left(1-\dfrac{cV_{thio}}{2n_0}\right) = -k_{app}t$。

（8）使用微分法对实验数据进行分析，验证反应分级数（可以使用叔丁基氯的溶剂分解实验中的微分方法）。

6. 实验预期结果与现象

（1）A、B溶液混合后应呈现无色。经过一段时间后第一次显色。

(3) S'il n'y a pas de décoloration après l'ajout d'un volume de solution de thiosulfate de sodium, cela signifie que la quantité de thiosulfate de sodium ajoutée est insuffisante pour consommer les molécules de diiode présente en solution. Il suffit d'ajouter à nouveau (sans arrêter le chronomètre) un certain volume de solution de thiosulfate de sodium jusqu'à ce que le phénomène de décoloration se produise.

(4) Les déchets liquides contenant des molécules de diiode, ou des ions iodures sont toxiques et nocifs pour les organismes aquatiques, il est interdit de les verser à l'évier. Faire attention aux étiquettes sur les bidons de recyclage.

V. Points de réflexion

(1) Pourquoi ajouter 100 mL d'eau déionisée à la solution initiale A?

(2) Quel est le rôle de l'ajout de 0,5 mL de solution de thiosulfate de sodium au début de l'expérience? Selon les résultats expérimentaux obtenus, discuter si les ions thiosulfate doivent être ajoutés avant le mélange. Justifier par une analyse quantitative.

(3) Pourquoi faut-il agiter? Discuter de l'influence de la vitesse d'agitation sur les résultats expérimentaux.

(4) Tracer la courbe de concentration en peroxyde d'hydrogène $c_{(H_2O_2)}$ en fonction du temps t.

(5) Faire une représentation schématique de la quantité de matière des ions I_3 en fonction du temps t. Expliquer le principe de l'expérience, en particulier la question de la dégénérescence de l'ordre, ainsi que la mise en pratique de cette expérience.

(6) Soit n_0 la quantité initiale de H_2O_2 et n cette quantité à un instant t quelconque. Relier V_{thio}, n, n_0 et c.

(7) Montrer que, dans le cadre de l'hypothèse d'un ordre 1 pour H_2O_2, à la ligne

$$\ln\left(1-\frac{cV_{thio}}{2n_0}\right)=-k_{app}t.$$

(8) Analyser les données expérimentales à l'aide de la méthode différentielle pour vérifier l'ordre partiel de réaction (utiliser l'approche différentielle décrite dans l'expérience de décomposition du chlorure de *tert*-butyle TP6).

VI. Résultats et observations expérimentaux

(1) Les solutions A et B doivent être incolores après mélange. La couleur apparaît après un certain temps.

（2）每次显色后滴加0.5 mL的硫代硫酸钠，溶液颜色消失。之后间隔一段时间颜色复现。褪色和显色间隔时间长度逐渐增加。

（3）$\ln\left(1-\dfrac{cV_{\text{thio}}}{2n_0}\right) = -k_{\text{app}}t$ 成线性，本实验条件可以达到 $R^2 > 0.999$。

7. 参考文献

Jean-Pierre B. 400 manipulations commentées de chimie des solutions volume 1[M]. France: Ellipses, 2011.

(2) Après chaque addition de 0,5 mL de la solution de thiosulfate de sodium, la coloration disparaît. La couleur brune réapparait après un intervalle de temps. La durée de cet intervalle augmente progressivement.

(3) $\ln\left(1 - \dfrac{cV_{\text{thio}}}{2n_0}\right) = -k_{\text{app}}t$ est linéaire, on peut atteindre $R^2 > 0,999$.

VII. Référence

Jean-Pierre B. 400 manipulations commentées de chimie des solutions volume 1[M]. France: Ellipses, 2011.

实验2Y1S1　柠檬烯的萃取

1. 实验介绍

实验所需时间：4.5小时。

实验难度：易。

危险等级：低。

香精油是一类从植物或水果中可以提取得到的、易挥发、具有特殊气味的浓缩液体。它们被广泛使用在化妆品、香水和食品添加剂中。橘皮中含有右旋柠檬烯（或R-柠檬烯），是橘味产生的主要原因。它的对映异构体，左旋柠檬烯（S-柠檬烯）具有松节油味道。柠檬烯在水中的溶解度非常低，但是它非常易挥发，因此，我们选用水蒸气蒸馏法对橘皮中的柠檬烯进行提取。

右旋柠檬烯

左旋柠檬烯

2. 实验试剂、仪器和材料

实验试剂：

试剂名称	CAS No.	小组用量	备注
环己烷	110-82-7	50 mL	必备
甲基叔丁基醚	1634-04-4	2 mL	必备
无水硫酸钠	7757-82-6	5 g	必备
饱和氯化钠水溶液		50 mL	必备,需配制
去离子水		100 mL	必备

TP 2Y1S1 Extraction du limonène

I. Introduction

Durée: 4,5 h.

Difficulté: facile.

Niveau de danger: faible.

Les huiles essentielles sont des liquides concentrés en molécules odorantes et volatiles obtenues à partir de plantes ou de fruits. Elles sont très utilisées en cosmétique, parfumerie, et dans l'industrie alimentaire. Les peaux d'oranges contiennent du (+)-limonène (ou (*R*)-limonène), molécule responsable de l'odeur d'agrume. Son énantiomère, le (-)-limonène (ou (*S*)-limonène) a une odeur de pin. Le limonène est très peu soluble dans l'eau mais est très volatil, c'est pourquoi on utilise l'hydrodistillation pour extraire le limonène de la peau d'orange.

   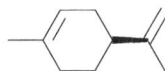

(+) -limonène   (-) -limonène

II. Composés, équipements et matériel par équipe

Composés chimiques

Composé	CAS No.	Dose	Remarque
cyclohexane	110–82–7	50 mL	nécessaire
tertiobutylméthyléther	1634–04–4	2 mL	nécessaire
sulfate de sodium anhydre	7757–82–6	5 g	nécessaire
solution saturée de NaCl		50 mL	nécessaire, besoin de préparation
eau déionisée		100 mL	nécessaire

公用仪器设备：

名　称	备　注	名　称	备　注
旋转蒸发仪	必备	折光仪	可选
台秤	必备	紫外灯	可选

每小组所需玻璃仪器：

仪器名称	规　格	小组用量	仪器名称	规　格	小组用量
单口烧瓶	100 mL	1	恒压加量漏斗	100 mL	1
双颈烧瓶	500 mL	1	锥形瓶	100 mL	3
量筒	50 mL	1	直型冷凝管		1
量筒	100 mL	1	展开槽		1
量筒	10 mL	1	三角玻璃漏斗		1
分液漏斗	250 mL	1	接液管		1
蒸馏头		1	温度计套管		1
玻璃棒		1			

　　非玻璃仪器：升降台、加热套、橡胶水管、铁架台、两爪铁夹、四爪铁夹、镊子、铁圈、温度计、烧瓶接口夹。

　　其他消耗品：棉花、薄层色谱硅胶板、一次性塑料滴管、毛细点样管。

3. 实验步骤

　　（1）称量大约100 g搅碎的橘皮并放入一个500 mL双口烧瓶中，加入去离子水（约150 mL）。

　　（2）搭建水蒸气蒸馏装置（在双口烧瓶上加入恒压加料漏斗，并在其中加入80 mL的去离子水，双口烧瓶的另一个口上装上配有温度计的蒸馏管和直型冷凝管，用100 mL的量筒实现馏分的回收）。

Equipements collectifs

Equipement	Remarque	Equipement	Remarque
évaporateur rotatif	nécessaire	réfractomètre	optionnel
balance	nécessaire	lampe UV	optionnel

Verrerie par équipe

Verrerie	Taille	Nombre	Verrerie	Taille	Nombre
ballon monocol	100 mL	1	ampoule à addition	100 mL	1
ballon bicol	500 mL	1	erlenmeyer	100 mL	3
éprouvette graduée	50 mL	1	réfrigérant droit		1
éprouvette graduée	100 mL	1	cuve de CCM		1
éprouvette graduée	10 mL	1	entonnoir à liquide		1
ampoule à décanter	250 mL	1	allonge coudée		1
tête de colonne		1	adaptateur pour thermomètre		1
baguette en verre		1			

Matériel par équipe: support élévateur, chauffe ballon, tuyau en caoutchouc, support en fer, pince 2 doigts, pince 4 doigts, pince brucelle, anneau de fer, thermomètre, clip.

Consommables: coton, plaques de CCM, pipette Pasteur plastique, tube capillaire.

III. Manipulation

(1) Peser environ 100 g de zestes d'orange dans un ballon bicol de 500 mL, puis ajouter de l'eau déionisée (environ 150 mL).

(2) Réaliser le montage d'hydrodistillation (brancher sur le ballon une ampoule à addition isobare contenant 80 mL d'eau déionisée et une colonne à distiller munie d'un thermomètre et d'un réfrigérant droit, le distillat est récupéré dans une éprouvette graduée de 100 mL).

（3）开始加热至回流。

（4）保持萃取状态直至收集到100 mL的馏分，根据需要将恒压漏斗里的水加入烧瓶中，防止烧干。

（5）将馏分转移至250 mL的分液漏斗中。

（6）用环己烷萃取三次，每次用15 mL环己烷。

（7）将有机相合并至100 mL的锥形瓶中，加入50 mL饱和食盐水洗涤（预干燥操作）。

（8）将有机相用无水硫酸钠干燥，然后用塞有棉花的三角玻璃漏斗过滤。

（9）称量一个100 mL烧瓶，将上述有机相过滤至烧瓶中。

（10）用旋转蒸发仪减压去除溶剂，得到油状产物。

（11）重新称量烧瓶质量，计算得到产物质量。

（12）通过薄层层析色谱分析，用以证明产物提取成功。展开剂：环己烷/叔丁基甲基醚（75/25，v/v）。然后在紫外灯下观察。

（13）用折光仪测量产物的折光率（$n_D^{20} = 1.471\ 5$）。

4. 实验注意事项

（1）橘皮与去离子水加入后不能太满，不然会出现沸腾时溢出现象，收集的馏分会变为黄色。

（2）最后收集到的油状物多少和橘子的种类与橘皮碎中黄色部分的占比有关。

（3）加热蒸馏时，要注意及时少量多次补充去离子水，防止烧干、炭化。

（4）香精油主要在橘皮的黄色部分，因此，应尽量去除橘皮白色部分。

（5）注意使用的环己烷是易燃且会对身体造成极大危害的溶剂。

5. 思考题

（1）绘制薄层层析色谱结果示意图，并分析。

（2）评论实验所得折光率的值。

（3）如果将所得油状物加入高锰酸钾水溶液中会发生什么现象，为什么？

(3) Porter le ballon à ébullition.

(4) Réaliser l'hydrodistillation jusqu'à obtenir 100 mL de distillat. Au besoin ajouter de l'eau dans le ballon grâce à l'ampoule à addition.

(5) Transvaser le distillat dans une ampoule à décanter de 250 mL.

(6) Extraire la phase aqueuse avec 3×15 mL de cyclohexane.

(7) Réunir les phases organiques dans un erlenmeyer de 100 mL. Ajouter 50 mL de solution saturée de chlorure de sodium NaCl (étape de pré-séchage).

(8) Sécher la phase organique avec Na_2SO_4. Puis filtrer à l'aide d'un entonnoir à liquide et d'un peu de coton.

(9) Peser un ballon monocol de 100 mL. Puis introduire la phase organique dans ce ballon.

(10) Évaporer sous pression réduite. On obtient une huile.

(11) Peser la masse de produit obtenu.

(12) Réaliser une chromatographie sur couche mince (CCM) pour vérifier que l'hydrodistillation a bien eu lieu. Éluant: mélange cyclohexane/tertiobutylméthyléther 75/25 (v/v). Puis Révéler la plaque sous lampe UV.

(13) Mesurer l'indice de réfraction grâce au réfractomètre ($n_D^{20} = 1,471\ 5$).

IV. Points d'attention

(1) Le ballon bicol ne doit pas être trop plein, sinon il déborde lors de l'ébullition et la fraction collectée devient jaune.

(2) La quantité d'huile obtenue à la fin est liée au type d'orange et à la proportion de la partie jaune dans la peau d'orange.

(3) Lors du chauffage et de la distillation, faites attention à ajouter l'eau déionisée en petite quantité et eu plusieurs fois pour éviter la carbonisation.

(4) L'huile essentielle est concentrée dans le zeste d'orange, éviter d'utiliser le blanc de la peau d'orange.

(5) Attention le solvant cyclohexane est inflammable. Il nuit gravement à la santé.

V. Points de réflexion

(1) Réaliser un schéma de la CCM et l'interpréter.

(2) Commenter la valeur de l'indice de réfraction mesuré.

(3) Que se passe-t-il si l'huile obtenue est ajoutée à une solution aqueuse de permanganate de potassium et pourquoi?

6. 实验预期结果与现象

（1）萃取率一般在1%～4%之间。

（2）得到的产物为黄色油状物，具有浓郁的橘香。

（3）所测折射光率为 $n_{\mathrm{D}}^{20} = 1.462\,5$。

7. 参考文献

[1] Valette C, Capon M, Courilleau-Haverlant V. Chimie des odeurs et des couleurs[M]. Paris: Cultures et Techniques, 1996.

[2] Mesplède J, Saluzzo C. 100 manipulations de chimie organique et inorganique[M]. France: Bréal, 2002.

VI. Résultats et observations expérimentaux

(1) L'efficacité de l'extraction est généralement comprise entre 1 et 4%.

(2) L'huile obtenue est jaune pâle avec un fort arôme d'orange.

(3) L'indice de réfraction mesuré est $n_D^{20} = 1,462\ 5$

VII. Référence

[1] Valette C, Capon M, Courilleau-Haverlant V. Chimie des odeurs et des couleurs[M]. Paris: Cultures et Techniques, 1996.

[2] Mesplède J, Saluzzo C. 100 manipulations de chimie organique et inorganique[M]. France: Bréal, 2002.

实验 2Y1S2　环己醇的脱水反应

1. 实验介绍

实验所需时间：3 小时。

实验难度：易。

危险等级：中。

环己烯是一种重要的有机化工原料，用途广泛，例如可以作为制备丁醇化工生产的溶剂和催化剂，亦可以用于尼龙合成中己二酸原料的制备。环己烯的工业制备中以环己醇为原料，在强酸性条件下发生脱水反应来制备环己烯。

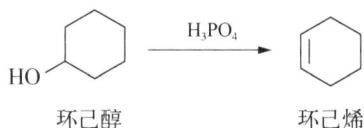

环己醇　　　　　　　　　　环己烯

2. 实验试剂、仪器和材料

实验试剂：

试 剂 名 称	CAS No.	小 组 用 量	备 注
环己醇	108-93-0	10 mL	必备
磷酸	7664-38-2	5 mL	必备
10%碳酸钠水溶液		5 mL	必备，需配制
无水硫酸钠		5 g	必备

TP 2Y1S2　Déshydratation du cyclohexanol

I. Introduction

Durée: 3 h.

Difficulté: facile.

Niveau de danger: moyen.

Le cyclohexène est une matière première chimique organique importante qui a une large utilisation. Par exemple, il peut être utilisé comme solvant et catalyseur pour la préparation de butanol, et peut également être utilisé comme matière première pour la préparation d'acide adipique utilisé notamment dans la synthèse de nylon. La méthode de préparation industrielle du cyclohexène utilise le cyclohexanol comme réactif, qui subit une réaction de déshydratation en milieu acide pour former le cyclohexène.

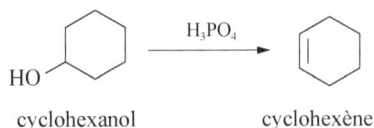

cyclohexanol　　　　　　cyclohexène

II. Composés, équipements et matériel par équipe

Composés chimiques

Composé	CAS No.	Dose	Remarque
cyclohexanol	108–93–0	10 mL	nécessaire
acide phosphorique	7664–38–2	5 mL	nécessaire
solution de carbonate de sodium à 10%		5 mL	nécessaire, besoin de préparation
sulfate de sodium anhydre		5 g	nécessaire

实验试剂：（续表）

试 剂 名 称	CAS No.	小组用量	备 注
高锰酸钾水溶液		1 mL	可选
饱和氯化钠水溶液		5 mL	必备,需配制
沸石		若干粒	

公用仪器设备：

名 称	备 注	名 称	备 注
台秤	必备	折光仪	可选

每小组所需玻璃仪器：

仪器名称	规 格	小组用量	仪器名称	规 格	小组用量
单口烧瓶	100 mL	1	锥形瓶	50 mL	3
单口烧瓶	50 mL	1	直型冷凝管		1
单口烧瓶	25 mL	1	三角玻璃漏斗		1
刺型蒸馏管	短	1	牛角管		1
量筒	10 mL	3	温度计套管		1
分液漏斗	100 mL	1	试管	15 mL	1
蒸馏头		1			

非玻璃仪器：升降台、加热套、橡胶水管、铁架台、两爪铁夹、四爪铁夹、铁圈、温度计、烧瓶接口夹、烧瓶托。

其他消耗品：棉花、一次性塑料滴管。

3. 实验步骤

（1）在100 mL的烧瓶中加入10 mL环己醇。

Composés chimiques   **(suite)**

Composé	CAS No.	Dose	Remarque
solution de permanganate de potassium		1 mL	optionnel
solution saturée de NaCl		5 mL	nécessaire, besoin de préparation
pierre ponce		quelques grains	nécessaire

Equipements collectifs

Equipement	Remarque	Equipement	Remarque
balance	nécessaire	réfractomètre	optionnel

Verrerie par équipe

Verrerie	Taille	Nombre	Verrerie	Taille	Nombre
ballon monocol	100 mL	1	erlenmeyer	50 mL	3
ballon monocol	50 mL	1	réfrigérant droit		1
ballon monocol	25 mL	1	entonnoir à liquide		1
colonne vigreux	courte	1	pis de vache		1
éprouvette graduée	10 mL	1	adaptateur pour thermomètre		1
ampoule à décanter	250 mL	1	tube à essai	15 mL	1
tête à distiller		1			

Matériel par équipe: support élévateur, chauffe ballon, tuyau en caoutchouc, support en fer, pince 2 doigts, pince 4 doigts, anneau en fer, thermomètre, clip, valet.

Consommables: coton, pipette Pasteur plastique.

III. Manipulation

(1) Introduire 10 mL de cyclohexanol dans un ballon de 100 mL.

（2）小心地加入质量百分浓度为85%的磷酸5 mL。

（3）在烧瓶内置入蒸馏头、温度计和冷凝管，并将混合物加热至轻微沸腾，加热保持沸腾10分钟后，升高温度至可以产生馏分(馏分蒸气的温度不能超过90℃)，将馏分收集至25 mL的圆底烧瓶中并用冰水浴冷却。

（4）将收集到的馏分转移至分液漏斗中，加入5 mL质量百分浓度为10%的碳酸钠水溶液，振荡混合物并注意及时排气。

（5）将混合物中的水相排出。

（6）用5 mL的饱和食盐水重新洗涤有机相一遍。

（7）将有机相转移至50 mL干燥的锥形瓶中，并用无水硫酸钠干燥。

（8）干燥后的有机相过滤至50 mL的烧瓶中，加入沸石后，安装短的刺型蒸馏管进行蒸馏。收集80～85℃馏分至称量过质量的50 mL锥形瓶中。

（9）蒸馏结束后，确定收集到馏分的质量。

（10）在盛有高锰酸钾溶液的大试管中加入5～10滴产物，以验证不饱和键的存在。

（11）用阿贝折射仪测量产物环己烯的折光率（$n_D^{20} = 1.446\ 5$）。

4. 实验注意事项

（1）首次加热进行脱水反应时，需要注意控制加热温度，以防原料环己醇被蒸出。

（2）第二次加上蒸馏柱进行重蒸操作时，如果室温过低，需要给蒸馏柱进行适当保温操作，例如裹铝箔纸或棉花。

（3）产物环己烯的味道较重且沸点低，测定折光率时动作要快且在通风橱下操作。

5. 思考题

（1）对比环己醇和环己烷的沸点，并说明两次蒸馏操作收集到的馏分分别是什么。

(2) Ajouter avec précaution 5,0 mL d'acide phosphorique H$_3$PO$_4$ à 85% massique.

(3) Munir le ballon d'une tête à distiller et d'un réfrigérant, et chauffer le mélange jusqu'à ce qu'il commence à bouillir doucement. Apres 10 minutes d'ébullition modérée augmenter suffisamment la chaleur pour provoquer une distillation (la température de la vapeur de distillation ne doit pas dépasser 90°C) et collecter le distillat dans un ballon à fond rond de 25 mL en refroidissant dans un bain eau-glace.

(4) Transférer le distillat dans une ampoule à décanter, ajouter 5 mL de solution de carbonate de sodium a 10% massique (Na$_2$CO$_3$). Agiter le mélange et dégazer régulièrement.

(5) Eliminer la phase aqueuse.

(6) Refaire un lavage de la phase organique avec 5 mL de solution saturée de sel.

(7) Transvaser la phase organique dans un erlenmeyer sec et sécher sur Na$_2$SO$_4$ anhydre.

(8) Introduire la phase organique séchée dans un ballon de 50 mL muni d'une colonne vigreux courte, ajouter les grains de pierre ponce. Distiller avec précaution. Recueillir le distillat entre 80 et 85°C dans un erlenmeyer de 50 mL taré.

(9) Déterminer la masse de produit récupéré.

(10) Introduire 5 à 10 gouttes de produit dans un petit tubes à essai et tester la présence de l'alcène avec du permanganate de potassium.

(11) Mesurer l'indice de réfraction du cyclohexène (n_D^{20} = 1,446 5).

IV. Points d'attention

(1) Lors du premier chauffage pour la réaction de déshydratation, il est nécessaire de contrôler la température de chauffage pour ne pas provoquer la distillation.

(2) Lors de la deuxième distillation, si la température ambiante est trop basse, il est nécessaire d'isoler la colonne vigreux, par exemple en l'enveloppant avec du papier aluminium ou du coton.

(3) Le cyclohexène a une forte odeur et est très volatil, lors de la mesure de l'indice de réfraction, il est conseillé de manipuler rapidement et de se placer sous une hotte ventilée.

V. Points de réflexion

(1) Comparer les points d'ébullition du cyclohexanol et du cyclohexène et indiquer quelles sont les fractions recueillies pour les deux distillations.

（2）说明用10%的碳酸钠水溶液和饱和食盐水洗涤馏分的目的分别是什么。

（3）说明将得到的产物加入高锰酸钾水溶液中会发生什么现象并解释。

（4）计算此脱水反应的产率。

6. 实验预期结果与现象

（1）得到的环己烯为无色透明液体，气味浓重，极易挥发。

（2）第二次重蒸后，烧瓶中所剩液体通常较少，$1 \sim 2$ mL，$n_D^{20} = 1.444\ 7$。

7. 参考文献

Blanchard-Desce M, Fosset B, Guyot F, et al. Chimie organique expérimentale[M]. France: Hermann Glassin, 1997.

(2) Indiquer quels sont les objectifs respectifs du lavage de la phase organique avec une solution aqueuse de carbonate de sodium à 10% et avec la solution de NaCl saturée.

(3) Décrire et expliquer quel phénomène se produit lors de l'addition du produit obtenu dans une solution aqueuse de permanganate de potassium.

(4) Calculer le rendement de cette réaction de déshydratation.

VI. Résultats et observations expérimentaux

(1) Le cyclohexène obtenu est un liquide incolore et transparent à forte odeur et extrêmement volatil.

(2) Après redistillation, il reste souvent très peu de liquide dans le ballon, environ 1–2 mL, $n_D^{20} = 1{,}444\ 7$.

VII. Référence

Blanchard-Desce M, Fosset B, Guyot F, et al. Chimie organique expérimentale[M]. France: Hermann Glassin, 1997.

实验2Y1S3　威廉姆逊醚合成反应

1. 实验介绍

实验所需时间：4小时。

实验难度：难。

危险等级：高。

醚类化合物（R—O—R′）可以经过醇盐类（RO⁻）和卤代烷烃（R′—X）的反应得到。这类亲核取代反应也称为Williamson（威廉姆森）醚合成反应。这里我们将由愈创木酚为原料制备合成一种镇咳药品，愈创甘油醚。

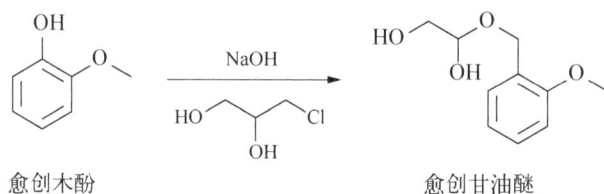

愈创木酚　　　　　　　　　　　　　　愈创甘油醚

2. 实验试剂、仪器和材料

实验试剂：

试 剂 名 称	CAS No.	小组用量	备 注
2-甲氧基苯酚（愈创木酚）	90-05-1	2.75 mL	必备
3-氯-1,2-丙二醇	96-24-2	2.5 mL	必备
氢氧化钠	1310-73-2	2.50 g	必备
正戊烷	109-66-0	50 mL	必备
饱和氯化钠水溶液		60 mL	必备,需配制

TP 2Y1S3 Synthèse d'un éther par la réaction de Williamson

I. Introduction

Durée: 4 h.

Difficulté: difficile.

Niveau de danger: élevé.

Un éther (R—O—R′) peut se préparer par la réaction entre un alcoolate (RO⁻) avec un halogénoalcane (R′—X). Cette réaction de substitution nucléophile est appelée synthèse de Williamson. Ici, on synthétise la guaïfénésine, un médicament contre la toux, à partir du guaïacol.

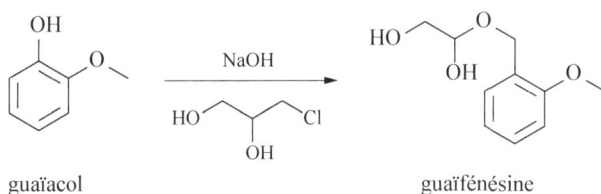

guaïacol   guaïfénésine

II. Composés, équipements et matériel par équipe

Composés chimiques

Composé	CAS No.	Dose	Remarque
2-méthoxyphénol (guaïacol)	90–05–1	2,75 mL	nécessaire
3-chloropropan-1,2-diol	96–24–2	2,5 mL	nécessaire
hydroxyde de sodium	1310–73–2	2.50 g	nécessaire
pentane	109–66–0	50 mL	nécessaire
solution saturée de NaCl		60 mL	nécessaire, besoin de préparation

实验试剂：　　　　　　　　　　　　　　　　　　　　（续表）

试 剂 名 称	CAS No.	小组用量	备 注
乙酸乙酯	141-78-6	20 mL	必备
乙醇	64-17-5	18 mL	必备
甲基叔丁醚	1634-04-4	80 mL	必备
环己烷	110-82-7	5 mL	必备
无水硫酸钠	7757-82-6	5 g	必备
氯化铵饱和水溶液		20 mL	必备,需配制
$2 \, mol \cdot L^{-1}$氢氧化钠水溶液		25 mL	必备,需配制
冰			必备,需准备

公用仪器设备：

名 称	备 注	名 称	备 注
旋转蒸发仪	必备	熔点仪	可选
台秤	必备	紫外灯	必备

每小组所需玻璃仪器：

仪器名称	规 格	小组用量	仪器名称	规 格	小组用量
单口烧瓶	100 mL	2	锥形瓶	50 mL	3
量筒	25 mL	1	锥形瓶	100 mL	3
量筒	50 mL	3	直型冷凝管		1
量筒	100 mL	1	展开槽		1
量筒	10 mL	3	三角玻璃漏斗		1

Composés chimiques

(suite)

Composé	CAS No.	Dose	Remarque
éthanoate d'éthyle	141–78–6	20 mL	nécessaire
éthanol	64–17–5	18 mL	nécessaire
tertiobutyleméthyléther	1634–04–4	80 mL	nécessaire
cyclohexane	110–82–7	5 mL	nécessaire
Sulfate de sodium anhydre	7757–82–6	5 g	nécessaire
solution saturée de NH_4Cl		20 mL	nécessaire, besoin de préparation
solution de soude à $2 \, mol \cdot L^{-1}$		25 mL	nécessaire, besoin de préparation
glace			nécessaire, besoin de préparation

Equipements collectifs

Equipement	Remarque	Equipement	Remarque
évaporateur rotatif	nécessaire	appareil à point de fusion	optionnel
balance	nécessaire	lampe UV	nécessaire

Verrerie par équipe

Verrerie	Taille	Nombre	Verrerie	Taille	Nombre
ballon monocol	100 mL	2	erlenmeyer	50 mL	3
éprouvette graduée	25 mL	1	erlenmeyer	100 mL	3
éprouvette graduée	50 mL	3	réfrigérant droit		1
éprouvette graduée	100 mL	1	cuve de CCM		1
éprouvette graduée	10 mL	3	entonnoir à liquide		1

　　每小组所需玻璃仪器：　　　　　　　　　　　　　　　　　　　　　（续表）

仪器名称	规　格	小组用量	仪器名称	规　格	小组用量
分液漏斗	100 mL	1	结晶皿	150 mm	1
玻璃棒		1	抽滤瓶	125 mL	1

　　非玻璃仪器：升降台、水浴锅、橡胶水管、铁架台、两爪铁夹、三爪铁夹、四爪铁夹、镊子、铁圈、真空泵、布氏漏斗。

　　其他消耗品：称量纸、棉花、薄层色谱硅胶板、一次性塑料滴管、毛细点样管。

3. 实验步骤

　　（1）启动水浴锅加热。

　　（2）在一个50 mL锥形瓶中，将2.5 g氢氧化钠溶于10 mL去离子水。

　　（3）在100 mL烧瓶中，加入2.75 mL愈创木酚和15 mL乙醇，随后加入已经配好的氢氧化钠水溶液5 mL。

　　（4）安装冷凝管，用水浴锅加热反应至90℃。

　　（5）在50 mL锥形瓶中，将2.5 mL的3-氯丙烷1,2-二醇用2.5 mL乙醇稀释。

　　（6）加热10分钟后，将3-氯丙烷1,2-二醇的醇溶液通过冷凝管分多次逐滴加入。

　　（7）混合物加热30分钟后，停止加热，冷却至室温。

　　（8）用薄层层析板验证反应是否发生。展开液：环己烷/乙酸乙酯(50/50，v/v)。在紫外灯下观察结果。

　　（9）加入30 mL饱和食盐水。

　　（10）得到的混合液用叔丁基甲基醚萃取三次3×25 mL。

　　（11）将得到的有机相先用25 mL浓度为2 mol·L^{-1}的氢氧化钠水溶液洗，后用20 mL饱和氯化铵溶液洗一遍，最后再用30 mL饱和食盐水洗一遍。

　　（12）将有机相用干燥的无水硫酸钠干燥、过滤并减压浓缩。

Verrerie par équipe   (suite)

Verrerie	Taille	Nombre	Verrerie	Taille	Nombre
ampoule à décanter	100 mL	1	cristallisoir	150 mm	1
baguette en verre		1	fiole à aspiration	125 mL	1

Matériel par équipe: support élévateur, bain-marie, tuyau en caoutchouc, support en fer, pince 2 doigts, pince 3 doigts, pince 4 doigts, pince brucelle, anneau de fer, pompe à vide, entonnoir Buchner.

Consommables: papier de pesée, coton, plaques de CCM, pipette Pasteur plastique, tube capillaire.

III. Manipulation

(1) Lancer le chauffage de l'eau du bain-marie.

(2) Dans un erlenmeyer de 50 mL dissoudre 2,5 g de soude (NaOH) dans 10 mL d'eau déionisée.

(3) Dans un ballon de 100 mL, introduire 2,75 mL de gaïacol et 15 mL d'éthanol. Puis ajouter 5 mL de la solution de soude préparée précédemment.

(4) Munir le ballon d'un réfrigérant, et chauffer le ballon au bain-marie à 90°C

(5) Dans un erlenmeyer de 50 mL, diluer 2,5 mL de 3-chloropropan-1,2-diol dans 2,5 mL d'éthanol.

(6) Après 10 minutes de chauffage, introduire (par le réfrigérant) la solution de 3-chloropropan-1,2-diol en plusieurs fois, et goutte à goutte.

(7) Après 30 minutes de chauffage, laisser refroidir le mélange à température ambiante.

(8) Réaliser une chromatographie sur couche mince (CCM) pour vérifier que la réaction a bien eu lieu. Eluant: mélange cyclohexane/éthanoate d'éthyle (50/50, v/v). Puis révéler la plaque sous UV.

(9) Ajouter 30 mL de solution saturée de NaCl.

(10) Extraire la phase aqueuse avec 3×25 mL de tertbutylméthyléther.

(11) Laver la phase organique avec 25 mL d'une solution de soude à 2 mol $\cdot$ L^{-1}, puis avec 20 mL de solution saturée de NH$_4$Cl, et finalement avec 30 mL de solution saturée de NaCl.

(12) Sécher la phase organique obtenue sur Na$_2$SO$_4$ anhydre, filtrer et évaporer sous pression réduite.

（13）加入10 mL乙酸乙酯重复减压浓缩,得到浅黄色油状物。如果此处得到的是固体,直接进行重结晶(第15步)。

（14）在得到的油状物中,加入30 mL正戊烷,并将混合物放入冰水浴中不断搅拌至析出固体,后将固体过滤。

（15）重结晶:将得到的固体用数毫升热的乙酸乙酯溶解,后缓慢加入20 mL正戊烷至浑浊状态,再冷却。

（16）用布式漏斗减压抽滤。

（17）测量得到的愈创甘油醚的熔点(T_{fus} = 85.6℃)。

4. 实验注意事项

（1）加料时应注意水浴锅的蒸气,以防灼伤。

（2）旋蒸结束后加入正戊烷析出固体需在冰浴下用玻璃棒长时间搅拌,一般情况下得到晶体,能够通过减压抽滤操作分离。

（3）第一次加入戊烷结晶操作时,可能会出现结晶不好,贴壁、黏稠现象,尝试加入乙酸乙酯重新旋蒸一般可以解决。

（4）重结晶操作时,注意让晶体慢慢自然析出,不需要搅拌。

5. 思考题

（1）3-氯丙烷1,2-二醇的醇溶液为什么要分批加入?

（2）在实验操作中,为什么要加入乙酸乙酯进行二次旋蒸操作?

（3）重结晶步骤为什么要加入热的乙酸乙酯?

（4）指出限量反应物,如果反应完全,得到产物应该是多少?

（5）计算实验所得产率,分析产率没有达到100%的可能原因。

(13) Ajouter 10 mL d'éthanoate d'éthyle et re-évaporer à sec. On obtient une huile jaune pâle. Si on obtient un solide, passer directement à l'étape de recristallisation (15).

(14) Ajouter 30 mL de pentane et refroidir le mélange avec un bain de glace tout en agitant. Le produit doit précipiter. Puis essorer sous vide sur un verre fritté.

(15) Réaliser une recristallisation: dissoudre le produit dans quelques mL d'éthanoate d'éthyle chaud. Ajouter doucement du pentane jusqu'à ce que le milieu devienne trouble, et laisser refroidir.

(16) Essorer sous pression réduite sur un filtre Buchner.

(17) Mesurer la température de fusion de la guaïfénésine synthétisée (T_{fus} = 85,6°C).

IV. Points d'attention

(1) Faire attention à la vapeur du bain-marie lors de l'ajout de réactif pour éviter les brûlures.

(2) Après l'étape d'évaporation, du pentane est ajouté pour précipiter le solide, cependant il faut agiter pendant une longue période avec une tige en verre dans un bain de glace. Généralement, des cristaux sont obtenus, qui peuvent être isolés par filtration sous pression réduite.

(3) Lors de l'ajout de pentane, il peut y avoir une mauvaise cristallisation, qui donne une solide visqueux collé aux parois du ballon. Ajouter un peu d'acétate d'éthyle et faire une évaporation, ceci résout généralement le problème.

(4) Pendant l'opération de recristallisation, veiller à laisser les cristaux se former lentement et naturellement sans agitation.

V. Points de réflexion

(1) Pourquoi la solution alcoolique de 3-chloropropane 1,2-diol doit-elle être ajoutée en plusieurs fois, et goutte à goutte?

(2) Pourquoi ajouter de l'acétate d'éthyle avant de faire la deuxième évaporation?

(3) Pourquoi de l'acétate d'éthyle chaud est-il ajouté à l'étape de recristallisation?

(4) Quel est le réactif limitant? Si la réaction était totale, combien de produit devrait être obtenu?

(5) Calculer le rendement obtenu dans l'expérience et analyser les raisons possibles pour lesquelles le rendement n'atteint pas 100%.

（6）解释旋转蒸发仪的作用。

（7）指出哪种化学品需要小心处理。

6. 实验预期结果与现象

得到的产物为白色固体，纯化后的产率一般在11%左右，实验所测熔点为 77.7 ± 1.3 ℃。

7. 参考文献

Barbe R, Le Maréchal J-F. La chimie expérimentale - tome 2: Chimie organique et minérale[M]. France: Dunod, 2007.

(6) Expliquer l'intérêt de l'évaporateur rotatif.

(7) Identifier les composés chimiques nécessitant une précaution de traitement.

VI. Résultats et observations expérimentaux

Le produit obtenu est un solide blanc. Le rendement après purification est généralement d'environ 11%. Le point de fusion mesurée est 77,7±1,3 °C.

VII. Référence

Barbe R, Le Maréchal J-F. La chimie expérimentale - tome 2: Chimie organique et minérale[M]. France: Dunod, 2007.

实验2Y1S4 二苯乙烯的溴化

1. 实验介绍

实验所需时间：4小时。

实验难度：难。

危险等级：高。

对反式二苯乙烯进行溴化的反应通常利用具有强烈腐蚀性的单质溴作为反应物来进行。出于安全性考虑，现利用三溴化吡啶，一种可以在反应介质中生成单质溴的化合物作为反应物，从而简化实验操作。这个反应还是一个具有立体选择性的反应，意思是说反应不会生成其他差向异构体。由于反应物是反式二苯乙烯，所以生成物只有内消旋体。

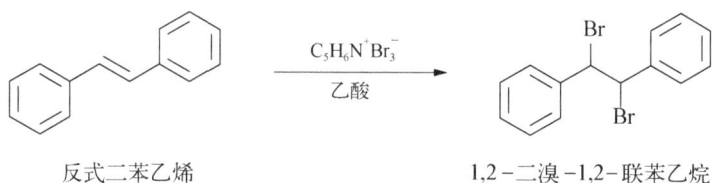

反式二苯乙烯 → （$C_5H_6N^+Br_3^-$ / 乙酸） → 1,2-二溴-1,2-联苯乙烷

2. 实验试剂、仪器和材料

实验试剂：

试 剂 名 称	CAS No.	小 组 用 量	备 注
反式-1,2-二苯乙烯	103-30-0	0.4 g	必备
三溴化吡啶	626-55-1	0.8 g	必备
乙酸	64-19-7	8 mL	必备
环己烷	110-82-7	8 mL	必备

TP 2Y1S4　Bromation du stilbène

I. Introduction

Durée: 4 h.

Difficulté: difficile.

Niveau de danger: élevé.

Nous allons réaliser la bromation du (E)-stilbène. Cette réaction s'effectue couramment grâce au dibrome Br_2, composé très corrosif. Pour des raisons de sécurité, nous utilisons ici le tribromure de pyridinium qui permet de former le dibrome dans le milieu réactionnel, tout en étant plus facile à manipuler. Cette réaction est généralement décrite comme étant stéréospécifique, c'est-à-dire que la réaction ne forme qu'une partie des diastéréoisomères de la molécule produite. Ici, en utilisant le (E)-stilbène comme réactif, on forme exclusivement le composé *méso*.

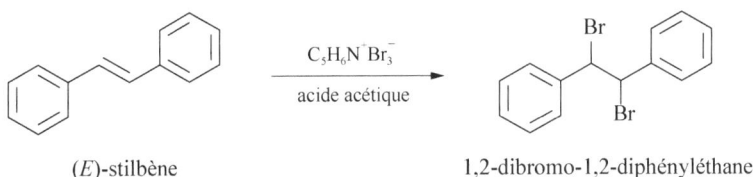

(E)-stilbène   1,2-dibromo-1,2-diphényléthane

II. Composés, équipements et matériel par équipe

Composés chimiques

Composé	CAS	Dose	Remarque
(E)-stilbène	103–30–0	0,4 g	nécessaire
tribromure de pyridinium	626–55–1	0,8 g	nécessaire
acide acétique	64–19–7	8 mL	nécessaire
cyclohexane	110–82–7	8 mL	nécessaire

实验试剂：

试 剂 名 称	CAS No.	小 组 用 量	备 注
二氯甲烷	75-09-2	5 mL	必备
乙醇	64-17-5	15 mL	必备
甲基叔丁醚	1634-04-4	5 mL	必备
氯苯	108-90-7	3 mL	必备

公用仪器设备：

名 称	备 注	名 称	备 注
分析天平	必备	熔点仪	可选
紫外灯	必备		

每小组所需玻璃仪器：

仪器名称	规 格	小组用量	仪器名称	规 格	小组用量
量筒	10 mL	3	抽滤瓶	125 mL	1
量筒	25 mL	1	玻璃滴管		2
单口烧瓶	100 mL	1	展开槽		1
直型冷凝管		1	载玻片		1
烧结玻璃漏斗		1	玻璃试管		1
玻璃棒		1			

非玻璃仪器：升降台、水浴锅、橡胶水管、铁架台、两爪铁夹、三爪铁夹、四爪铁夹、镊子、真空泵、热风枪、药匙、试管夹。

其他消耗品：称量纸、棉花、薄层色谱硅胶板、一次性塑料滴管、毛细点样管。

Composés chimiques   (suite)

Composé	CAS	Dose	Remarque
dichlorométhane	75–09–2	5 mL	nécessaire
éthanol	64–17–5	15 mL	nécessaire
tertiobutyleméthyléther	1634–04–4	5 mL	nécessaire
chlorobenzène	108–90–7	3 mL	nécessaire

Equipements collectifs

Equipement	Remarque	Equipement	Remarque
balance de précision	nécessaire	appareil à point de fusion	optionnel
lampe UV	nécessaire		

Verrerie par équipe

Verrerie	Taille	Nombre	Verrerie	Taille	Nombre
éprouvette graduée	10 mL	3	fiole à aspiration	125 mL	1
éprouvette graduée	25 mL	1	pipette Pasteur en verre		2
ballon monocol	100 mL	1	cuve de CCM		1
réfrigérant droit		1	verre de montre		1
entonnoir en verre fritté		1	tube à essai		1
baguette en verre		1			

Matériel par équipe: support élévateur, bain-marie, tuyau en caoutchouc, support en fer, pince 2 doigts, pince 3 doigts, pince 4 doigts, pince brucelle, pompe à vide, décapeur thermique, spatule, pince du tube à essai.

Consommables: papier de pesée, coton, plaques de CCM, pipette Pasteur plastique, tube capillaire.

3. 实验步骤

（1）开启水浴锅加热。

（2）在一个100 mL烧瓶中加入0.4 g反式二苯乙烯和4 mL乙酸。

（3）加入0.8 g三溴化吡啶和4 mL乙酸。

（4）在烧瓶上安装冷凝管后，加热水浴锅至100℃，并保持此温度10分钟。

（5）冷却装置至室温。

（6）对反应混合液进行薄层层析操作（将少量反应液用展开液溶解），展开液为环己烷/二氯甲烷（4/1，v/v），后在紫外灯下观察。

（7）将反应混合物用小的烧结玻璃漏斗抽滤，后用少量乙醇洗涤（大约15 mL）。

（8）保持抽滤状态以干燥固体后，称量得到的固体质量。

（9）将洗涤后得到的固体用薄层层析再分析一次（取少量固体用二氯甲烷溶解）。

（10）将0.1 g的上述固体利用最小体积的热氯苯在大试管中重结晶。

（11）用玻璃滴管和棉花进行微过滤操作。

（12）利用另外一个玻璃滴管使棉花上层的固体结晶悬浮于叔丁基甲基醚中，然后迅速吸取悬浮液，将其转移至载玻片上（提前称量载玻片的质量）。待溶剂蒸发后，称量重结晶后的产物质量。

（13）测量得到固体的熔点（$T_{fus} = 232℃$）。

4. 实验注意事项

（1）三溴化吡啶为橘红色固体，自然条件下容易降解生成单质溴。因此，在称量取用时需要小心，如不慎洒落在天平上，应及时清理，避免对天平的腐蚀。

（2）重结晶加热氯苯时，需在通风橱下操作，试管口指向通风橱内壁。

III. Manipulation

(1) Lancer le chauffage de l'eau du bain-marie.

(2) Introduire dans un ballon: 0,4 g de (*E*)-stilbène et 4,0 mL d'acide acétique glacial.

(3) Ajouter 0,8 g de tribromure de pyridinium et 4,0 mL d'acide acétique glacial.

(4) Munir le ballon d'un réfrigérant, et chauffer le ballon au bain marie à 100°C pendant 10 minutes.

(5) Laisser refroidir le mélange à température ambiante.

(6) Réaliser une chromatographie sur couche mince (CCM) du brut réactionnel (dissoudre un peu de solide dans l'éluant). Eluant: mélange cyclohexane/dichlorométhane 4/1, v/v). Puis révéler la plaque sous UV.

(7) Essorer l'ensemble sur un petit fritté, sous pression réduite, et laver avec un peu d'éthanol (environ 15 mL).

(8) Laisser sécher sous pression réduite et peser la masse de solide obtenue après lavage.

(9) Réaliser une chromatographie sur couche mince (CCM) du solide lavé (dissoudre un peu de solide dans dichlorométhane).

(10) Réaliser une recristallisation de 0,1 g du produit lavé dans un tube à essai en utilisant un minimum de chlorobenzène chaud.

(11) Réaliser une micro-filtration dans une pipette pasteur munie d'un morceau de coton.

(12) A l'aide d'une seconde pipette, disperser le solide dans du tertiobutylméthyléther. Prélever la suspension, et la disposer dans un verre de montre (peser la masse du verre de montre) pour laisser évaporer le solvant. Peser la masse de solide obtenue après recristallisation.

13. Mesurer la température de fusion du solide obtenu ($T_{fus} = 232$°C).

IV. Points d'attention

(1) Le tribromure de pyridine est un solide rouge orangé, qui se dégrade pour générer du dibrome dans des conditions naturelles. Par conséquent, il faut être prudent lors de la pesée. S'il est renversé sur la balance, il doit être nettoyé immédiatement pour éviter la corrosion de la balance.

(2) Lors de la recristallisation et du chauffage du chlorobenzène, il faut manipuler sous une hotte aspirante et l'ouverture du tube à essai doit pointer vers la paroi interne de la hotte.

（3）可以准备一些硫代硫酸钠溶液，用以中和反应或操作过程中遗留在玻璃仪器、实验台上的溴单质，或在其他有撒落情况进行洗涤。

（4）注意加热氯苯时间不要过长，避免其沸腾。

（5）重结晶过程中，注意让晶体慢慢自然析出，需静置。

（6）洗涤后的产物在一般实验室有机溶剂中的溶解度均较低，溶解度相对好的是四氢呋喃和二氯甲烷。如果在准备薄层层析小样时出现悬浊液，属于正常现象。

5. 思考题

（1）已知产物是内消旋体，推断该反应的反应机理。

（2）分析重结晶步骤为什么要加热氯苯并解释重结晶的原理。

（3）哪种反应物是限量反应物？如果反应完全，得到的产物应该是多少？

（4）计算实验所得产率，分析产率没有达到100%的可能原因。

（5）指出哪种化学品需要小心处理。

6. 实验预期结果与现象

得到的产物为透明针状晶体，纯化后的产率为43%左右，实验所测熔点为 238.8 ± 1.2 ℃。

7. 参考文献

[1] Barbe R, Le Maréchal J-F. La chimie expérimentale - tome 2: Chimie organique et minérale[M]. France: Dunod, 2007.

[2] Blanchard-Desce M, Fosset B, Guyot F, et al. Chimie organique expérimentale[M]. France: Hermann Glassin, 1997.

(3) Il est possible de préparer une solution de thiosulfate de sodium pour neutraliser les traces de dibrome dans le ballon après la réaction ou rincer en cas d'exposition.

(4) Ne pas chauffer le chlorobenzène trop longtemps, pour éviter l'ébullition.

(5) Pendant le processus de recristallisation, les cristaux se forment lentement et le tube à essai doit rester immobile.

(6) La solubilité du produit formé est très faible dans plupart des solvants organiques du laboratoire mais a une solubilité relativement bonne dans le tétrahydrofurane et le dichlorométhane. Il est normal d'obtenir une suspension lors de la préparation d'un petit échantillon pour la chromatographie sur couche mince.

V. Points de réflexion

(1) Le produit formé est le composé *méso*, en déduire le mécanisme réactionnel.

(2) Pourquoi faut-il chauffer le chlorobenzène pendant l'étape de recristallisation? Expliquer le principe de la recristallisation.

(3) Quel est le réactif limitant? Si la réaction était totale, combien de produit devrait être obtenu?

(4) Calculer le rendement obtenu dans l'expérience et analyser les raisons possibles pour lesquelles le rendement n'atteint pas 100%.

(5) Identifier les composés chimiques nécessitant une précaution de traitement.

VI. Résultats et observations expérimentaux

Le produit obtenu forme des cristaux aciculaires transparents. Le rendement après purification est environ de 43%. Le point de fusion mesurée est 238,8±1,2 °C.

VII. Référence

[1] Barbe R, Le Maréchal J-F. La chimie expérimentale - tome 2: Chimie organique et minérale[M]. France: Dunod, 2007.

[2] Blanchard-Desce M, Fosset B, Guyot F, et al. Chimie organique expérimentale[M]. France: Hermann Glassin, 1997.

实验2Y1S5　伯醇的氧化反应

1. 实验介绍

实验所需时间：3小时。

实验难度：中。

危险等级：高。

本实验涉及一个将仲醇氧化为酮的反应，用的是一个没有溶剂的反应条件。有机化学中常用的溶剂常常会对环境造成破坏，而这个反应条件对于环境相对友好，是一个"绿色"化学的典范。

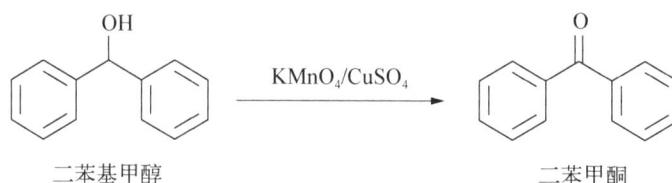

二苯基甲醇　　　KMnO$_4$/CuSO$_4$　　　二苯甲酮

2. 实验试剂、仪器和材料

实验试剂：

试 剂 名 称	CAS No.	小 组 用 量	备 注
二苯基甲醇	91-01-0	0.92 g	必备
高锰酸钾	7722-64-7	1.58 g	必备
正戊烷	109-66-0	55 mL	必备
乙酸乙酯	141-78-6	2 mL	必备

TP 2Y1S5   Oxydation du diphénylméthanol en Benzophénone

I. Introduction

Durée: 3 h.

Difficulté: moyenne.

Niveau de danger: élevé.

Nous allons réaliser l'oxydation d'un alcool secondaire en cétone. L'originalité de ce protocole est de réaliser cette réaction sans solvant. Les solvants couramment utilisés en synthèse organique sont généralement nocifs pour l'environnement. S'affranchir de solvant, c'est donc réduire l'impact de la synthèse sur l'environnement, et faire un pas de plus vers une chimie plus "verte", plus respectueuse de l'environnement.

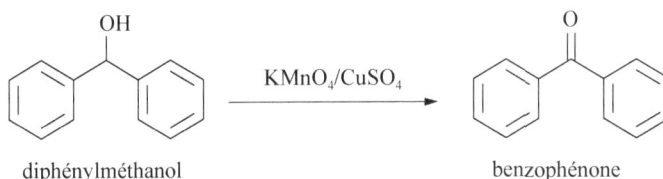

diphénylméthanol   benzophénone

II. Composés, équipements et matériel par équipe

Composés chimiques

Composé	CAS No.	Dose	Remarque
diphénylméthanol	91–01–0	0,92 g	nécessaire
permanganate de potassium	7722–64–7	1,58 g	nécessaire
pentane	109–66–0	55 mL	nécessaire
éthanoate d'éthyle	141–78–6	2 mL	nécessaire

实验试剂：　　　　　　　　　　　　　　　　　　　　　　（续表）

试　剂　名　称	CAS No.	小　组　用　量	备　注
无水硫酸钠	7757-82-6	2 g	必备
五水合硫酸铜	7758-99-8	2.50 g	必备

公用仪器设备：

名　称	备　注	名　称	备　注
分析天平	必备	熔点仪	可选
台秤	必备	旋转蒸发仪	必备
紫外灯	必备		

每小组所需玻璃仪器：

仪器名称	规　格	小组用量	仪器名称	规　格	小组用量
量筒	10 mL	1	抽滤瓶	125 mL	1
量筒	50 mL	1	展开槽		1
单口烧瓶	100 mL	1	固体漏斗		1
单口烧瓶	25 mL	1	锥形瓶	100 mL	1
三角漏斗		1	玻璃棒		1
直型冷凝管		1			

非玻璃仪器：升降台、水浴锅、橡胶水管、铁架台、两爪铁夹、三爪铁夹、四爪铁夹、镊子、真空泵、药匙、研钵、布氏漏斗。

其他消耗品：棉花、称量纸、滤纸、薄层色谱硅胶板、一次性塑料滴管、毛细点样管。

Composés chimiques   **(suite)**

Composé	CAS No.	Dose	Remarque
sulfate de sodium anhydre	7757–82–6	2 g	nécessaire
sulfate de cuivre pentahydraté	7758–99–8	2,50 g	nécessaire

Equipements collectifs

Equipement	Remarque	Equipement	Remarque
balance de précision	nécessaire	appareil à point de fusion	optionnel
balance	nécessaire	évaporateur rotatif	nécessaire
lampe UV	nécessaire		

Verrerie par équipe

Verrerie	Taille	Nombre	Verrerie	Taille	Nombre
éprouvette graduée	10 mL	1	fiole à aspiration	125 mL	1
éprouvette graduée	50 mL	1			
ballon monocol	100 mL	1	cuve de CCM		1
ballon monocol	25 mL	1	entonnoir à solide		1
entonnoir à liquide		1	erlenmeyer	100 mL	1
réfrigérant droit		1	baguette en verre		1

Matériel par équipe: support élévateur, bain-marie, tuyau en caoutchouc, support en fer, pince 2 doigts, pince 3 doigts, pince 4 doigts, pince brucelle, pompe à vide, spatule, mortier, entonnoir Buchner.

Consommables: coton, papier de pesée, papier filtre, plaques de CCM, pipette Pasteur plastique, tube capillaire.

3. 实验步骤

（1）打开水浴锅加热装置。

（2）将1.58 g高锰酸钾和2.5 g五水合硫酸铜在研钵中研细，直至得到均相固体。

（3）在一个25 mL的烧瓶中，加入920 mg二苯甲醇，并将准备好的氧化剂加入，用玻璃棒将此固体混合均匀。

（4）在烧瓶上装配冷凝管，并加热水浴锅至100℃。

（5）反应加热30分钟后，停止加热并冷却至室温。

（6）在反应烧瓶中加入15 mL正戊烷，过滤，并将得到的固体用15 mL的正戊烷洗涤两次。

（7）将得到的滤液用无水硫酸钠干燥，并过滤，用旋转蒸发仪蒸掉溶剂后会得到一种在室温下可以结晶的浓稠油状物。

（8）对得到的产物进行薄层层析色谱分析，确认反应是否进行，展开剂：正戊烷/乙酸乙酯（5/1，v/v）。

（9）测量得到产物的熔点（T_{fus}为47～51℃）。

4. 实验注意事项

（1）用研钵研磨、转移氧化剂时，注意不要撒落，如发生撒落实验台或地面的情况，应及时清理。

（2）反应完成后的过滤步骤，需将滤纸与布氏漏斗完全贴合以防止固体漏入滤液。由于正戊烷的沸点极低，挥发过快，不易操作，可以加少量去离子水或无水乙醇将滤纸浸湿，保证与布氏漏斗完全贴合。但注意加入的去离子水或无水乙醇的量一定要少。

（3）当溶剂被旋转蒸发后，得到的浓稠油状固体一般会自主结晶形成固体。在不结晶情况下，首先排除旋蒸不彻底的情况，后尝试在冰浴中进行重结晶。

III. Manipulation

(1) Lancer le chauffage de l'eau.

(2) Broyer 1,58 g de $KMnO_4$ et 2,50 g de $CuSO_4 \cdot 5H_2O$ dans un mortier jusqu'à obtenir un mélange homogène.

(3) Dans un ballon de 25 mL, introduire 920 mg de diphénylméthanol, puis le réactif oxydant préparé précédemment. Homogénéiser le mélange avec une baguette en verre.

(4) Munir le ballon d'un réfrigérant, et chauffer le ballon au bain marie à 100°C.

(5) Après 30 min de chauffage, laisser refroidir le mélange à température ambiante.

(6) Introduire environ 15 mL de pentane dans le ballon afin de récupérer le produit. Filtrer, et laver avec environ deux fois 15 mL de pentane.

(7) Sécher la phase organique obtenue sur Na_2SO_4 anhydre filtrer, et évaporer sous pression réduite. On obtient une huile qui cristallise à température ambiante en quelques minutes.

(8) Réaliser une chromatographie sur couche mince (CCM) pour vérifier que la réaction a bien eu lieu. Éluant: mélange pentane/éthanoate d'éthyle (5/1, v/v).

(9) Mesurer la température de fusion du produit synthétisé (T_{fus}: 47–51°C).

IV. Points d'attention

(1) Lors du broyage et du transfert de l'oxydant dans le mortier, il faut veiller à ne pas le disperser. En cas de chute sur la paillasse ou le sol, il faut le nettoyer immédiatement.

(2) Dans l'étape de filtration après la réaction, le papier filtre doit être complètement collé à l'entonnoir Buchner pour empêcher le solide de tomber dans le filtrat. Étant donné que le pentane a un point d'ébullition très bas, une évaporation très rapide rend cette manipulation difficile à réaliser. Donc le papier filtre peut être mouillé avec une petite quantité d'eau déionisée ou d'éthanol anhydre pour assurer un ajustement complet avec l'entonnoir Buchner. Mais attention à ajouter un minimum d'eau déionisée ou d'éthanol anhydre.

(3) Lorsque le solvant est évaporé, une huile épaisse est obtenue qui cristallise généralement spontanément. Dans le cas contraire, il faut d'abord vérifier si l'évaporation est complète, puis essayer de recristalliser dans un bain de glace.

5. 思考题

（1）此反应的反应物中，哪种反应物是限量反应物？为什么其他反应物的当量要过量？

（2）写出此反应的完整化学反应方程式。

（3）混合物在加热反应时，烧瓶口会出现冷凝结晶水珠，请解释。

（4）说明旋转蒸发仪的作用。

（5）解释五水合硫酸铜在此反应中的作用。

（6）给出一种适合此反应的反应溶剂，并说明原因。

（7）指出哪种化学品需要小心处理。

6. 实验预期结果与现象

得到的产物为白色结晶状固体，反应产率一般在97%，实验所测熔点为 46.3 ± 1.5 ℃。

7. 参考文献

Barbe R, Le Maréchal J-F, La chimie expérimentale - tome 2: Chimie organique. et minérale[M]. France: Dunod, 2007.

V. Points de réflexion

(1) Lequel des réactifs de cette réaction est un réactif limitant? Pourquoi l'autre est-il introduit en excès?

(2) Écrire l'équation bilan de cette réaction chimique.

(3) Pendant la réaction, des gouttes d'eau condensent sur le col du ballon, expliquer.

(4) Expliquer l'intérêt de l'évaporateur rotatif.

(5) Expliquer le rôle du sulfate de cuivre pentahydraté.

(6) Proposer un solvant qui pourrait permettre de réaliser cette réaction. Justifier.

(7) Identifier les composés chimiques nécessitant une précaution de traitement.

VI. Résultats et observations expérimentaux

Le produit obtenu est un solide cristallin blanc avec un rendement d'environ 97%. Le point de fusion mesurée est 46,3±1,5 °C.

VII. Référence

Barbe R, Le Maréchal J-F, La chimie expérimentale - tome 2: Chimie organique. et minérale[M]. France: Dunod, 2007.

实验2Y1S6　D-甘露糖的保护

1. 实验介绍

实验所需时间：4小时。

实验难度：中。

危险等级：高。

甘露糖是一种天然存在的具有对映异构体的糖类物质。因此,它是制备手性物质的有价值的原料。自然界提供的用于合成的对映体构件的集合称为"手性池"。结构中的五个羟基集团的存在会在后续的反应中造成区域选择性问题。因此在进行糖的官能化之前保护部分羟基基团是十分有必要的。根据缩酮化反应机理,D-甘露糖与丙酮反应可以合成被保护的2,3,5,6-二-O-异丙基亚甲基-α-D-呋喃甘露糖。

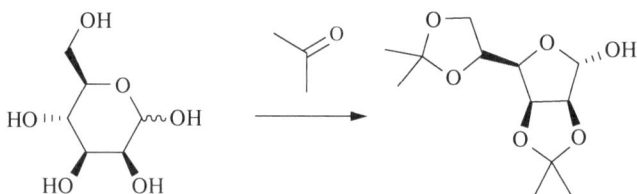

2. 实验试剂、仪器和材料

实验试剂：

试 剂 名 称	CAS No.	小 组 用 量	备 注
D-甘露糖	3458-28-4	1 g	必备
无水氯化铁	7705-08-0	50 mg	必备
丙酮	67-64-1	20 mL	必备

TP 2Y1S6   Protection du D-mannose

I. Introduction

Durée: 4 h.

Difficulté: moyenne.

Niveau de danger: élevé.

Le mannose est un sucre qui existe énantiomériquement pur à l'état naturel. C'est donc un produit intéressant pour préparer des substances chirales. L'ensemble des molécules chirales énantiomériquement pures à l'état naturel est appelé "pool chiral". La présence de 5 groupements hydroxyles pose un problème de régiosélectivité lors d'éventuelles réactions ultérieures. Il est donc intéressant de protéger certains de ces groupements avant de procéder à la fonctionnalisation du sucre. On se propose donc de synthétiser le 2,3, 5,6-di-O-isopropylydène-α-D-mannofuranose en faisant réagir le D-manose selon une réaction de cétalisation avec la propanone.

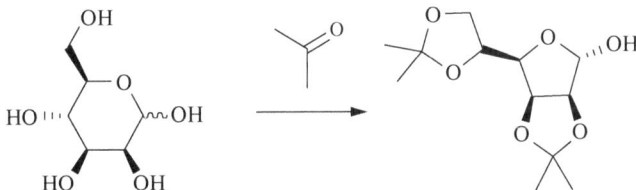

II. Composés, équipements et matériel par équipe

Composés chimiques

Composé	CAS No.	Dose	Remarque
D-mannose	3458–28–4	1 g	nécessaire
chlorure de fer anhydre	7705–08–0	50 mg	nécessaire
acétone	67–64–1	20 mL	nécessaire

实验试剂：　　　　　　　　　　　　　　　　　　　　　　　　　　（续表）

试 剂 名 称	CAS No.	小 组 用 量	备 注
10% 碳酸钾水溶液		5 mL	必备
二氯甲烷	75-09-2	30 mL	必备
无水硫酸钠	7757-82-6	2 g	必备
无水氯化钙	10043-52-4	1 g	必备
去离子水		10 mL	必备

公用仪器设备：

名 称	备 注	名 称	备 注
分析天平	必备	旋转蒸发仪	必备
熔点仪	可选		

每小组所需玻璃仪器：

仪器名称	规 格	小组用量	仪器名称	规 格	小组用量
量筒	10 mL	1	分液漏斗	125 mL	1
量筒	50 mL	1	锥形瓶	100 mL	3
单口烧瓶	100 mL	2	三角玻璃漏斗		1
直型冷凝管		1	干燥管		1

非玻璃仪器：升降台、水浴锅、橡胶水管、铁架台、两爪铁夹、四爪铁夹、药匙、磁子。

其他消耗品：棉花、称量纸、一次性塑料滴管。

Composés chimiques   **(suite)**

Composé	CAS No.	Dose	Remarque
10% solution de carbonate de potassium		5 mL	nécessaire, besoin de préparation
dichlorométhane	75–09–2	30 mL	nécessaire
sulfate de sodium anhydre	7757–82–6	2 g	nécessaire
chlorure de calcium anhydre	10043–52–4	1 g	nécessaire
eau déionisée		10 mL	nécessaire

Equipements collectifs

Equipement	Remarque	Equipement	Remarque
balance à précision	nécessaire	évaporateur rotatif	nécessaire
appareil à point de fusion	optionnel		

Verrerie par équipe

Verrerie	Taille	Nombre	Verrerie	Taille	Nombre
éprouvette graduée	10 mL	1	ampoule à décanter	125 mL	1
éprouvette graduée	50 mL	1	erlenmeyer	100 mL	3
ballon monocol	100 mL	2	entonnoir à liquide		1
réfrigérant droit		1	tube de séchage		1

Matériel par équipe: support élévateur, bain-marie, tuyau en caoutchouc, support en fer, pince 2 doigts, pince 4 doigts, spatule, barreau aimanté.

Consommables: coton, papier de pesée, pipette Pasteur plastique.

3. 实验步骤

（1）准确称量大约 1.0 g D-甘露糖和 50 mg 三氯化铁，并将其引入 100 mL 烧瓶中。

（2）加入磁子和 20 mL 的丙酮。

（3）给烧瓶安装好冷凝管和干燥管并开启加热回流装置。

（4）加热 30 分钟。

（5）待烧瓶冷却至室温后，加入 5 mL 浓度为 10% 的碳酸钾水溶液，并用手摇晃烧瓶使其充分混合。

（6）利用旋转蒸发仪蒸发掉丙酮。

（7）利用大约 10 mL 去离子水将烧瓶中剩余的混合物转移至分液漏斗中，并用 10 mL 的二氯甲烷进行萃取操作。注意充分混合两相并及时排气。重复三次萃取操作。

（8）将有机相分离，并用无水硫酸钠干燥。

（9）将有机相过滤至提前称量好的烧瓶内。

（10）用旋转蒸发仪去除溶剂后，得到白色固体。

（11）测量得到固体的熔点（T_{fus} 为 119～121℃）。

4. 实验注意事项

（1）此反应需在无水反应下进行，用于反应的烧瓶、冷凝管等必须提前干燥。

（2）由于原料是糖类化合物，在旋转蒸发溶剂过程中容易起泡。且固体容易包裹溶剂使溶剂产生残留，可以使用药匙将其捣碎继续旋蒸。

（3）第一步旋蒸操作是为了去除丙酮，但是大量的水也往往一并蒸发去除了。此时，烧瓶中会析出大量盐（白色固体）。因此萃取操作需要加入适当去离子水后进行。

5. 思考题

（1）反应结束后，为什么首先要用碳酸钾水溶液处理反应液？

III. Manipulation

(1) Peser exactement environ 1,0 g de D-mannose et 50 mg de chlorure de fer anhydre $FeCl_3$ et les introduire dans un ballon de 100 mL.

(2) Ajouter un barreau aimanté et 20,0 mL de propanone.

(3) Munir le ballon d'un réfrigérant et un tube de séchage pour réaliser un montage à reflux.

(4) Chauffer au reflux pendant 30 minutes.

(5) Laisser refroidir le ballon, puis ajouter 5 mL de solution de carbonate de potassium K_2CO_3 à 10%, en agitant à la main.

(6) Évaporer l'excès de propanone sous pression réduite.

(7) Transférer le mélange dans une ampoule à décanter en utilisant environ 10 mL d'eau déionisée, et extraire la phase aqueuse avec 10 mL de dichlorométhane CH_2Cl_2. Agiter doucement le mélange et dégazer régulièrement. Répéter trois fois l'extraction.

(8) Isoler la phase organique, puis sécher sur sulfate de sodium anhydre Na_2SO_4.

(9) Filtrer dans un ballon préalablement taré.

(10) Évaporer sous pression réduite. On obtient un solide blanc.

(11) Mesurer la température de fusion du solide obtenu (T_{fus}: 119–121°C).

IV. Points d'attention

(1) La réaction est réalisée dans des conditions anhydres. Le ballon et le réfrigérant utilisés doivent être séchés à l'avance.

(2) Le réactif, D-mannose est un composé saccharidique. Il forme facilement des bulles pendant l'évaporation sous pression réduite et le solvant est souvent piégé dans le solide. On peut utiliser une spatule pour triturer le solide et poursuivre l'évaporation.

(3) La première évaporation a pour but d'éliminer l'acétone. Mais une grande partie d'eau est également éliminée. Ce qui provoque la précipitation d'une grande quantité de sels (solides blancs) dans le ballon. L'extraction doit donc être effectuée après addition d'une quantité appropriée d'eau déionisée.

V. Points de réflexion

(1) Après la réaction, pourquoi traiter d'abord le mélange réactionnel avec une solution aqueuse de carbonate de potassium?

（2）反应中加入三氯化铁的目的是什么？

（3）给出一种可能的反应机理。

（4）指出哪种化学品需要小心处理。

6. 实验预期结果与现象

得到的产物为白色固体，反应产率为70%，实验所得熔点为114.5 ± 2.0 ℃。

7. 参考文献：

Raghavendra Swamy N, Suryakiran N, Paradesi Naidu P, et al. Synthesis of N-homobicyclic dideoxynucleoside analogues[J]. *Carbohydrate Research*, 2012(352): 191–196.

(2) Quel est le but de l'addition de chlorure ferrique dans cette réaction?

(3) Proposer un mécanisme pour cette réaction.

(4) Identifier les composés chimiques nécessitant une précaution de traitement.

VI. Résultats et observations expérimentaux

Un solide blanc est obtenu à la fin avec un rendement de 70% et un point de fusion mesuré de 114,5 ± 2,0 °C.

VII. Référence

Raghavendra Swamy N, Suryakiran N, Paradesi Naidu P, et al. Synthesis of N-homobicyclic dideoxynucleoside analogues[J]. *Carbohydrate Research*, 2012(352): 191–196.

实验2Y2S1　用Dozzzaqueux软件模拟滴定

1. 实验介绍

实验所需时间：4小时。

实验难度：易。

危险等级：低。

酸碱滴定是利用酸碱中和反应，测定酸、碱和两性物质浓度的有效分析方法。本实验利用Dozzzaqueux软件模拟各类酸碱滴定情况，包括一些在教学实验室环境中很难开展的滴定实验。对于常见的酸碱滴定反应，通过模拟软件模拟出理论结果，可以有效建立理论与真实实验的区别。

2. 实验试剂、仪器和材料

电脑和Dozzzaqueux软件。

3. 实验步骤

（1）用氨溶液（0.10 mol·L^{-1}；20.00 mL）滴定硫酸溶液（0.070 mol·L^{-1}，10.00 mL）。

（2）用氢氧化钠溶液（0.015 mol·L^{-1}；25.00 mL）滴定磷酸溶液（0.010 mol·L^{-1}，10.00 mL）。

（3）用氢氧化钠溶液（0.010 mol·L^{-1}；25.00 mL）滴定氢氰酸溶液（0.001 mol·L^{-1}，100.00 mL）。

（4）用氢氧化钾溶液（0.100 mol·L^{-1}；25.00 mL）滴定乙酸溶液（0.133 mol·L^{-1}，10.00 mL）。

（5）用氢氧化钠溶液（0.350 mol·L^{-1}；25.00 mL）滴定柠檬酸溶液（见图2-1）（0.100 mol·L^{-1}，15.00 mL）。

TP 2Y2S1　Simulation de titrage par Dozzzaqueux

I. Introduction

Durée: 4 h.

Difficulté: facile.

Niveau de danger: faible.

Le titrage acide - base est une méthode efficace pour déterminer la concentration d'acide, de base et de substances amphotères par la neutralisation acide - base. Dans cette expérience, le logiciel Dozzzaqueux est utilisé pour simuler diverses conditions de titrage acide - base, y compris certaines expériences de titrage difficiles à réaliser dans les salles de TP. Pour les réactions de titrage acide - base courants, les résultats théoriques simulés par le logiciel permettent d'étudier la différence entre la théorie et l'expérience réelle.

II. Composés, équipements et matériel par équipe

Ordinateur et Logiciel Dozzzaqueux.

III. Manipulation

(1) Doser une solution de H_2SO_4 (0,070 mol $\cdot$ L^{-1}; 10,00 mL) par une solution de NH_3 (0,10 mol $\cdot$ L^{-1}, 20,00 mL).

(2) Doser une solution de H_3PO_4 (0,010 mol $\cdot$ L^{-1}; 10,00 mL) par une solution de NaOH (0,015 mol $\cdot$ L^{-1}, 25,00 mL).

(3) Doser une solution d'acide cyanhydrique HCN (0,001 mol $\cdot$ L^{-1}; 100,00 mL) par une solution de NaOH (0,010 mol $\cdot$ L^{-1}, 25,00 mL).

(4) Doser une solution d'acide éthanoïque (0,133 mol $\cdot$ L^{-1}; 10,00 mL) par une solution de KOH (0,100 mol $\cdot$ L^{-1}, 25,00 mL).

(5) Doser une solution d'acide citrique (Figure 2–1) (0,100 mol $\cdot$ L^{-1}; 15,00 mL) par une solution de NaOH (0,350 mol $\cdot$ L^{-1}, 25,00 mL).

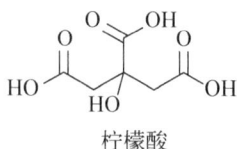

柠檬酸

4. 实验注意事项

（1）根据自己的电脑配置下载适合版本的软件，软件无需安装，解压后直接可以运行。

（2）具体软件使用方法请参考本书第三部分：使用 Dozzzaqueux 软件进行建模。

5. 思考题

（1）请列出每个模拟实验的主反应方程式。

（2）请列出每个模拟实验中酸对于碱的当量比。

（3）在以上模拟实验中，哪些条件实现的是直接滴定？

（4）给出以上模拟实验滴定终点时的pH值。

（5）给出以上模拟实验滴定终点时的V_{eq}体积。

（6）指出以上模拟实验在滴定终点前的主要离子或分子。

（7）指出以上模拟实验在滴定终点后的主要离子或分子。

（8）指出以上模拟实验中的反应是同时的还是连续的？

（9）指出以上模拟实验中的反应是完全的还是部分的？

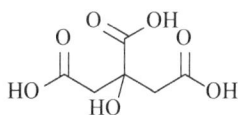

acide citrique

IV. Points d'attention

(1) Télécharger la version appropriée du logiciel en fonction de la configuration de l'ordinateur. Le logiciel n'a pas besoin d'être installé et peut être exécuté directement après la décompression.

(2) Voir la partie 3 du manuel pour la méthode d'utilisation spécifique du logiciel «Réaliser une simulation avec le logiciel Dozzzaqueux».

V. Points de réflexion

(1) Donner l'équation de titrage dans chaque simulation.

(2) En déduire la relation à l'équivalence de l'acide par la base pour chaque simulation.

(3) Quelles conditions proposées permettent un titrage direct dans les simulations?

(4) Donner le pH à l'équivalence pour chaque simulation.

(5) Donner le volume équivalent V_{eq} pour chaque simulation.

(6) Indiquer l'espèce majoritaire avant l'équivalence pour chaque simulation.

(7) Indiquer l'espèce majoritaire après l'équivalence pour chaque simulation.

(8) Indiquer si les réactions sont simultanées ou successives pour chaque simulation.

(9) Indiquer si les réactions sont totales ou partielles pour chaque simulation.

6. 实验预期结果与现象

（1）模拟实验1结果：

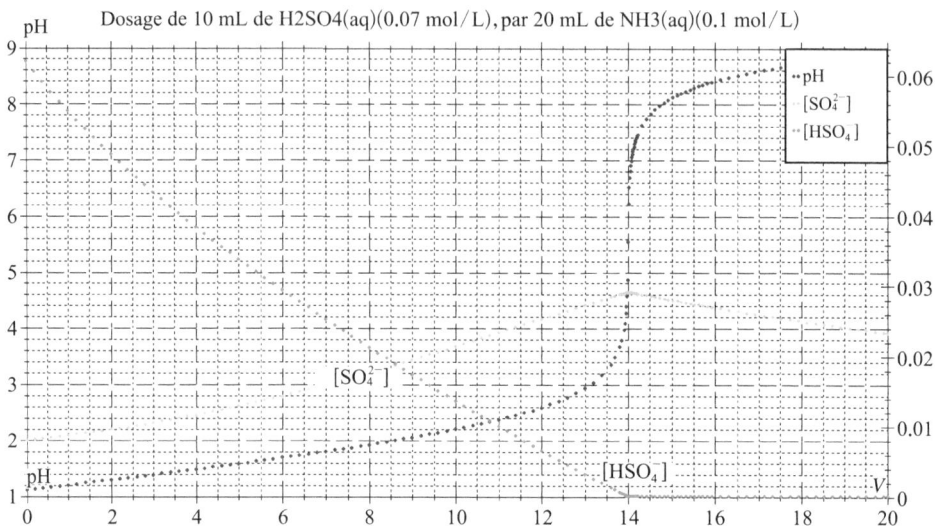

Dosage de 10 mL de H2SO4(aq)(0.07 mol/L), par 20 mL de NH3(aq)(0.1 mol/L)

（2）模拟实验2结果：

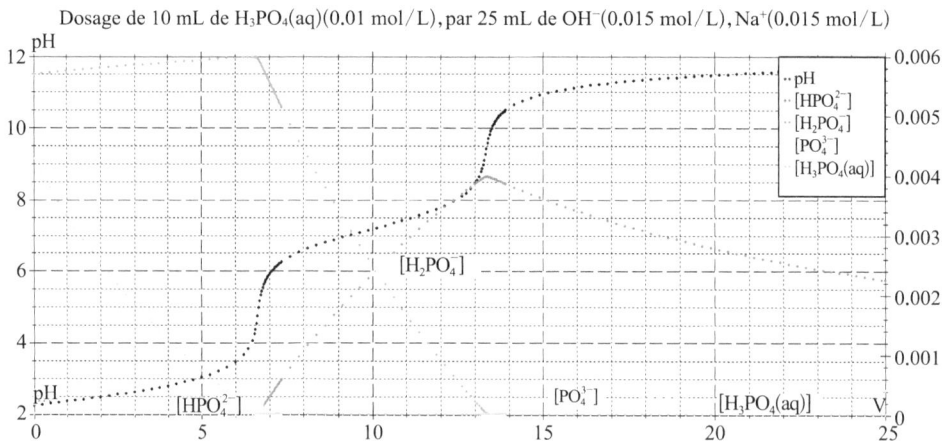

Dosage de 10 mL de H₃PO₄(aq)(0.01 mol/L), par 25 mL de OH⁻(0.015 mol/L), Na⁺(0.015 mol/L)

VI. Résultats et observations expérimentaux

(1) Résultats de la simulation 1:

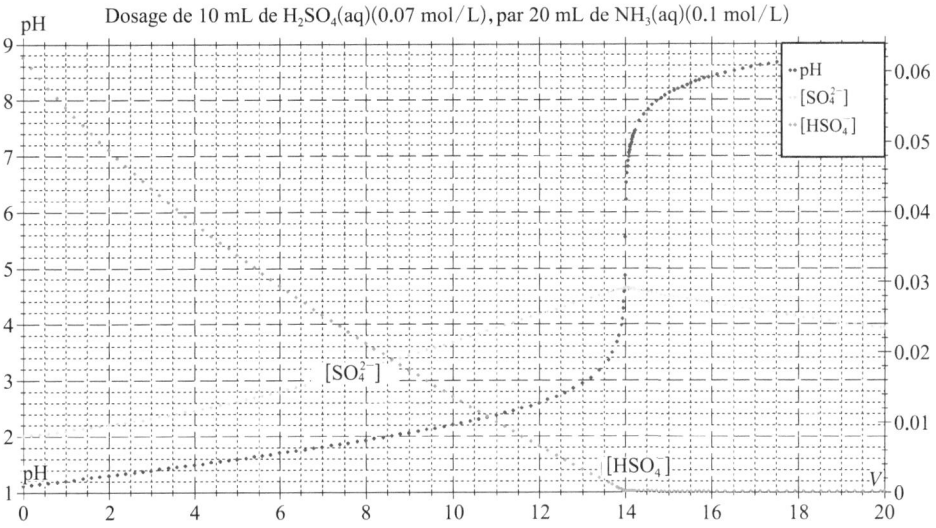

Dosage de 10 mL de H_2SO_4(aq)(0.07 mol/L), par 20 mL de NH_3(aq)(0.1 mol/L)

(2) Résultat de la simulation 2:

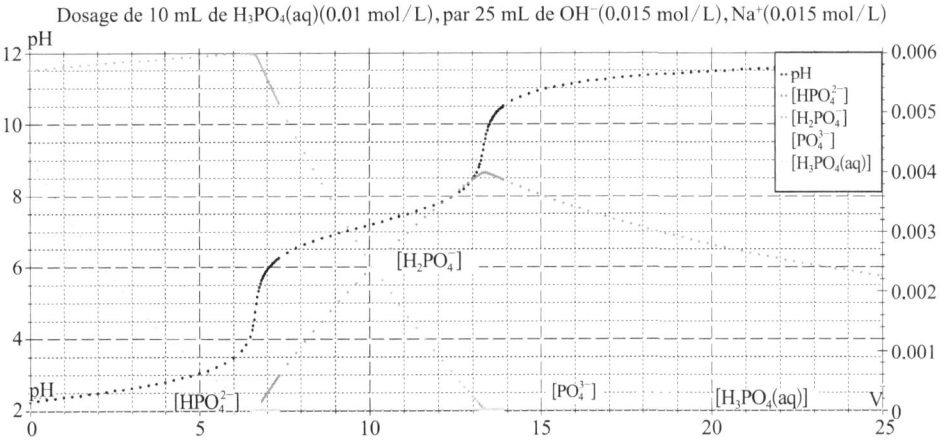

Dosage de 10 mL de H_3PO_4(aq)(0.01 mol/L), par 25 mL de OH^-(0.015 mol/L), Na^+(0.015 mol/L)

（3）模拟实验3结果：

Dosage de 10 mL de HCN(aq)(0.001 mol/L), par 25 mL de OH⁻(0.01 mol/L), Na⁺(0.01 mol/L)

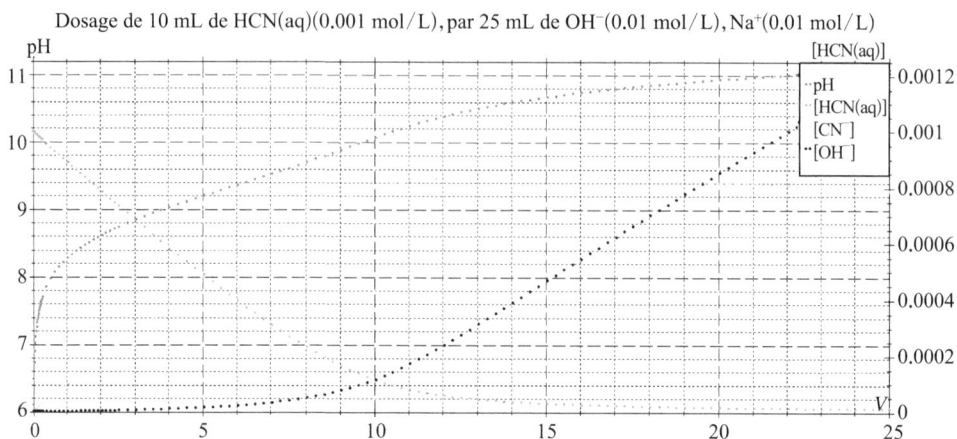

（4）模拟实验4结果：

Dosage de 10 mL de Acide éthanoïque(aq)(0.133 mol/L), par 25 mL de OH⁻(0.1 mol/L), Na⁺(0.1 mol/L)

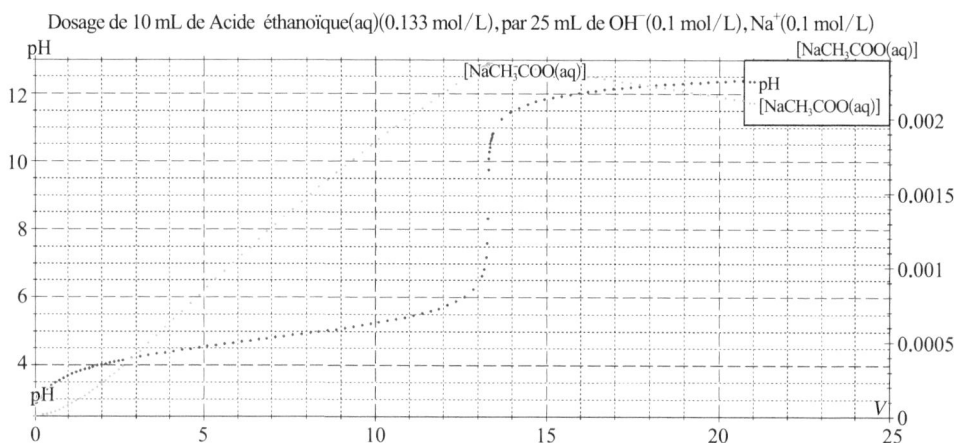

(3) Résultat de la simulation 3:

Dosage de 10 mL de HCN(aq)(0.001 mol/L), par 25 mL de OH⁻(0.01 mol/L), Na⁺(0.01 mol/L)

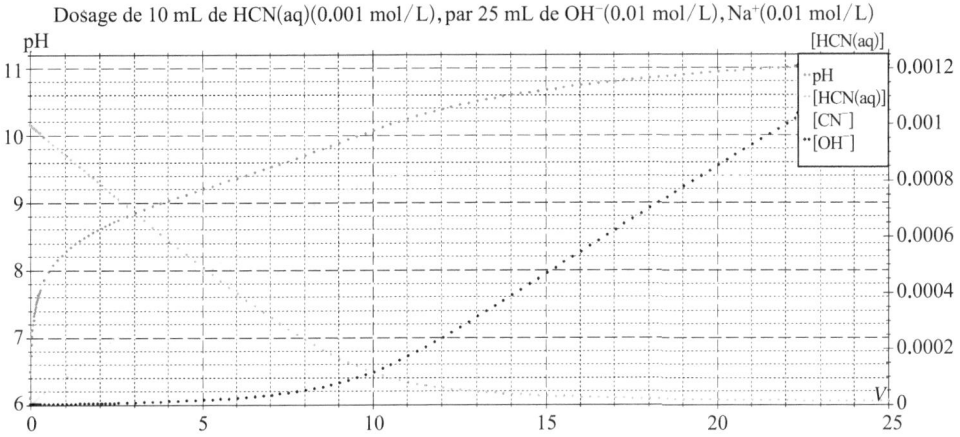

(4) Résultat de la simulation 4:

Dosage de 10 mL de Acide éthanoïque(aq)(0.133 mol/L), par 25 mL de OH⁻(0.1 mol/L), Na⁺(0.1 mol/L)

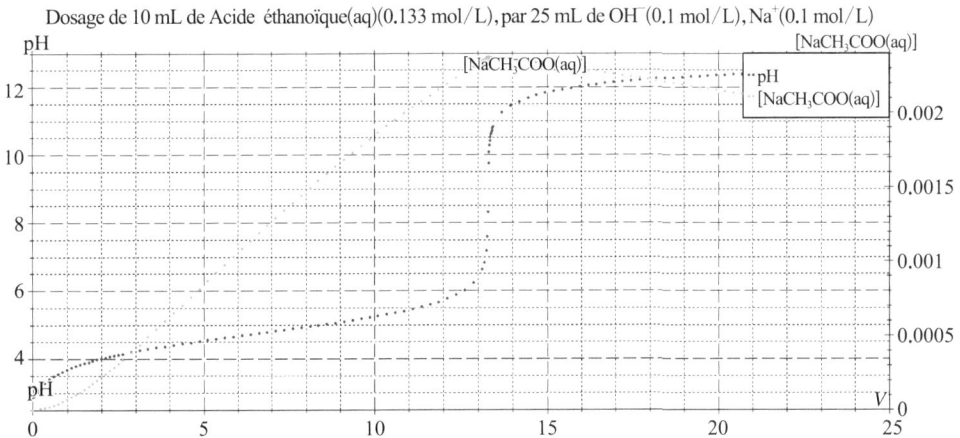

（5）模拟实验5结果：

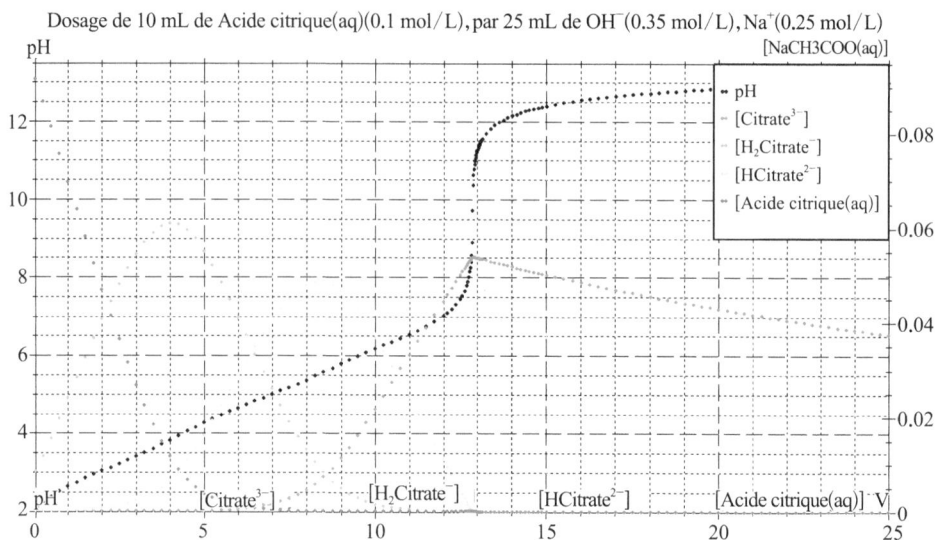

Dosage de 10 mL de Acide citrique(aq)(0.1 mol/L), par 25 mL de OH⁻(0.35 mol/L), Na⁺(0.25 mol/L)

7. 参考文献

Jean-Marie Biansan. Logiciels de J. M. Biansan[DB/OL]. http://jeanmarie.biansan. free.fr/dozzzaqueux.html, 2019/10/02.

(5) Résultat de la simulation 5:

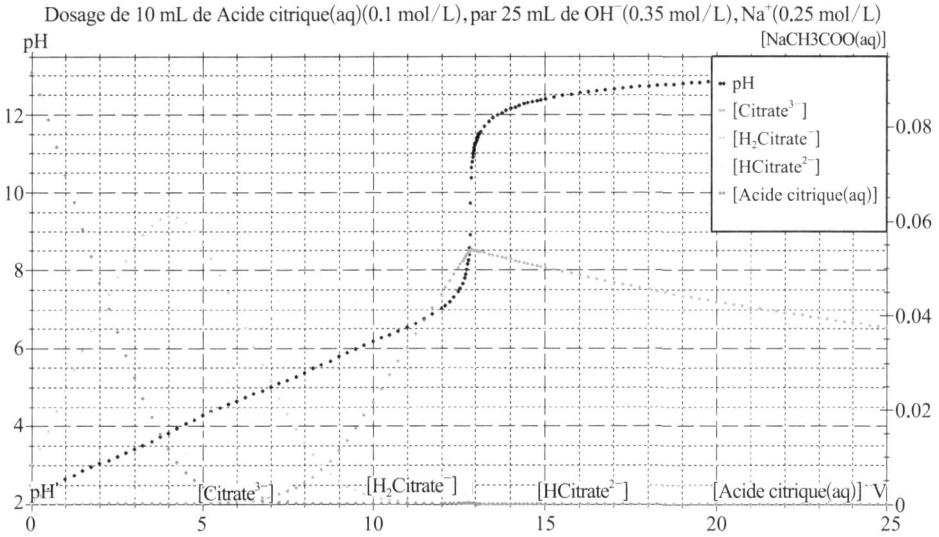

Dosage de 10 mL de Acide citrique(aq)(0.1 mol/L), par 25 mL de OH⁻(0.35 mol/L), Na⁺(0.25 mol/L)

VII. Référence

Jean-Marie Biansan. Logiciels de J. M. Biansan[DB/OL]. http://jeanmarie.biansan.free.fr/dozzzaqueux.html, 2019/10/02.

实验2Y2S2　工业乙酸的浓度测定

1. 实验介绍

实验所需时间：1.5小时。

实验难度：易。

危险等级：低。

乙酸也称醋酸、冰醋酸，是一种有机一元弱酸，存在于食用醋中。尽管在水中，乙酸解离为一元弱酸，但它仍具有腐蚀性。高浓度的乙酸蒸气会对眼和鼻造成强烈的刺激作用。因此，国家标准规定工业用乙酸在常温下的标准浓度为 $17.5\ mol\cdot L^{-1}$，在空气中的浓度不得超过 $25\ mg/m^3$。

2. 实验试剂、仪器和材料

实验试剂：

试　剂　名　称	CAS No.	小　组　用　量	备　注
氢氧化钠	1310-73-2	0.4 g	必备
无水草酸	144-62-7	0.45 g	必备
工业乙酸	64-19-7	1 mL	必备
酚酞溶液		几滴	必备,需配制
去离子水		500 mL	必备

TP 2Y2S2 Dosage d'une solution d'acide éthanoïque industrielle

I. Introduction

Durée: 1,5 h.

Difficulté: facile.

Niveau de danger: faible.

L'acide éthanoïque, également connu sous le nom d'acide acétique et d'acide acétique glacial, est un monoacide faible organique. Il est notamment présent dans le vinaigre. Bien que lorsqu'il est dans l'eau, l'acide acétique se dissocie, il est encore corrosif. Des concentrations élevées de vapeur d'acide acétique peuvent provoquer une forte irritation des yeux et du nez. Par conséquent, la norme nationale stipule que la concentration standard d'acide acétique industriel à température ambiante est de 17,5 moles par litre et que la concentration dans l'air ne doit pas dépasser 25 mg par mètre cube.

II. Composés, équipements et matériel par équipe

Composés chimiques

Composé	CAS No.	Dose	Remarque
hydroxyde de sodium	1310–73–2	0,4 g	nécessaire
acide oxalique anhydre	144–62–7	0,45 g	nécessaire
acide éthanoïque	64–19–7	1 mL	nécessaire
solution de phénolphtaléine		quelques gouttes	nécessaire, besoin de préparation
eau déionisée		500 mL	nécessaire

公用仪器设备：

名　称	备　注
分析天平	必备

每小组需玻璃仪器：

仪器名称	规　格	小组用量	仪器名称	规　格	小组用量
容量瓶	100 mL	3	容量移液管	10 mL	1
锥形瓶	100 mL	2	容量移液管	20 mL	1
滴定管	25 mL	1	容量移液管	1 mL	1
玻璃棒		1			

非玻璃仪器：磁力搅拌器、铁架台、蝴蝶夹、磁子、洗瓶。
其他消耗品：称量纸、一次性塑料滴管。

3. 实验步骤

步骤 1　配制氢氧化钠标准溶液

首先，需要准备氢氧化钠标准溶液，并对其进行标定。

（1）配制浓度为 0.1 mol·L^{-1} 的氢氧化钠溶液 100 mL。

（2）配制浓度为 0.05 mol·L^{-1} 草酸溶液 100 mL。

（3）标定氢氧化钠溶液浓度：

接下来需要准备氢氧化钠标准液，并对其浓度进行标定。氢氧化钠是一种溶液吸潮的固体，即它容易吸收空气中的水分。因此在称量氢氧化钠时，总会称取一定质量的水（水的含量取决于药品的存储时间和方式）。所以在准备好氢氧化钠标准液后，需要对其溶液浓度进行标定。这里用草酸，一种非常不容易吸潮的固体作为标定剂。

① 量取 20 mL 配制的草酸溶液至 100 mL 锥形瓶中。

② 加入若干滴酚酞溶液。

Equipements collectifs

Equipement	Remarque
balance de précision	nécessaire

Verrerie par équipe

Verrerie	Taille	Nombre	Verrerie	Taille	Nombre
fiole jaugée	100 mL	3	pipette jaugée	10 mL	1
erlenmeyer	100 mL	2	pipette jaugée	20 mL	1
burette graduée	25 mL	1	pipette jaugée	1 mL	1
baguette en verre		1			

Matériel par équipe: agitateur magnétique, support en fer, pince à burette, barreau aimanté, pissette.

Consommables: papier de pesée, pipette Pasteur plastique.

III. Manipulation

Etape 1   Préparation de la solution de soude

On veut préparer une solution de soude, et en vérifier la concentration exacte.

(1) Préparer 100,0 mL d'une solution de soude NaOH à 0,1 mol $\cdot$ L^{-1}.

(2) Préparer 100,0 mL d'une solution d'acide oxalique $H_2C_2O_4$ à 0,05 mol $\cdot$ L^{-1}.

(3) Étalonner la solution de soude:

On veut préparer une solution de soude NaOH, et en vérifier la concentration exacte. La soude est un solide hygroscopique, c'est à dire qu'il absorbe l'humidité de l'air. Lorsqu'on pèse de la soude, il y a donc toujours un risque de peser une certaine quantité d'eau (la quantité dépend de la durée et de la qualité du stockage). Il est donc nécessaire de vérifier la concentration de la solution de soude préparée par dissolution du solide. On utilise pour cela l'acide oxalique, qui est un solide très peu hygroscopique.

① Verser 20,0 mL de la solution d'acide oxalique dans un erlenmeyer de 100 mL.

② Ajouter quelques gouttes de phénolphtaléine.

③ 通过使用滴定管,用氢氧化钠溶液精确滴定草酸溶液。

步骤2 测定工业乙酸的浓度

现在要进行的是工业乙酸浓度的测定。

（1）配制100 mL稀释100倍的工业乙酸溶液。

（2）用容量移液管量取10 mL被稀释的乙酸溶液,并将其转移至100 mL锥形瓶中。

（3）加入若干滴酚酞溶液。

（4）通过使用滴定管,用氢氧化钠溶液精确滴定乙酸溶液。

4. 实验注意事项

（1）工业乙酸有刺激性气味,在转移、量取和操作时,务必在通风橱内操作。

（2）氢氧化钠固体溶解和工业乙酸稀释过程都会放热。因此,加入去离子水时需要缓慢添加,并不停搅拌。

5. 思考题

（1）酚酞的作用是什么?

（2）在配制100 mL稀释100倍的工业乙酸溶液时,应该用到哪些玻璃仪器?

6. 实验预期结果与现象

（1）标定后氢氧化钠的浓度为0.074 19 mol·L^{-1},标准不确定度为0.000 25 mol·L^{-1}。

（2）测得工业乙酸的浓度为17 ± 2 mol·L^{-1}（可置信水平取95%）。

7. 参考文献

Mesplède J, Randon J. 100 manipulations de chimie[M]. France: Bréal, 2001.

③ Réaliser le dosage de l'acide oxalique par la solution de soude à la goutte près, en utilisant une burette graduée.

Etape 2　Dosage de l'acide éthanoïque industriel

On va maintenant réaliser le dosage de l'acide éthanoïque industriel.

(1) Préparer 100,0 mL d'une solution d'acide éthanoïque diluée 100 fois.

(2) Prélever 10,0 mL de la solution d'acide éthanoïque diluée grâce à une pipette jaugée, et verser dans un erlenmeyer de 100 mL.

(3) Ajouter quelques gouttes de phénolphtaléine.

(4) Réaliser le dosage de l'acide éthanoïque par la solution de soude à la goutte près, en utilisant une burette graduée.

IV. Points d'attention

(1) L'acide acétique industriel a une odeur forte et doit être placé/prélevé/manipulé sous une hotte.

(2) La dissolution des solides d'hydroxyde de sodium et de dilution de l'acide acétique industriel sont exothermiques. L'eau déionisée doit être ajoutée lentement et sous agitation.

V. Points de réflexion

(1) Quel est le rôle de la phénolphtaléine?

(2) Quel matériel doit être utilisé lors de la préparation de 100 mL de solution diluée 100 fois d'acide acétique industriel?

VI. Résultats et observations expérimentaux

(1) La concentration d'hydroxyde de sodium après étalonnage est de 0,074 19 mol $\cdot$ L^{-1}, l'incertitude type est 0,000 25 mol $\cdot$ L^{-1}.

(2) La concentration mesurée d'acide acétique industriel est de 17±2 mol $\cdot$ L^{-1} (niveau de confiance 95%).

VII. Référence

Mesplède J, Randon J. 100 manipulations de chimie[M]. France: Bréal, 2001.

实验2Y2S3　可乐中磷酸的滴定

1. 实验介绍

实验所需时间: 3小时。

实验难度: 中。

危险等级: 中。

磷酸作为抗氧化剂和酸化剂在饮品中广泛使用。本实验将通过pH测定法滴定可乐中的酸化剂含量。在中华人民共和国国家标准(GB 2760—2014)中,磷酸根在饮品中的含量最大不得超过 $5\ g \cdot L^{-1}$。

2. 实验试剂、仪器和材料

实验试剂:

试 剂 名 称	CAS No.	小组用量	备 注
可乐		60 mL	必备
邻苯二甲酸氢钾	877-24-7	0.04 g	必备
氢氧化钠	1310-73-2	80 mg	必备
酚酞溶液		几滴	必备,需配置
去离子水		300 mL	必备

公用仪器设备:

名 称	备 注
分析天平	必备

TP 2Y2S3   Titrage de l'acide phosphorique dans le Coca

I. Introduction

Durée: 3 h.

Difficulté: moyenne.

Niveau de danger: moyen.

L'acide phosphorique est un anti-oxydant et un acidifiant présent dans les boissons. Nous allons titrer cet additif alimentaire dans le Coca-Cola, par un méthode pH-métrique. La norme chinoise (GB 2760—2014) impose une concentration maximale en phosphate de 5 g $\cdot$ L^{-1}.

II. Composés, équipements et matériel par équipe

Composés chimiques

Composé	CAS No.	Dose	Remarque
Coca-cola		60 mL	nécessaire
hydrogénophtalate de potassium	877—24—7	0,04 g	nécessaire
hydroxyde de sodium	1310—73—2	80 mg	nécessaire
solution de phénolphtaléine		quelques gouttes	nécessaire, besoin de préparation
eau déionisée		300 mL	nécessaire

Equipements collectifs

Equipement	Remarque
balance de précision	nécessaire

每小组所需玻璃仪器：

仪器名称	规　格	小组用量	仪器名称	规　格	小组用量
量筒	50 mL	1	容量移液管	10 mL	1
量筒	100 mL	1	容量移液管	25 mL	1
单口烧瓶	100 mL	1	滴定管	25 mL	1
容量瓶	100 mL	1	烧杯	50 mL	3
锥形瓶	100 mL	1	烧杯	250 mL	1
直型冷凝管		1	玻璃棒		1

非玻璃仪器：升降台、加热套、磁力搅拌器、pH计、橡胶水管、铁架台、两爪铁夹、四爪铁夹、磁子、蝴蝶夹。

其他消耗品：称量纸、一次性塑料滴管。

3. 实验步骤

步骤1 可乐排气

（1）用量筒量取大约60 mL可乐。

（2）将其加入100 mL单口烧瓶中。

（3）搭建加热回流装置。

（4）保持回流15分钟。

（5）用流动的自来水在烧瓶外冷却烧瓶。

步骤2 标定氢氧化钠溶液

（1）配制100 mL浓度为0.02 mol·L^{-1}的氢氧化钠溶液。

（2）标定氢氧化钠溶液。

① 大约精确称量0.04 g邻苯二甲酸氢钾，并将其全部转移至100 mL锥形瓶中，加入10 mL去离子水至固体完全溶解。

② 加入数滴酚酞溶液。

③ 在滴定管中加入配制好的氢氧化钠溶液，对邻苯二甲酸氢钾溶液进行滴定，精确滴定终点。

Verrerie par équipe

Verrerie	Taille	Nombre	Verrerie	Taille	Nombre
éprouvette graduée	50 mL	1	pipette jaugée	10 mL	1
éprouvette graduée	100 mL	1	pipette jaugée	25 mL	1
ballon monocol	100 mL	1	burette graduée	25 mL	1
fiole jaugée	100 mL	1	bécher	50 mL	3
erlenmeyer	100 mL	1	bécher	250 mL	1
réfrigérant droit		1	baguette en verre		1

Matériel par équipe: support élévateur, chauffe ballon, agitateur magnétique, pH-mètre, tuyau en caoutchouc, support en fer, pince 2 doigts, pince 4 doigts, barreau aimanté, pince à burette.

Consommables: papier de pesée, pipette Pasteur plastique.

III. Manipulation

Etape 1　Dégazage du Coca-Cola

(1) Prélever environ 60 mL de Coca-Cola grâce à une éprouvette graduée.

(2) Verser dans un ballon de 100 mL.

(3) Réaliser un montage à reflux.

(4) Maintenir le reflux pendant environ 15 minutes.

(5) Refroidir le ballon sous un courant d'eau froide.

Etape 2　Préparation de la solution de soude

(1) Préparer 100,0 mL d'une solution de soude NaOH à 0,02 mol $\cdot$ L^{-1}.

(2) Étalonner la solution de soude.

① Peser exactement environ 0,04 g de hydrogénophtalate de potassium et transférer le tout dans un erlenmeyer de 100 ml, ajouter 10 ml d'eau déionisée jusqu'à dissolution complète du solide.

② Ajouter quelques gouttes de phénolphtaléine.

③ Réaliser le dosage de l'hydrogénophtalate de potassium par la solution de soude à la goutte près, en utilisant une burette graduée.

步骤3　对可乐中的磷酸进行滴定

（1）用标准液对pH计进行校准。

（2）用容量移液管量取25 mL排过气的可乐,后加入配置有磁子的大烧杯中。

（3）将大烧杯转移至磁力搅拌器上。

（4）将pH计的探头加入可乐液体中,并确保磁子转动时不会与其发生碰撞。如果液面太浅,可以根据需要,在可乐液体中加入适当的去离子水。

（5）用50 mL氢氧化钠溶液滴定可乐。

（6）用Regressi软件对滴定过程进行pH曲线绘制。

（7）重复以上滴定,并根据第一次实验结果优化pH曲线。

4. 实验注意事项

（1）加热可乐进行排气操作时,需注意加热温度和时间,防止烧干。

（2）在pH滴定时,需注意磁子转动位置,不要碰到pH探头。

（3）一般首次滴定时,每次加入1或0.5 mL氢氧化钠溶液进行滴定,直至被滴定溶液的pH不发生变化。

5. 思考题

（1）为什么首先要对可乐进行排气操作?

（2）根据所得磷酸浓度,用Dozzzaqueux软件模拟滴定的pH曲线,与实验所得曲线进行对比,并做出评论。

（3）在上一个实验中,草酸被用作基准物质来标定氢氧化钠溶液,而在此实验中,邻苯二甲酸氢钾被作为基准物质,哪个更准确? 为什么?

6. 实验预期结果与现象

（1）得到的可乐中磷酸的浓度一般在$0.005 \sim 0.010 \, \text{mol} \cdot \text{L}^{-1}$范围内。

（2）实验所得pH曲线一般也出现两处pH突跃点,但是没有理论得到的曲线明显,且由于其他酸成分的出现,两个突跃点得到的滴定终点体积不成完美的二倍关系。

Etape 3 Dosage de l'acide phosphorique du Coca-Cola dégazé

(1) Étalonner le pH-mètre grâce aux solutions tampons.

(2) Prélever 25,0 mL de Coca-Cola dégazé grâce à une pipette jaugée et verser dans un bécher large muni d'un petit barreau aimanté.

(3) Placer le bécher sur un agitateur magnétique.

(4) Plonger la sonde de pH dans le bécher en vérifiant qu'elle ne soit pas au contact du barreau aimanté, et qu'elle soit bien immergée. Au besoin on peut ajouter de l'eau distillée dans le bécher.

(5) Réaliser un premier titrage par 50 mL de solution de soude en utilisant une burette graduée.

(6) Utiliser le logiciel Regressi pour tracer la courbe de pH.

(7) Réaliser l'expérience une seconde fois, en optimisant le volume versé afin d'obtenir une courbe de pH la plus précise possible.

IV. Points d'attention

(1) Pendant le dégazage du cola, il faut faire attention à la température et au temps de chauffage pour éviter qu'il ne brûle.

(2) Pendant la mesure du pH, faire attention à la position de rotation du barreau aimanté. Il ne faut pas toucher la sonde de pH.

(3) Généralement, pour le premier titrage, faire des pas de 1 ou 0,5 ml de solution d'hydroxyde de sodium jusqu'à ce que le pH de la solution titrée ne change plus.

V. Points de réflexion

(1) Pourquoi dégaze-t-on Coca-Cola?

(2) Simuler ce dosage grâce au logiciel Dozzzaqueux. Comparer les courbes théorique et expérimentale. Commenter.

(3) Dans le TP précédent l'acide oxalique a été utilisé pour étalonner la solution d'hydroxyde de sodium, dans cette expérience l'hydrogénophtalate de potassium a été utilisé comme étalon. Lequel est le plus précis? Pourquoi?

VI. Résultats et observations expérimentaux

(1) La concentration d'acide phosphorique dans le coca mesurée est comprise entre 0,005 et 0,010 mol $\cdot$ L^{-1}.

(2) La courbe de pH expérimentale présente généralement deux sauts. Mais ce n'est pas aussi évident que la courbe théorique. Les volumes équivalents de titrage mesurés ne sont pas parfaitement doubles, à cause de la présence d'autre acides.

（3）下图为实验得到的pH曲线，按第一个pH突跃点计算所得可乐中磷酸的浓度为 $c_{[H_3PO_4]} = (0.008 \pm 0.002) \, mol \cdot L^{-1}$。

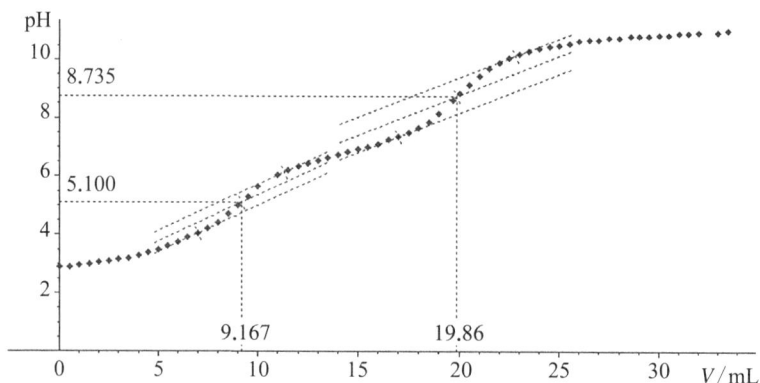

7. 参考文献

[1] Barilero T, Deleuze A, Emond M, et al. Travaux pratiques de chimie, de l'expérience à l'interprétation[M]. France: éditions rue d'Ulm, 2013.

[2] Mesplède J, Randon J. 100 manipulations de chimie[M]. France: Bréal, 2001.

(3) Voici la courbe expérimentale obtenue et la concentration calculée d'acide phosphorique dans le Coca-Cola est $c_{(H_3PO_4)} = 0,008 \pm 0,002$ mol $\cdot$ L^{-1}。

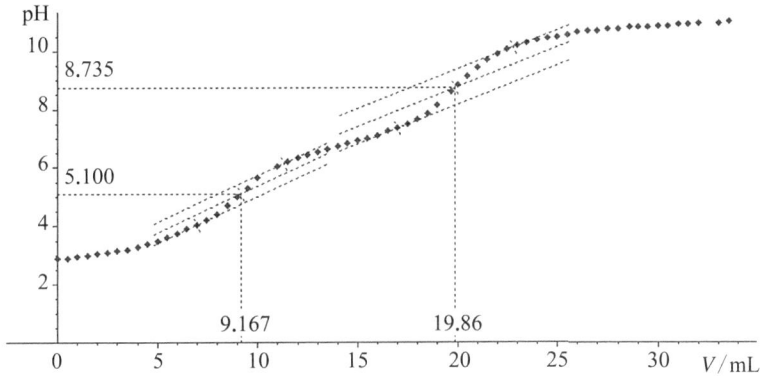

VII. Référence

[1] Barilero T, Deleuze A, Emond M, et al. Travaux pratiques de chimie, de l'expérience à l'interprétation[M]. France: éditions rue d'Ulm, 2013.

[2] Mesplède J, Randon J. 100 manipulations de chimie[M]. France: Bréal, 2001.

实验2Y2S4　亚硝酸根离子含量的测定

1. 实验介绍

实验所需时间：4小时。

实验难度：中。

危险等级：中。

本实验将对榨菜中亚硝根离子的含量进行测定。由于硝酸根离子在土壤中的大量存在，亚硝酸盐天然存在于蔬菜中。亚硝酸盐还可以作为食品保鲜剂被人为加入食品中，它可以帮助保存食品颜色等性状。但是，食入过量的亚硝酸根会对人的身体产生危害。因此，作为食品添加剂的亚硝酸盐用量也是有明确标准的。

2. 实验试剂、仪器和材料

实验试剂：

试剂名称	CAS No.	小组用量	备　　注
榨菜		10 g	必备
对氨基苯磺酸	121-57-3	125 mg	必备
硼砂饱和溶液		4 mL	必备
乙酸	64-19-7	35 mL	必备
盐酸萘乙二胺	1465-25-4	30 mg	必备
硅藻土	293-303-4	5 g	必备
106 g · L^{-1}亚铁氰化钾溶液		2 mL	必备

TP 2Y2S4   Dosage des nitrites

I. Introduction

Durée: 4 h.

Difficulté: moyenne.

Niveau de danger: moyen.

Nous allons mesurer la quantité de nitrites NO_2^- contenus dans les légumes. Les nitrites sont naturellement présents dans les légumes à cause de la transformation des nitrates NO_3^- présents dans le sol. Ils peuvent également être ajoutés artificiellement dans l'industrie agro-alimentaire pour améliorer la conservation des aliments et leur aspect. En forte dose, les nitrites NO_2^- peuvent être dangereux pour l'organisme, c'est pourquoi leur concentration est réglementée.

II. Composés, équipements et matériel par équipe

Composés chimiques

Composé	CAS No.	Dose	Remarque
légumes en saumure		10 g	nécessaire
acide p-sulfanilique	121–57–3	125 mg	nécessaire
solution de borax saturée		4 mL	nécessaire
acide acétique	64–19–7	35 mL	nécessaire
dihydrochloride *N*-(1-naphthyl) ethylenediamine	1465–25–4	30 mg	nécessaire
célite	293–303–4	5 g	nécessaire
106 g $\cdot$ L^{-1} solution d'hexacyanoferrate (II) de potassium		2 mL	nécessaire

实验试剂:　　　　　　　　　　　　　　　　　　　　　　　　(续表)

试剂名称	CAS No.	小组用量	备　注
乙酸锌溶液		2 mL	必备,取22 g乙酸锌和3 mL乙酸溶解后定容于100 mL容量瓶中。
$0.1\ g \cdot L^{-1}$ 亚硝酸钠标准液		4 mL	必备
去离子水		1 000 mL	必备

公用仪器设备:

名　称	备　注
分析天平	必备
紫外分光光度计	必备

每小组所需玻璃仪器:

仪器名称	规　格	小组用量	仪器名称	规　格	小组用量
容量瓶	100 mL	8	容量移液管	1 mL	1
容量瓶	250 mL	1	容量移液管	10 mL	1
量筒	50 mL	1	大试管	25 mL	16
量筒	100 mL	1	三角玻璃漏斗		1
烧杯	500 mL	1	抽滤瓶	125 mL	1
固体漏斗		1	玻璃棒		1
刻度移液管	1 mL	1			

非玻璃仪器:破壁机、药匙、三爪铁夹、铁架台、真空泵、水浴锅、试管架、布氏漏斗。

Composés chimiques   (suite)

Composé	CAS No.	Dose	Remarque
solution d'éthanoate de zinc		2 mL	nécessaire, 22 g de ferrocyanure de potassium solide + 3 mL acide acétique + l'eau déionisée dans 100 mL fiole jaugée
0,1 g · L^{-1} solution de nitrite de sodium		4 mL	nécessaire
eau déionisée		1 000 mL	nécessaire

Equipements collectifs

Equipement	Remarque
balance de précision	nécessaire
spectrophotomètre ultraviolet	nécessaire

Verrerie par équipe

Verrerie	Taille	Nombre	Verrerie	Taille	Nombre
fiole jaugée	100 mL	8	pipette jaugée	1 mL	1
fiole jaugée	250 mL	1	pipette jaugée	10 mL	1
éprouvette graduée	50 mL	1	tube à essai	25 mL	16
éprouvette graduée	100 mL	1	entonnoir à liquide		1
bécher	500 mL	1	fiole à aspiration	125 mL	1
entonnoir à solide		1	baguette en verre		1
pipette graduée	1 mL	1			

Matériel par équipe: mixeur, spatule, pince 3 doigts, support en fer, pompe à vide, bain d'eau, porte-tubes, entonnoir Buchner.

其他消耗品：称量纸、一次性塑料滴管、滤纸。

3. 实验步骤

步骤1　准备被测溶液

首先需要对榨菜样品中的亚硝酸盐进行萃取，以便用分光光度计法对其进行测定。

（1）称量大约 10 g 榨菜。

（2）加入 5 mL 饱和硼砂溶液和 50 mL 去离子水。

（3）用破壁机搅打 2.5 min 后，冷却至室温。

（4）将得到的悬浊液全部加入至 100 mL 容量瓶中。（可加入若干毫升去离子水进行完全转移）。

（5）加入 2 mL 亚铁氰化钾溶液和 2 mL 乙酸锌溶液后，加去离子水至刻度线以下（注意，这里还不是定容步骤）。

（6）用力振荡将其混匀。

（7）静置 30 分钟。

（8）继续加入去离子水定容。

（9）得到的液体经硅藻土过滤，得到透明滤液，称为溶液 J

注：硅藻土滤饼的制备方法为，加入适当硅藻土在铺有滤纸的布氏漏斗上，再用去离子水浸没硅藻土，减压抽滤，得到硅藻土滤饼。

步骤2　准备分光光度计测定法的梯度标准液

实验将采用分光光度计法测量亚硝酸根离子的浓度。为此，需要首先配制已知的不同浓度的标准液来绘制标准曲线，后通过比较来确定待测溶液 J 中的亚硝酸根离子的浓度。

（1）在一个大烧杯中准备反应溶液 R：将 0.125 g 氨基苯磺酸、35 mL 乙酸、200 mL 去离子水和 30 mg 盐酸萘乙二胺加入至烧杯中，用水浴锅适当加热，并用玻璃棒不断搅拌帮助溶解，冷却并过滤掉未溶解的固体。

（2）将此溶液转移到 250 mL 容量瓶中，并用去离子水定容。

（3）用刻度移液管按表 1 所示，分别量取已经准备好的浓度为 100 mg·L^{-1} 的亚硝酸钠标准液 A。

Consommables: papier de pesée, pipette Pasteur plastique, papier de filtration.

III. Manipulation

Etape 1　Préparation de la solution dosée

On veut extraire les nitrites contenus dans les légumes pour pouvoir les doser par spectrophotométrie.

(1) Peser avec précision environ 10 g de légumes en saumure.

(2) Ajouter 5 mL de solution de borax saturée $Na_2B_4O_7$ et 50 mL d'eau déionisée.

(3) Mélanger avec un mixeur pendant 2,5 minutes, puis transférer dans un bécher de 150 mL pour refroidir à témpérature ambiante.

(4) Transvaser le contenu dans une fiole jaugée de 100 mL (Quelques millilitres d'eau déionisée peuvent être utilisés pour le transfert).

(5) Ajouter 2 mL de solution d'hexacyanoferrate (II) de potassium $K_4[Fe(CN)_6]$, 2 mL de solution d'éthanoate de zinc et éventuellement un peu d'eau déionisée (le niveau de liquide doit rester sous le col de la fiole jaugée).

(6) Agiter fortement.

(7) Laisser reposer pendant 30 minutes.

(8) Compléter au trait de jauge avec de l'eau déionisée.

(9) Filtrer la solution sur pâte de célite. Le filtrat obtenu est appelé solution J (Préparation de la pâte de célite: ajouter une certaine quantité de célite dans un entonnoir de Büchner recouvert d'un papier filtre, puis recouvrir la célite avec de l'eau déionisée et filtrer sous pression réduite. La pâte de célite obtenue est prête à être utilisée pour la filtration).

Etape 2　Préparation de la gamme spectrophotométrique

On va réaliser un dosage par étalonnage des ions nitrites par spectrophotométrie. Il nous faut donc préparer des solutions étalons qui permettront ensuite, par comparaison, de déterminer la concentration en ions nitrites de la solution J.

(1) Préparer la solution de réactif des ions nitrites R dans un bécher de 250 mL: introduire 0,125 g d'acide sulfanilique, 35 mL d'acide éthanoïque pur, 200 mL d'eau distillée et 30 mg de *N*-1-naphtyléthylènediamine. Chauffer sous agitation, laisser refroidir puis filtrer.

(2) Transvaser dans une fiole jaugée et compléter jusqu'au trait de jauge avec de l'eau distillée.

(3) Une solution de référence A de nitrites de sodium à $100{,}0 \text{ mg} \cdot \text{L}^{-1}$ est déjà préparée. On utilisera ici une pipette graduée pour prélever cette solution.

（4）在100 mL容量瓶中分别进行以下稀释操作。

准备梯度标准液

	溶液A的体积/mL	总体积/mL	浓度/(mg·L^{-1})
溶液1	0.1	100	0.1
溶液2	0.2	100	0.2
溶液3	0.3	100	0.3
溶液4	0.4	100	0.4
溶液5	0.5	100	0.5
溶液6	0.6	100	0.6
溶液7	0.7	100	0.7

步骤3 对咸菜中亚硝酸根离子的测定

当反应溶液R与亚硝根离子混合后，亚硝酸根和对氨基苯磺酸会发生以下化学反应而生成叠氮分子：

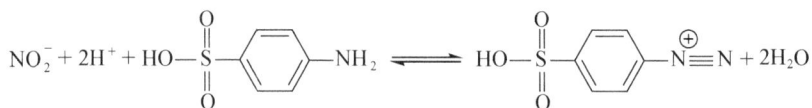

这个叠氮分子随后与盐酸萘乙二胺根据以下反应生成有颜色的产物：

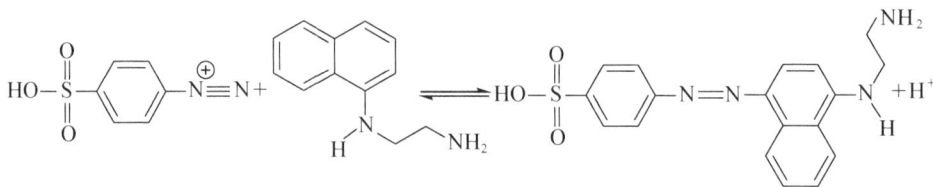

回顾朗伯比尔定律：

$$A = \log\left(\frac{1}{T}\right) = \log\left(\frac{I_0}{I}\right) = l\sum_i c_i \varepsilon_i$$

(4) Préparer les solutions suivantes dans des fioles jaugées de 100 mL.

Préparation de la gamme spectrophotométrique

	Volume de solution A/mL	Volume total/mL	Concentration/(mg · L^{-1})
Solution 1	0,1	100	0,1
Solution 2	0,2	100	0,2
Solution 3	0,3	100	0,3
Solution 4	0,4	100	0,4
Solution 5	0,5	100	0,5
Solution 6	0,6	100	0,6
Solution 7	0,7	100	0,7

Etape 3　Dosage par étalonnage des ions nitrites dans les légumes

Lorsqu'on mélange le réactif R aux solutions de nitrites, il y a réaction entre les nitrites et l'acide sulfanilique pour former un ion diazonium:

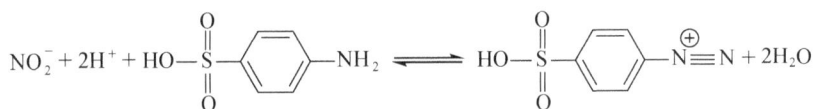

L'ion diazonium réagit ensuite sur la N-1-naphtyléthylènediamine pour former un composé coloré selon la réaction suivante:

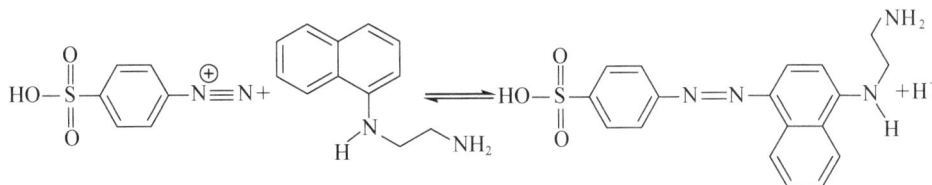

On rappelle la loi de Beer-Lambert:

$$A = \log\left(\frac{1}{T}\right) = \log\left(\frac{I_0}{I}\right) = l\sum_{i}c_i\varepsilon_i$$

式中，l指光线穿过的样品管长度，c_i指成分i的摩尔浓度，ε_i是成分的摩尔消光系数。

（1）在大试管中配制并摇匀表2中的第一个溶液。

（2）放置10分钟后，将反应液转移至样品槽中，用紫外分光光度计测定其在540 nm处的吸光度。

测量液的准备

试管序号	亚硝酸溶液	溶液R的体积 / mL
0	1 mL 去离子水	10
1	1 mL 溶液1	10
2	1 mL 溶液2	10
3	1 mL 溶液3	10
4	1 mL 溶液4	10
5	1 mL 溶液5	10
6	1 mL 溶液6	10
7	1 mL 溶液7	10
8	1 mL 溶液J	10

（3）对表格中的其他溶液，重复以上实验操作。

4. 实验注意事项

（1）破壁机为一般家用破壁机，自带加热功能，温度为50℃左右。

（2）反应溶液R具有一定的不稳定性，需现配现用。

（3）待测液与反应溶液R需充分混合并保证一定的反应时间，不少于10分钟。

（4）用以绘制标准曲线的亚硝酸钠溶液浓度需要根据实际榨菜的亚硝酸根

où l est la largeur de la cuve contenant l'échantillon traversé par la lumière, c_i la concentration molaire de l'espèce i, et ε_i le coefficient d'extinction molaire de l'espèce i.

(1) Préparer et homogénéiser la première solution de la table 2 dans un tube à essai.

(2) Transvaser la solution dans une cuve spectrophotométrique et mesurer l'absorbance à 540 nm après 10 minutes.

Préparation des solutions absorbantes

Tube à essai	Solution de nitrites	Volume de solution R/mL
0	1 mL d'eau distillée	10
1	1mL de solution 1	10
2	1mL de solution 2	10
3	1mL de solution 3	10
4	1mL de solution 4	10
5	1mL de solution 5	10
6	1mL de solution 6	10
7	1mL de solution 7	10
8	1mL de solution J	10

(3) Répéter l'expérience pour les autres solutions.

IV. Points d'attention

(1) Le mixeur est un mixeur normal domestique avec sa propre fonction de chauffage. La température est de 50 degrés Celsius.

(2) La solution R présente une certaine instabilité. Elle doit être préparée et utilisée immédiatement.

(3) La solution à tester et la solution R doivent être bien mélangées. Un certain temps de réaction doit être garanti, pas moins de 10 minutes.

(4) La concentration de la solution mère de nitrite de sodium pour tracer la

离子浓度加以调整。

5. 思考题

（1）加入饱和硼砂溶液的作用是什么？

（2）亚铁氰化钾和乙酸锌的作用是什么？

（3）计算被测榨菜中的亚硝酸根离子含量。

6. 实验预期结果与现象

根据实际测量经验，测量结果一般在 2.3～2.4 mg/kg 范围内，本实验流程对于市售各种腌制榨菜均适用。

7. 参考文献：

Barilero T, Deleuze A, Emond M, et al. Travaux pratiques de chimie, de l'expérience à l'interprétation[M]. France: éditions rue d'Ulm, 2013.

courbe d'étalonnage doit être ajustée selon la concentration d'ions nitrite de légumes en saumure.

V. Points de réflexion

(1) Quel est le rôle de la solution saturée de Borax?

(2) Quel est le rôle des solutions d'hexacyanoferrate (II) de potassium et d'éthanoate de zinc?

(3) Calculer la concentration des ions nitrite dans les légumes en saumure.

VI. Résultats et observations expérimentaux

Selon l'expérience, les résultats de mesure sont généralement compris entre 2,3 et 2,4 mg/kg. Ce protocole est applicable aux autres légumes en saumure disponibles dans le commerce.

VII. Référence

Barilero T, Deleuze A, Emond M, et al. Travaux pratiques de chimie, de l'expérience à l'interprétation[M]. France: éditions rue d'Ulm, 2013.

实验2Y2S5　自来水的分析

1. 实验介绍

实验所需时间：4小时。

实验难度：中。

危险等级：中。

通过本实验，我们将对自来水的总硬度，即水中钙离子和镁离子的总浓度，进行测定。其次我们还将对自来水中溶解的氧气含量进行测量。量取的精度和不确定度是本次实验需要关注的重点。

2. 实验试剂、仪器和材料

实验试剂：

试 剂 名 称	CAS No.	小组用量	备　注
EDTA	60-00-4	2.0 g	必备
0.02 mol·L^{-1}硫代硫酸钠溶液		50 mL	必备,需配制并给出标准不确定度
氯化锰	7773-01-5	1 g	必备
6 mol·L^{-1}硫酸		10 mL	必备,需配制
40 g·L^{-1}氢氧化钠溶液		5 mL	必备,需配制
铬黑T溶液		几滴	必备,需配制
pH = 10的氨水-氯化铵缓冲液		10 mL	必备,需配制

TP 2Y2S5   Analyse de l'eau

I. Introduction

Durée: 4 h.

Difficulté: moyenne.

Niveau de danger: moyen.

Nous mesurons la dureté totale de l'eau du robinet, c'est à dire la quantité d'ions calcium Ca^{2+} et d'ions magnésium Mg^{2+} contenue dans l'eau, puis la quantité de dioxygène dissous dans l'eau. On prendra particulièrement soin à la précision des mesures, et aux incertitudes.

II. Composés, équipements et matériel par équipe

Composés chimiques

Composé	CAS No.	Dose	Remarque
EDTA	60–00–4	2,0 g	nécessaire
0.02 mol $\cdot$ L^{-1} thiosulfate de sodium		50 mL	nécessaire, besoin de préparation et donner l'incertitude type
chlorure de manganèse	7773–01–5	1 g	nécessaire
acide sulfurique à 6 mol $\cdot$ L^{-1}		10 mL	nécessaire, besoin de préparation
soude NaOH à 40,0 g $\cdot$ L^{-1}		5 mL	nécessaire, besoin de préparation
solution aqueuse du Noir Ériochrome T		Quelques gouttes	nécessaire, besoin de préparation
tampon ammoniacal (NH_3 $\cdot$ NH_4Cl) pH = 10		10 mL	nécessaire, besoin de préparation

实验试剂：   （续表）

试 剂 名 称	CAS No.	小组用量	备 注
氢氧化钠	1310–73–2	0.5 g	必备
碘化钾	7681–11–0	1.5 g	必备
去离子水		500 mL	必备

公用仪器设备：

名 称	备 注
分析天平	必备

每小组所需玻璃仪器：

仪器名称	规 格	小组用量	仪器名称	规 格	小组用量
量筒	10 mL	3	容量移液管	50 mL	1
量筒	100 mL	1	烧杯	100 mL	1
容量瓶	100 mL	1	烧杯	250 mL	1
锥形瓶	100 mL	4	玻璃棒		1
滴定管	25 mL	2			

非玻璃仪器：磁力搅拌器、铁架台、蝴蝶夹、磁子、洗瓶。

其他消耗品：称量纸、一次性塑料滴管、封口膜。

3. 实验步骤

步骤1　EDTA溶液的配制

配制浓度为 $0.02 \ mol \cdot L^{-1}$ 的EDTA溶液S1：

a. 在250 mL烧杯中，精确称量0.8 g EDTA二水合钠盐溶解至50 mL水中，搅拌使其全部溶解。

Composés chimiques　　　　　　　　　　　　　　　　　　　**(suite)**

Composé	CAS No.	Dose	Remarque
pastilles de soude	1310–73–2	0,5 g	nécessaire
iodo de potassium	7681–11–0	1,5 g	nécessaire
eau déionisée		500 mL	nécessaire

Equipements collectifs

Equipement	Remarque
balance de précision	nécessaire

Verrerie par équipe

Verrerie	Taille	Nombre	Verrerie	Taille	Nombre
éprouvette graduée	10 mL	3	pipette jaugée	50 mL	1
éprouvette graduée	100 mL	1	bécher	100 mL	1
fiole jaugée	100 mL	1	bécher	250 mL	1
erlenmeyer	100 mL	4	baguette en verre		1
burette graduée	25 mL	2			

Matériel par équipe: agitateur magnétique, support en fer, pince à burette, barreau aimanté, pissette.

Consommables: papier de pesée, pipette Pasteur plastique, parafilm.

III. Manipulation

Etape 1　Préparation de la solution d'EDTA

Préparation de la solution S1 d'EDTA à 0,020 mol $\cdot$ L^{-1}:

a. Peser précisément environ 0,8 g d'éthylènediaminetétracétate (EDTA) disodique $Na_2H_2Y \cdot 2H_2O$ dans un bécher de 250 mL et dissoudre dans 50 mL d'eau distillée. Agiter jusqu'à dissolution du solide.

　　b. 当得到无色透明溶液后，将其转移至100 mL容量瓶中，并用去离子水定容。

　　步骤2　自来水中钙离子的测定

　　（1）测量自来水中的总硬度。

　　a. 将50 mL自来水加入至一个100 mL的锥形瓶中。

　　b. 加入5 mL的氨-氯化铵缓冲液。

　　c. 加入少量铬黑T显色剂。此时溶液呈粉红色。

　　d. 通过滴定管用溶液S1滴定自来水中的钙、镁离子，精确滴定终点，溶液颜色先变紫色，最终变为蓝色。

　　（2）测量自来水中的钙离子浓度。

　　a. 将50 mL自来水加入至一个100 mL的锥形瓶中。

　　b. 加入5 mL的40 g·L^{-1}的氢氧化钠溶液，搅拌均匀。

　　c. 加入的氨-氯化铵缓冲液5 mL。

　　d. 加入少量铬黑T显色剂。此时溶液呈粉红色。

　　e. 通过滴定管用溶液S1滴定其中的钙离子，精确滴定终点，溶液颜色先变紫色，最终变为蓝色。

水的硬度标准值参考（法国度）

法国度	1～7	7～15	15～30	30～40	>40
水	太软	软	有点硬	硬	太硬

　　步骤3　温克勒法测定水中溶解氧含量测定

　　（1）在100 mL锥形瓶中加入：磁子、大约0.5 g氢氧化钠和0.5 g氯化锰。

　　（2）将锥形瓶用封口膜封口后称量其总质量m_1。

　　（3）在锥形瓶中加入自来水至满并尽量用封口膜密封保证空气中的氧气不进去，再次称量此刻的质量m_2，由此，可以得到加入自来水的质量为$m = m_2-m_1$。

　　（4）将锥形瓶转移至磁力搅拌器搅拌30分钟，观察期间棕色沉淀的形成。

　　（5）打开封口膜，将烧杯中的固液混合物全部转移至250 mL的大烧杯中，然后迅速加入5 mL浓度为6 mol·L^{-1}的硫酸溶液并搅拌。

　　（6）加入1.5 g碘化钾固体，搅拌至溶液成黄色透明液体（所有的棕色沉淀

b. Lorsque la solution est limpide, la transvaser dans une fiole jaugée de 100,0 mL, et compléter jusqu'au trait de jauge avec de l'eau distillée.

Etape 2　Dosage des ions calcium de l'eau du robinet

(1) Mesure de la dureté totale de l'eau du robinet:

a. Verser 50,0 mL d'eau du robinet dans un erlenmyer de 100 mL.

b. Ajouter 5 mL de la solution tampon ammoniacal ($NH_3 \cdot NH_4Cl$).

c. Ajouter un peu de Noir Ériochrome T (NET). La solution devient rouge.

d. Réaliser le dosage des ions calcium Ca^{2+} et magnésium Mg^{2+} par la solution S1 à la goutte près, en utilisant une burette graduée. La solution devient bleue (en passant par le violet).

(2) Mesure de la concentration en ions calciums dans l'eau du robinet:

a. Verser 50,0 mL d'eau du robinet dans un erlenmyer de 100 mL.

b. Ajouter 5 mL de solution de soude NaOH à 40,0 $g \cdot L^{-1}$. Bien agiter.

c. Ajouter 5 mL de la solution tampon ammoniacal ($NH_3 \cdot NH_4Cl$).

d. Ajouter un peu de Noir Ériochrome T (NET). La solution devient rouge.

e. Réaliser le dosage des ions calcium Ca^{2+} par la solution S1 à la goutte près, en utilisant une burette graduée. La solution devient bleue (en passant par le violet).

Plages de valeur de titre hydrotimétrique (°fH)

GH(°fH)	1～7	7～15	15～30	30～40	>40
Eau	Très douce	Douce	Plutôt dure	Dure	Très dure

Etape 3　Dosage du dioxygène dissous par la méthode de Winkler

(1) Introduire dans un erlenmeyer de 100 mL: le barreau aimanté, environ 0,5 g de soude NaOH, et environ 0,5 g de chlorure de manganèse $MnCl_2$.

(2) Boucher l'erlenmeyer et mesurer la masse m_1 de l'ensemble.

(3) Remplir l'erlenmeyer avec de l'eau du robinet puis le boucher en évitant de maintenir de l'air à l'intérieur, puis mesurer la masse m_2 de l'ensemble. Ainsi, on obtient la masse $m = m_2 - m_1$ d'eau.

(4) Placer l'erlenmeyer sur l'agitateur magnétique et agiter pendant 30 min. On observe la formation d'un précipité brun.

(5) Déboucher l'erlenmeyer et transvaser tout son contenu dans le bécher de 250 mL. Puis ajouter rapidement 5,0 mL d'une solution d'acide sulfurique H_2SO_4 à 6 $mol \cdot L^{-1}$. Agiter.

(6) Ajouter 1,5 g d'iodure de potassium KI et agiter jusqu'à ce que la solution

消失为止）。

（7）量取50 mL黄色透明液体，并用0.02 mol·L^{-1}的硫代硫酸钠标准液滴定。

4. 实验注意事项

（1）氨-氯化铵缓冲液味道比较刺鼻，操作时务必在通风橱内操作。盛过氨-氯化铵缓冲液的容器最后应用大量自来水冲洗。

（2）氨-氯化铵缓冲液用于调节溶液pH值，使得EDTA发生配合反应。在缺乏缓冲液时，观察不到颜色的变化。注意检查pH值。

（3）0.02 mol·L^{-1}的硫代硫酸钠标准液需提前配制并连同标准不确定度一并提供。

（4）因地区自来水水质差别，如所测地区自来水中的镁离子浓度较低，用此方法可能无法检测到。

5. 思考题

（1）铬黑T的作用是什么？

（2）为什么要在滴定前加入氨-氯化铵缓冲液？

（3）在测量自来水中钙离子含量时，加入高浓度的氢氧化钠溶液的目的是什么？

（4）按以上流程测得的自来水中的含氧量会比实际值要高，为什么？提出优化方案。

6. 实验预期结果与现象

（1）根据各地自来水水质不同，测量结果具有较大差异。

（2）使用铬黑T为指示剂时，颜色由粉色，经紫色最后变为蓝色；在温克勒法中，溶液从黄色变为无色透明。

（3）在取可置信水平为95%时，得到自来水钙镁离子总浓度为(0.003 3 ±

soit de couleur jaune et limpide (le précipité brun doit disparaître).

(7) Prélever 50,0 mL de cette solution et la doser par la solution de thiosulfate à 0,020 mol $\cdot$ L^{-1}.

IV. Points d'attention

(1) Le tampon ammoniac-chlorure d'ammonium a une forte odeur, il faut manipuler sous une hotte. Le récipient contenant le tampon ammoniac-chlorure d'ammonium doit être rincé abondamment à l'eau du robinet à la fin du TP.

(2) Un tampon ammoniac-chlorure d'ammonium est utilisé pour ajuster le pH de la solution, afin que l'EDTA réagisse. Sans le tampon, on n'observe pas le changement de couleur. Vérifier le pH.

(3) La solution standard de thiosulfate de sodium à 0,02 mol par litre doit être préparée à l'avance et la concentration exacte fournie avec l'incertitude type.

(4) En raison de la différence de la qualité de l'eau du robinet, la concentration d'ions magnésium dans l'eau du robinet de la région mesurée est trop faible. Il est non détectable par cette méthode.

V. Points de réflexion

(1) Quel est le rôle du Noir Ériochrome T?

(2) Pourquoi ajouter un tampon ammoniac-chlorure d'ammonium avant le titrage?

(3) Quel est le but d'ajouter une solution d'hydroxyde de sodium à haute concentration lors de la mesure de la concentration en ions calciums dans l'eau du robinet?

(4) Pourquoi la concentration en oxygène dans l'eau du robinet mesurée par le processus ci-dessus est-elle supérieure à la valeur réelle? Proposer un plan d'optimisation.

VI. Résultats et observations expérimentaux

(1) Selon la qualité de l'eau du robinet de différentes régions, les résultats sont assez différents.

(2) Lors de l'utilisation du Noir Ériochrome T comme indicateur, la couleur passe du rose au bleu en passant par le violet; et dans la méthode de Winkler, la couleur de la solution passe finalement du jaune à l'incolore. La solution est transparente.

(3) En prenant le niveau de confiance à 95% , la concentration totale d'ions

0.001 3）mol · L^{-1}（硬度为33法国度），水中溶氧浓度为：（0.000 190 ± 0.000 004）mol · L^{-1}。

7. 参考文献

Mesplède J, Randon J. 100 manipulations de chimie[M]. France: Bréal, 2001.

calcium et magnésium dans l'eau du robinet est de 0,003 3 ± 0,001 3 mol · L^{-1} (TH = 33°fH) et la concentration d'oxygène dissous dans l'eau est de 0,000 190 ± 0,000 004 mol · L^{-1}.

VII. Référence

Mesplède J, Randon J. 100 manipulations de chimie[M]. France: Bréal, 2001.

实验3Y1S1 量热滴定

1. 实验介绍

实验所需时间：8小时。

实验难度：中。

危险等级：中。

磷酸，H_3PO_4，是一种用于酸化碱的三元酸。用 pH 计滴定法只能检测到磷酸的前两个酸度。本实验的目的是通过实验证明磷酸的第三个酸度的存在，并确定与其相关的每个酸碱滴定反应的反应焓 $\Delta_{(ti)}H$（i 为 $1\sim3$）。

量热仪是一个可以用来进行量热实验的几乎绝热的盒子。绝热通常由热的不良导体材料（发泡聚苯乙烯）或包含减压气体的双层壁来实现。热量计的外壁是不透明的，可以避免辐射进行的能量交换。

量热计盒子的材料有自己的热容量，可以通过热交换方式将部分物理化学系统的热能储存起来。

因此，必须确定量热仪自身的热容量，以校正量热法中热交换测量的偏差。

搅拌混合法

我们测量热平衡时的最终温度 T，即当温度稳定时的 T。搅拌有助于更快地达到热平衡，如下图所示。

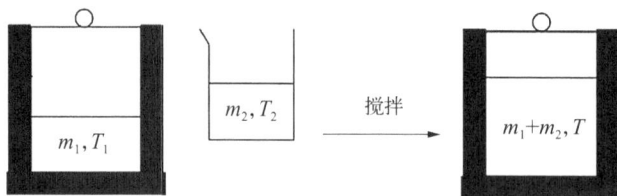

TP 3Y1S1   Titrage calorimétrique

I. Introduction

Durée: 8 h.

Difficulté: moyenne.

Niveau de danger: moyen.

L'acide phosphorique H_3PO_4 est un triacide utilisé pour acidifier les sodas. Le titrage pH-métrique de l'acide phosphorique H_3PO_4 ne permet de détecter que les 2 premières acidités du composé. L'objectif de cette expérience est de montrer expérimentalement l'existence de la troisième acidité de l'acide phosphorique H_3PO_4 et de déterminer l'enthalpie de réaction $\Delta_{(ti)}H$ associée à chaque réaction de titrage acide base (ti) avec $i = 1$ à 3.

Le calorimètre est une boite qui permet de réaliser des expériences de calorimétrie dans des conditions presque adiabatiques. L'isolation thermique est généralement assurée par des matières qui sont de mauvais conducteurs thermiques (polystyrène expansé) ou par une double paroi qui contient un gaz sous pression réduite. Les parois du calorimètre sont opaques pour éviter les échanges d'énergie par rayonnement.

La matière de la boite possède sa propre capacité thermique qui va stocker une partie de l'énergie thermique du système physico-chimique, par échange thermique.

Il est donc indispensable de déterminer la capacité thermique du calorimètre pour corriger les écarts de mesure de chaleur échangée en calorimétrie.

Méthode des mélanges

On mesure la température finale T à l'équilibre thermique, c'est à dire quand T est stable. L'agitation permet d'atteindre plus rapidement l'équilibre thermique voir.

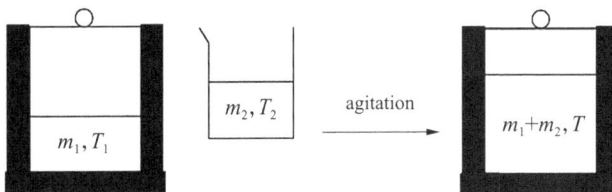

Méthode des mélanges

量热仪的热容量

量热仪的热容量由以下关系式得出：

$$C_{p(量热仪)} = \left(m_2 \frac{T-T_2}{T_1-T} - m_1 \right) C_{p,\,m(水)}$$

量热计水当量

当用水溶液工作时，量热计可以被认为是一定质量的虚构的水 $m_c = \dfrac{C_{p(量热仪)}}{C_{p,\,m(水)}}$。

2. 实验试剂、材料和仪器

实验试剂：

试 剂 名 称	CAS No.	小 组 用 量	备 注
磷酸（85%）	7664-38-2	2.5 g	必备
4 mol·L⁻¹ NaOH水溶液		50 ml	必备,需配制
邻苯二甲酸氢钾	877-24-7	2.0 g	必备
酚酞溶液		几滴	必备,需配置
去离子水		300 mL	必备

公用仪器设备：

名 称	备 注
分析天平	必备

Capacité thermique du calorimètre

La capacité thermique du calorimètre est donnée par la relation

$$C_{p(\text{calorimètre})} = \left(m_2 \frac{T-T_2}{T_1-T} - m_1 \right) C_{p,\ m(\text{eau})}$$

Valeur en eau du calorimètre

Quand on travaille avec des solutions aqueuses, on peut assimiler le calorimètre

à une masse d'eau fictive $m_c = \dfrac{C_{p(\text{calorimètre})}}{C_{p,\ m(\text{eau})}}$.

II. Composés, équipements et matériel par équipe

Composés chimiques

Composé	CAS No.	Dose	Remarque
acide phosphorique H_3PO_4 à 85%	7664–38–2	2,5 g	nécessaire
solution de soude $NaOH_{(aq)}$à 4 mol · L^{-1}		50 mL	nécessaire, besoin de préparation
hydrogénophtalate de potassium	877–24–7	2,0 g	nécessaire
phénolphtaléine solution		quelques gouttes	nécessaire, besoin de préparation
eau déionisée		300 mL	nécessaire

Equipements collectifs

Equipement	Remarque
balances de précision	nécessaire

每小组所需玻璃仪器：

仪器名称	规　格	小组用量	仪器名称	规　格	小组用量
烧杯	100 mL	1	量筒	10 mL	1
烧杯	250 mL	1	量筒	100 mL	1
滴定管	25 mL	1	锥形瓶	50 mL	2
玻璃棒		1			

非玻璃仪器：量热仪、数显温度计。

其他消耗品：一次性塑料滴管、称量纸。

3. 实验步骤

步骤1 量热仪热容量的测定

（1）测量室温水温度 T_2。

（2）在量热仪测量杯中准确称量大约50 g热的去离子水。

（3）准确称量大约70 g室温下的去离子水。

（4）测量在量热仪测量杯中的热水温度 T_1。

（5）将室温去离子水加入量热仪测量杯中并搅拌。

（6）测量混合物达到热平衡时的温度 T。

（7）计算量热仪的热容量和扩展不确定度（B类），取可置信水平95%。

（8）利用不同的温度差的去离子水重复以上实验，确定实验的最佳条件。

步骤2 氢氧化钠溶液的标定

（1）计算中和10 mL氢氧化钠溶液所需的邻苯二甲酸氢钾的质量。

（2）如果计算得到的质量超过克级，轻度稀释氢氧化钠溶液，让所需邻苯二甲酸氢钾的质量控制在0.1～1 g。

（3）如果所计算的质量小于0.1 g，增加被中和氢氧化钠溶液的体积，让所需邻苯二甲酸氢钾的质量控制在0.1～1 g。

（4）准确称量大约计算值的邻苯二甲酸氢钾。

（5）将所称量固体加入至锥形瓶中，并加入10 mL去离子水溶解。

Verrerie par équipe

Verrerie	Taille	Nombre	Verrerie	Taille	Nombre
bécher	100 mL	1	éprouvette graduée	10 mL	1
bécher	250 mL	1	éprouvette graduée	100 mL	1
burette graduée	25 mL	1	erlenmeyer	50 mL	2
baguette en verre		1			

Matériel par équipe: calorimètre, thermomètre numérique.

Consommables: pipette Pasteur plastique, papier de pesée.

III. Manipulation

Etape 1 Capacité thermique du calorimètre

(1) Mesurer la température T_2 de l'eau tempérée.

(2) Peser exactement environ 50 g d'eau déionisée chaude dans le récipient du calorimètre.

(3) Peser exactement environ 70 g d'eau déionisée à température ambiante.

(4) Mesurer la température T_1 de l'eau chaude dans le calorimètre.

(5) Verser l'eau tempérée dans le calorimètre et agiter.

(6) Mesurer la température T du mélange à l'équilibre thermique.

(7) Calculer la capacité thermique du calorimètre et son incertitude (type B) élargie à un niveau de confiance de 95%.

(8) Répéter l'expérience pour différents écarts de température, afin de déterminer les meilleures conditions expérimentales.

Etape 2 Étalonnage d'une solution de soude

(1) Calculer la masse de $C_8H_5O_4K_{(s)}$ nécessaire pour neutraliser 10 mL de solution de soude $NaOH_{(aq)}$.

(2) Si la masse calculée dépasse le gramme, diluer soigneusement la solution de soude pour encadrer le résultat entre 0,1 et 1 g.

(3) Si la masse calculée est inférieure au décigramme, augmenter le volume de solution de soude à neutraliser pour encadrer le résultat entre 0,1 et 1 g.

(4) Peser exactement environ la masse de $C_8H_5O_4K_{(s)}$ calculée.

(5) Introduire le solide dans un erlenmeyer et ajouter 10 mL d'eau déionisée pour le dissoudre.

（6）加入几滴颜色指示剂。

（7）将氢氧化钠溶液加入至25 mL的滴定管中。

（8）快速的加入所计算达到平衡时所需体积（＜2 mL）的氢氧化钠溶液。

（9）逐滴加入氢氧化钠溶液直至指示剂变色。

（10）重复实验一次。

（11）计算初始浓度C_0的值。

（12）计算氢氧化钠溶液的初始浓度C_0和其扩展不确定度（A类），取可置信水平为95%。

步骤3 用量热滴定测定磷酸浓度

（1）准确称量大约2.5 g质量分数为85%的磷酸。

（2）称量量热仪测量杯的质量。

（3）小心地将磷酸加入至测量杯中，后加入80 mL去离子水。

（4）准确称量此时测量杯的质量，记为m_0。

（5）将测量杯放入量热仪中。

（6）测量被滴定溶液热平衡时的初始温度T_0。

（7）用滴定管加入0.5 mL标准液，搅拌，并测量混合物在热平衡后的温度。

（8）以一个非常规律的节奏继续保持以上滴定操作（加入0.5 mL标准液、搅拌，然后测温）直至滴定体积为25 mL。

（9）用科学电子表格作出滴定体积与温度之间的曲线。

（10）对曲线$T=f(V)$进行建模并定义交叉点对应的体积和温度值（V_i, T_i）。

（11）计算酸碱反应反应焓和其不确定度（B类），取置信水平95%。

4. 实验注意事项

（1）在定义量热仪热容量步骤中，温度T_1的取值取决于量热仪本身的优劣（尽量避免使用太高的T_1值）。

（2）在温度测量中，测量不确定度相比其他测量占比更高（质量，滴定终点体积）。它取决于温度计的精度，更取决于量热仪的好坏。因此，需要综合评定

(6) Ajouter quelques gouttes d'indicateur coloré.

(7) Verser la solution de soude dans une burette graduée de 25 mL.

(8) Ajouter rapidement ($V_{eq} - 2$ mL) de solution de soude.

(9) Ajouter goutte à goutte la solution de soude jusqu'au virage de l'indicateur coloré.

(10) Renouveler l'expérience une seconde fois.

(11) Calculer la concentration C_0.

(12) Calculer la concentration C_0 de la solution de $NaOH_{(aq)}$ et son incertitude (type A) élargie à un niveau de confiance de 95%.

Etape 3   Dosage de l'acide phosphorique par titrage calorimétrique

(1) Peser exactement environ 2,5 g d'acide phosphorique H_3PO_4 à 85%.

(2) Tarer le récipient du calorimètre.

(3) Introduire soigneusement l'acide phosphorique H_3PO_4 dans le récipient du calorimètre puis compléter avec environ 80 mL d'eau déionisée.

(4) Peser exactement la masse m_0 de la solution à titrer.

(5) Placer l'ensemble dans le calorimètre.

(6) Mesurer la température initiale T_0 de la solution à titrer, à l'équilibre thermique.

(7) Ajouter 0,5 mL de solution titrante avec la burette graduée, agiter puis mesurer la température du mélange, à l'équilibre thermique.

(8) Continuer le titrage de la même manière (verser 0,5 mL, agiter puis mesurer T) avec un tempo très régulier. Poursuivre le titrage jusqu'à $V = 25$ mL.

(9) Tracer la courbe globale $T = f(V)$ à l'aide d'un tableur scientifique.

(10) Modéliser les portions de courbe $T = f(V)$ et déterminer les coordonées (V_i, T_i) des intersections entre les droite-modèle.

(11) Calculer les enthalpies de réaction $\Delta_{(ti)}H$ et leur incertitude (type B) élargie à un niveau de confiance de 95%.

IV. Points d'attention

(1) Le choix des températures T_1 pour la détermination de la capacité thermique du calorimètre dépend de la qualité du calorimètre utilisé (éviter de prendre T_1 trop grand).

(2) La contribution de l'incertitude sur la mesure de température est prépondérante comparée aux incertitudes sur les autres mesures (masse, volume équivalent). Elle dépend de la précision du thermomètre mais surtout de la qualité du calorimètre. Il faut évaluer l'incertitude $u(T)$ pour le couple [thermomètre +

温度计和量热仪总体的不确定度。

　　3.滴定操作需要快捷、规律以保证热量的损失少。

5. 思考题

　　（1）讨论温度差 $\Delta T = T_1 - T_2$ 值的选择及其对结果精度的影响。

　　（2）讨论3个滴定反应是同时反应还是连续反应，是部分反应还是完全反应。

　　（3）讨论在3个滴定曲线处理时建模区域的选择。

6. 实验预期结果与现象

　　（1）$C_{pc} = 43$ J/K；$u(C_{pc}) = 5$ J/K

　　（2）$\Delta_{t1}H = 59$ kJ/mol；$u(\Delta_{t1}H) = 3$ kJ/mol

　　　　$\Delta_{t2}H = 49$ kJ/mol；$u(\Delta_{t2}H) = 4$ kJ/mol

　　　　$\Delta_{t3}H = 23$ kJ/mol；$u(\Delta_{t3}H) = 6$ kJ/mol

　　定义 $\Delta_{t3}H$ 的值比较困难，因为它是部分反应。

7. 参考文献

Barthel J, Thermometric titrations[M]. France: Wiley Interscience, 1975.

calorimètre].

3. Le titrage doit être fait assez vite et régulièrement pour contrôler les pertes de chaleur.

V. Points de réflexion

(1) Discuter le choix de la valeur de $\Delta T = T_1 - T_2$ et les conséquences sur la précision des résultats.

(2) Discuter le caractère partiel / quantitatif; simultané / successif des 3 réactions de titrage.

(3) Discuter le choix des domaines de modélisation pendant le traitement de la courbe de titrage pour les 3 titrages.

VI. Résultats et observations expérimentaux

(1) C_{pc} = 43 J/K; $u(C_{pc})$ = 5 J/K

(2) $\Delta_{t1}H$ = 59 kJ/mol; $u(\Delta_{t1}H)$ = 3 kJ/mol

$\quad \Delta_{t2}H$ = 49 kJ/mol; $u(\Delta_{t2}H)$ = 4 kJ/mol

$\quad \Delta_{t3}H$ = 23 kJ/mol; $u(\Delta_{t3}H)$ = 6 kJ/mol

La détermination de $\Delta_{t3}H$ est difficile car la réaction est partielle.

VII. Référence

Barthel J, Thermometric titrations[M]. France: Wiley Interscience, 1975.

实验3Y1S2　卡尼扎罗反应：苯甲醛的歧化

1. 实验介绍

实验所需时间：8小时。

实验难度：难。

危险等级：高。

有机化学中，为了能够合成目标化合物，需要仔细选择实验条件，例如反应物的比例和催化剂的添加、溶剂和浓度、温度和反应时间。为了获得具有较高产率的纯化合物，还需要进行一些"合成后处理"步骤。因此，我们需要非常仔细地研究和实施这些后处理步骤。本实验的目的是选择不同的实验条件，然后进行苯甲醛歧化反应的合成和后处理：

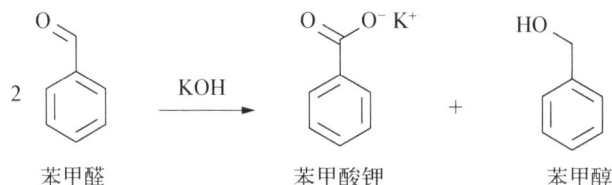

| 苯甲醛 | | 苯甲酸钾 | 苯甲醇 |

2. 实验试剂、仪器和材料

实验试剂：

试 剂 名 称	CAS No.	小组用量	备　注
氢氧化钾	1310-58-3	9 g	必备
苯甲醛	100-52-7	10 mL	必备

TP 3Y1S2　Réaction de Cannizzaro-dismutation du benzaldéhyde

I. Introduction

Durée: 8 h.

Difficulté: difficile.

Niveau de danger: élevé.

Une synthèse réussie en chimie organique nécessite de bien choisir les conditions expérimentales pour former le composé souhaité: proportions des réactifs et ajout d'un catalyseur, solvant et concentrations, température et temps de réaction. L'ensemble de ces choix ne suffit pas pour obtenir un composé pur avec un bon rendement. Les étapes de «Travail Après Synthèse» sont déterminantes. Il faut donc les élaborer et les réaliser avec le plus grand soin. L'objectif de ce TP est de choisir les conditions expérimentales puis de réaliser la synthèse et le Work Up de la dismutation de benzaldéhyde:

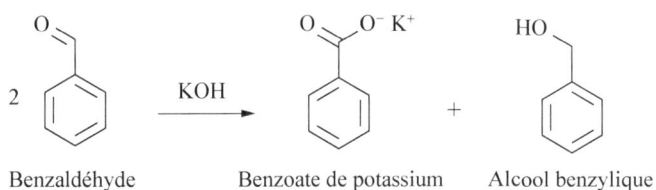

Benzaldéhyde　　　　Benzoate de potassium　　Alcool benzylique

II. Composés, équipements et matériel par équipe

Composés chimiques

Composé	CAS No.	Dose	Remarque
hydroxyde de potassium	1310–58–3	9 g	nécessaire
benzaldéhyde	100–52–7	10 mL	nécessaire

实验试剂：　　　　　　　　　　　　　　　　　　　　　　　　　　（续表）

试 剂 名 称	CAS No.	小组用量	备　注
饱和氯化钠水溶液		40 mL	必备,需配制
环己烷	110-82-7	40 mL	必备
10%碳酸氢钠水溶液		20 mL	必备,需配制
无水硫酸钠	7757-82-6	5 g	必备
2 mol·L^{-1}硫酸氢钠水溶液		50 mL	必备,需配制
去离子水		100 mL	必备,需配制
冰			必备,需准备

公用仪器设备：

名　称	备　注	名　称	备　注
旋转蒸发仪	必备	紫外灯	必备
分析天平	必备	熔点仪	可选

每小组所需玻璃仪器：

仪器名称	规　格	小组用量	仪器名称	规　格	小组用量
磨口样品瓶	100 mL	1	抽滤瓶	125 mL	1
容量移液管	10 mL	1	布氏漏斗		1
量筒	10 mL	3	烧杯	100 mL	2
量筒	25 mL	2	三角玻璃漏斗		1
量筒	50 mL	1	玻璃棒		1

Composés chimiques

(suite)

Composé	CAS No.	Dose	Remarque
solution saturée de NaCl		40 mL	nécessaire, besoin de préparation
cyclohexane	110–82–7	40 mL	nécessaire
solution aqueuse de $NaHCO_3$ à 10%		20 mL	nécessaire, besoin de préparation
sulfate de sodium anhydre	7757–82–6	5 g	nécessaire
solution aqueuse de $NaHSO_4$ à $2 \ mol \cdot L^{-1}$		50 mL	nécessaire, besoin de préparation
eau déionisée		100 mL	nécessaire
glace			nécessaire

Equipements collectifs

Equipement	Remarque	Equipement	Remarque
évaporateur rotatif	nécessaire	lampe UV	nécessaire
balance de précision	nécessaire	appareil à point de fusion	optionnel

Verrerie par équipe

Verrerie	Taille	Nombre	Verrerie	Taille	Nombre
flacon rodé	100 mL	1	fiole à vide	125 mL	1
pipette jaugée	10 mL	1	entonnoir Buchner		1
éprouvette graduée	10 mL	3	bécher	100 mL	2
éprouvette graduée	25 mL	2	entonnoir à liquide		1
éprouvette graduée	50 mL	1	baguette en verre		1

每小组所需玻璃仪器：

仪器名称	规　格	小组用量	仪器名称	规　格	小组用量
分液漏斗	125 mL	1	烧瓶	100 mL	1
锥形瓶	100 mL	4	展开槽		1

非玻璃仪器：真空泵、铁架台、三爪铁夹、磁力加热搅拌器、升降台、药匙、磁子。

其他消耗品：pH试纸、棉花、薄层色谱硅胶板、一次性塑料滴管、滤纸、毛细点样管。

3. 实验步骤

步骤1　反应与分离

（1）称量8.8 g氢氧化钾固体至一个含盖的容器中。

（2）用容量移液管量取10 mL苯甲醛加入其中。

（3）用量筒量取10 mL去离子水加入。

（4）关上容器的盖子然后充分混合。

（5）让其在室温下反应48小时。

（6）用量筒量取20 mL饱和氯化钠水溶液并加入反应液中。

（7）用玻璃棒小心搅拌使其混合。

（8）将混合物转移至洗涤干净的分液漏斗中。

（9）用20 mL环己烷洗涤烧瓶并加入分液漏斗中。

（10）用萃取操作将水相中的第一个产物转移至有机相中。

（11）用20 mL环己烷再萃取一次水相中的第一个产物。

（12）将两次萃取的有机相2×20 mL混合至一个干净、干燥的锥形瓶中。

步骤2　中和、干燥有机相

（1）将有机相加入至洗涤过的分液漏斗中。

（2）用碳酸氢钠水溶液洗涤有机相两次，每次10 mL，及时排气用以排除生成的二氧化碳。

（3）用10 mL饱和食盐水洗涤有机相一次。利用pH试纸验证水相的pH为中性。在必要时重复此步骤。

（4）将有机相转移至干净并干燥的锥形瓶中。

Verrerie par équipe　　　　　　　　　　　　　　　　　　　　　　　**(suite)**

Verrerie	Taille	Nombre	Verrerie	Taille	Nombre
ampoule à décanter	125 mL	1	ballon	100 mL	1
erlenmeyer	100 mL	4	cuve de CCM		1

Matériel par équipe: pompe à vide, support en fer, pince 3 doigts, agitateur magnétique, support élévateur, spatule, barreau aimanté.

Consommables: papier pH, coton, plaques de CCM, pipette Pasteur plastique, papier de filtration, tube capillaire.

III. Manipulation

Etape 1　Réaction et séparation

(1) Peser 8,8 g de KOH dans un récipient muni d'un bouchon.

(2) Introduire 10,0 mL de benzaldéhyde (pipette jaugée).

(3) Ajouter 10 mL d'eau (éprouvette graduée).

(4) Fermer le récipient et agiter vigoureusement.

(5) Laisser à température ambiante pendant 48 h.

(6) Ajouter 20 mL de solution saturée en NaCl (éprouvette graduée) au mélange réactionnel.

(7) Mélanger soigneusement avec une baguette en verre.

(8) Verser le mélange dans une ampoule à décanter lavée.

(9) Rincer le récipient avec 20 mL de cyclohexane puis verser dans l'ampoule à décanter.

(10) Extraire le 1er composé présent de la phase aqueuse vers la phase organique.

(11) Extraire à nouveau le 1er composé présent dans la phase aqueuse avec 20 mL de cyclohexane.

(12) Rassembler les 2×20 mL de phase organique dans un erlenmeyer propre et sec.

Etape 2　Neutralisation et séchage de la phase organique

(1) Verser la phase organique dans l'ampoule à décanter lavée.

(2) Laver la phase organique avec 2×10 mL de solution aqueuse de $NaHCO_3$. Dégazer régulièrement pour évacuer le CO_2 formé.

(3) Laver la phase organique avec 10mL de solution aqueuse saturée en NaCl. Avec du papier pH, vérifier que la phase aqueuse est neutre. Renouveler cette étape si nécessaire.

(4) Verser la phase organique dans un erlenmeyer propre et sec.

（5）用无水硫酸钠干燥有机相。

（6）将有机相过滤至干净、干燥、预先称量好的烧瓶中。

（7）在薄层层析板上点板分析，展开剂：环己烷/乙酸乙酯（1/1，v/v）。

（8）用旋转蒸发仪除去溶剂。

步骤3　沉淀水相中的产物

（1）将水相转移至一个锥形瓶中。

（2）缓慢地加入50 mL硫酸氢钠溶液，并不断搅拌。

（3）用pH试纸测量溶液的pH值。

（4）如果pH值大于2，加入5 mL的硫酸氢钠溶液并不断搅拌，并测量其pH值。

（5）如果pH值小于2，减压过滤形成的固体。

（6）并用两次5 mL的冷水洗涤固体。

（7）用两张滤纸过滤，后在空气中干燥。

（8）将需要重结晶的固体转移至锥形瓶中。

（9）用最小体积的去离子水将固体覆盖。

（10）加热、不断搅拌至水沸腾。

（11）如果产物没有全部溶解，加入1 mL的水，并搅拌、加热至沸腾。重复以上步骤至产物全部溶解。

（12）将得到的溶液冷却至室温并观察重结晶过程。

（13）用冰水混合物冷却溶液。

（14）减压过滤结晶得到的固体。

（15）用2次5 mL的冷水洗涤固体。

（16）将得到的固体放在两片滤纸中间用真空泵抽干水分，之后在空气中干燥。

4. 实验注意事项

（1）水相和有机相的处理需要较长时间，可以在两次实验课程内完成。

（2）在加入硫酸氢钠水溶液步骤中，引发的是放热反应，存在腐蚀性液体飞溅的风险。

（3）重结晶过程可以在加热板上进行，因为溶剂是水（不易燃）。

5. 思考题

（1）讨论溶剂的选择（用于溶解所用反应物，也用于分离形成的产物）、溶剂

(5) Sécher la phase organique avec Na_2SO_4 anhydre.

(6) Filtrer la phase organique dans un ballon propre, sec et taré.

(7) Faire un dépôt de la solution organique sur une plaque de CCM, éluant cyclohexane / éthanoate d'éthyle (1/1, v/v).

(8) Éliminer le solvant à l'évaporateur rotatif.

Etape 3   Précipitation du composé présent dans la phase aqueuse

(1) Verser la phase aqueuse dans un erlenmeyer.

(2) Ajouter lentement 50 mL de solution de $NaHSO_4$ et agiter régulièrement.

(3) Vérifier le pH de la solution avec du papier pH.

(4) Si pH > 2, ajouter 5 mL de solution de $NaHSO_4$ et agiter régulièrement; vérifier le pH.

(5) Si pH < 2, filtrer le solide formé sous aspiration.

(6) Laver le solide avec 2×5 mL d'eau froide.

(7) Essorer le solide entre 2 feuilles de papier filtre et laisser sécher à l'air.

(8) Introduire le solide à recristalliser dans un erlenmeyer.

(9) Recouvrir le solide avec le minimum d'eau déionisée.

(10) Porter à ébullition sur la plaque chauffante, en agitant régulièrement.

(11) Si le composé n'est pas complètement dissout, ajouter une portion de 1 mL d'eau et porter à ébullition en agitant. Renouveler les ajouts jusqu'à dissolution complète du solide.

(12) Refroidir la solution à température ambiante et observer la recristallisation.

(13) Refroidir la solution dans un mélange eau/glace.

(14) Essorer le solide recristallisé sous aspiration.

(15) Laver le solide avec 2×5 mL d'eau froide.

(16) Sécher le solide entre 2 feuilles de papier filtre et laisser sécher à l'air.

IV. Points d'attention

(1) Le traitement de la phase aqueuse et organique prend du temps, il est possible de le faire en 2 séances de TP.

(2) Lors de l'addition de la solution de $NaHSO_4$, la réaction provoquée est exothermique, il y a des risques de projection de solution corrosive.

(3) Recristallisation sur plaque chauffante car le solvant utilisé est l'eau (non inflammable).

V. Points de réflexion

(1) Discuter le choix du solvant (pour dissoudre les réactifs utilisés mais aussi

体积的选择（基于化合物的溶解度和反应动力学）、反应温度的选择（优化操作流程）。

（2）讨论苯甲酸的沉淀条件。

（3）讨论苯甲醇产率低的原因。

6. 实验预期结果与现象

（1）在有机相中获得约1.5 g苯甲醇（产率约28%）。

（2）在水相中获得约5.0 g苯甲酸（产率约80%）。

（3）苯甲醇（粗）分析显示含有苯甲醛残留物。重结晶后的苯甲酸纯度令人满意。

7. 参考文献

Chavanne M. Chimie organique expérimentale[M]. France: Belin, 1999.

pour séparer les produits formés), le volume de solvant (solubilité des composés, cinétique de réaction), le choix de la température de réaction (optimisation du procédé).

(2) Discuter les conditions de précipitation de l'acide benzoïque.

(3) Discuter le faible rendement obtenu pour l'alcool benzylique.

VI. Résultats et observations expérimentaux

(1) On obtient environ 1,5 g d'alcool benzylique ($r \sim 28\%$) dans la phase organique.

(2) On obtient environ 5,0 g d'acide benzoïque ($r \sim 80\%$) dans la phase aqueuse.

(3) L'analyse de l'alcool benzylique (brut) montre un résidu de benzaldéhyde. La pureté de l'acide benzoïque est satisfaisante après recristallisation.

VII. Référence

Chavanne M. Chimie organique expérimentale[M]. France: Belin, 1999.

实验3Y1S3　克莱森-施密特反应: 醛酮缩合反应

1. 实验介绍

实验所需时间: 4小时。

实验难度: 中。

危险等级: 中。

丙酮是一种在结构上对称的酮, 在碱性介质中与苯甲醛反应可产生一个或两个醛酮缩合反应:

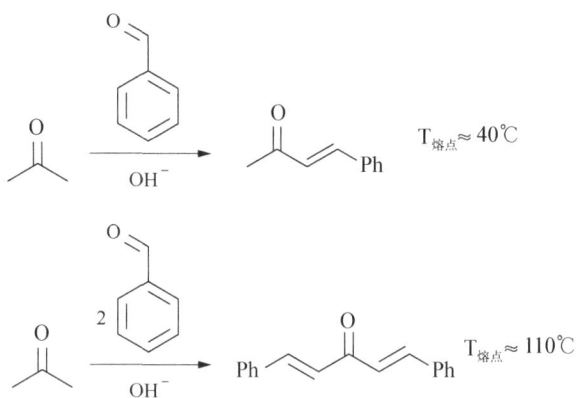

在本实验中, 我们将改变两种反应物的化学计量比例, 以尝试将合成引向单或双醛酮缩合反应。

TP 3Y1S3   Réaction de Claisen Schmidt: Aldolisation – Crotonisation

I. Introduction

Durée: 4 h.

Difficulté: moyenne.

Niveau de danger: moyen.

La propanone est une cétone symétrique qui peut conduire à une simple ou double séquence d'aldolisation-crotonisation en présence de benzaldéhyde et en milieu basique:

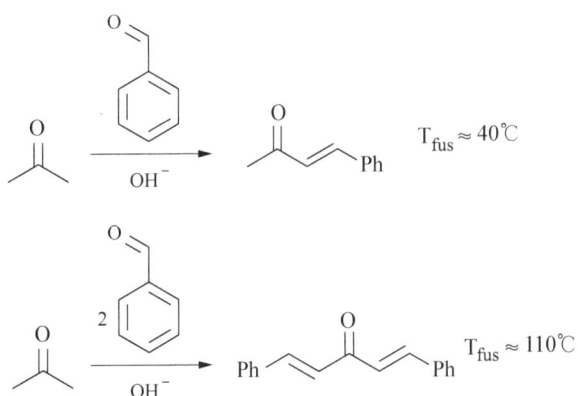

Dans cette expérience, nous allons modifier les proportions stœchiométriques du mélange réactionnel pour tenter de diriger la synthèse vers une simple ou une double séquence d'aldolisation – crotonisation.

2. 实验试剂、仪器和材料

实验试剂：

试 剂 名 称	CAS No.	小组用量	备 注
丙酮	67-64-1	2 mL	必备
苯甲醛	100-52-7	4 mL	必备
氢氧化钠	1310-73-2	5 g	必备
乙醇	110-82-7	100 mL	必备
去离子水		100 mL	必备
冰			必备,需准备

公用仪器设备：

名 称	备 注	名 称	备 注
台秤	必备	熔点仪	可选

每小组所需玻璃仪器：

仪器名称	规 格	小组用量	仪器名称	规 格	小组用量
锥形瓶	100 mL	4	量筒	25 mL	2
量筒	10 mL	2	抽滤瓶	125 mL	2
玻璃棒		1	烧结漏斗		2
烧杯	500 mL	1			

非玻璃仪器：真空泵、铁架台、三爪铁夹、药匙、磁子、热风枪。

II. Composés, équipements et matériel par équipe

Composés chimiques

Composé	CAS No.	Dose	Remarque
propanone	67–64–1	2 mL	nécessaire
benzaldéhyde	100–52–7	4 mL	nécessaire
hydroxyde de sodium	1310–73–2	5 g	nécessaire
ethanol	110–82–7	100 mL	nécessaire
eau déionisée		100 mL	nécessaire
glace			nécessaire, besoin de préparation

Equipements collectifs

Equipement	Remarque	Equipement	Remarque
balance	nécessaire	appareil à point de fusion	optionnel

Verrerie par équipe

Verrerie	Taille	Nombre	Verrerie	Taille	Nombre
erlenmeyer	100 mL	4	éprouvette graduée	25 mL	2
éprouvette graduée	10 mL	2	fiole à vide	125 mL	2
baguette en verre		1	entonnoir en verre		2
bécher	500 mL	1			

Matériel par équipe: pompe à vide, support en fer, pince 3 doigts, spatule, barreau aimanté, décapeur thermique.

其他消耗品：一次性塑料滴管、滤纸、一次性注射器（2 mL 和 1 mL）。

3. 实验步骤

步骤1 合成（在更改反应物化学计量比的情况下进行两次合成操作）

（1）在一个干净的 100 mL 锥形瓶中准备以下配比的碱性溶液：25 mL 去离子水、20 mL 乙醇和 2.5 g 的氢氧化钠。

（2）用自来水冷却以上碱性溶液。

（3）按下表所示，用注射器在以上溶液中分别加入两种反应物：

	苯甲醛/mL	丙酮/mL
实验 1	1.3	0.9
实验 2	2.6	0.9

（4）在室温下搅拌反应 15 分钟。

（5）将形成的固体用烧结漏斗过滤。

（6）用两次 10 mL 去离子水对固体进行洗涤。

（7）将固体用滤纸吸干并放置在空气中继续干燥 15 分钟。

（8）在重结晶前称量得到固体的质量。

步骤2 在乙醇中重结晶每个产物

（1）将得到的固体转移至干燥的 100 mL 锥形瓶中。

（2）将锥形瓶用三爪铁夹固定在铁架台上。

（3）用 10 mL 乙醇将锥形瓶中的固体润湿。

（4）用热风枪加热使乙醇沸腾。

（5）如果此时固体没有完全溶解，加入 5 mL 的乙醇再次加热到沸点。重复此步骤直至所有的固体溶解。

（6）让乙醇溶液自然冷却至室温，并观察重结晶现象。

（7）用自来水冷却乙醇溶液。

（8）将形成的固体用烧结漏斗过滤。

（9）用 5 mL 乙醇洗涤固体。

（10）让固体在抽滤状态下干燥 10 分钟。

Consommables: pipette Pasteur plastique, papier de filtration, seringue (2 mL et 1 mL).

III. Manipulation

Etape 1　Synthèse (à réaliser 2 fois, en modifiant les proportions stœchiométriques)

(1) Préparer dans un erlenmeyer propre de 100 mL une solution basique contenant 25 mL d'eau déionisée, 20 mL d'éthanol et 2,5 g de soude NaOH.

(2) Refroidir la solution avec l'eau du robinet.

(3) Ajouter avec les seringues fournies les volumes de réactifs indiqués ci-dessous:

	Benzaldéhyde (mL)	Propanone (mL)
Expérience 1	1,3	0,9
Expérience 2	2,6	0,9

(4) Agiter à température ambiante pendant 15 minutes.

(5) Essorer le solide formé sur entonnoir en verre fritté propre.

(6) Laver le solide avec 2×10 mL d'eau déionisée.

(7) Sécher le produit avec du papier filtre puis laisser sécher 15 minutes à l'air.

(8) Peser le produit formé avant recristallisation.

Etape 2　Recristallisation de chaque produit dans l'éthanol

(1) Introduire le solide à recristalliser dans un erlenmeyer de 100 mL propre et sec.

(2) Fixer l'erlenmeyer avec une pince 3 doigts.

(3) Mouiller le solide avec 10 mL d'éthanol.

(4) Porter à ébullition en chauffant doucement avec le décapeur thermique.

(5) Si le produit n'est pas complètement dissous, ajouter une portion de 5 mL d'éthanol et porter à ébullition à nouveau. Renouveler les ajouts jusqu'à dissolution complète du solide.

(6) Refroidir la solution à température ambiante et observer la recristallisation.

(7) Refroidir la solution avec l'eau du robinet.

(8) Essorer le solide recristallisé sur entonnoir fritté propre et sec.

(9) Laver le solide avec 5 mL d'éthanol.

(10) Sécher le produit sous aspiration pendant 10 minutes.

（11）称量重结晶后的产物。

（12）测量重结晶后产物的熔点。

4. 实验注意事项

（1）乙醇是一种有毒的、易燃的重结晶溶剂。因此，重结晶操作务必在通风橱下进行，且不能用加热磁力搅拌器加热。一般我们选择沙浴或者热风枪来进行加热操作。

（2）如果终产物未经充分的洗涤（在碱性环境下），那么在重结晶步骤中，加热会造成产物分解（棕色物）。

5. 思考题

（1）讨论如何确定形成产物的结构，并确定反应的化学计量和最大进程，最后确定反应产率。

（2）讨论重结晶溶剂的选择。

6. 实验预期结果与现象

（1）对于两种反应物的化学计量分别为 1∶1 和 1∶2 的 2 个实验，当化学计量为 1∶2 时，得到"双"缩合产物（产物熔点为 110℃）。

（2）当化学计量为 1∶1 时，获得约 2 g 粗产物，重结晶产物为 1.0 g（产率约为 70%）。

（3）当化学计量为 1∶2 时，获得 5 g 粗产物，重结晶产物为 2.0 g（产率约为 70%）。

7. 参考文献

Hawbecker B L, Kurtz D W, Putnam T D, et al. Aldol condensation: A simple teaching model for organic laboratory[J]. *Journal of Chemical Education*, 1978, 55(8), 540.

(11) Peser le produit recristallisé.

(12) Mesurer le point de fusion du produit recristallisé.

IV. Points d'attention

(1) L'éthanol est un solvant de recristallisation toxique et très inflammable. Travailler sous la sorbonne et ne pas utiliser une plaque chauffante pendant la manipulation de recristallisation. On utilisera plutôt un bain de sable chaud ou un décapeur thermique.

(2) Si le produit de réaction n'est pas bien rincé (milieu basique), il se dégrade au moment de la recristallisation (couleur marron).

V. Points de réflexion

(1) Il faut d'abord identifier le produit formé, puis déterminer la stoechiométrie de la réaction et l'avancement maximum et enfin le rendement de la réaction.

(2) Discuter le choix du solvant de recristallisation.

VI. Résultats et observations expérimentaux

(1) Pour les 2 expériences 1 ： 1 et 1 ： 2, la stoechiométrie expérimentale est 1 ： 2 et on obtient le produit «double» ($T_{fus} = 110°C$).

(2) Pour l'expérience 1 ： 1, on obtient environ 2 g de produit brut puis 1,0 g de produit recristallisé ($r \sim 70\%$).

(3) Pour l'expérience 1 ： 2, on obtient environ 5 g de produit brut puis 2,0 g de produit recristallisé ($r \sim 70\%$).

VII. Référence

Hawbecker B L, Kurtz D W, Putnam T D, et al. Aldol condensation: A simple teaching model for organic laboratory[J]. *Journal of Chemical Education*, 1978, 55(8), 540.

实验3Y1S4　有机镁的相关合成

1. 实验介绍

实验所需时间：5小时。

实验难度：难。

危险等级：高。

有机金属配合物是指含有至少一个碳-金属（C—M）键的物质。在这些配合物中，有机镁（M为Mg）试剂在合成化学中被广泛使用。其合成是在严格无水条件下，利用醚类溶剂（乙醚或THF）作为介质进行的。溶剂在有机镁配合物的合成中起着非常重要的作用：

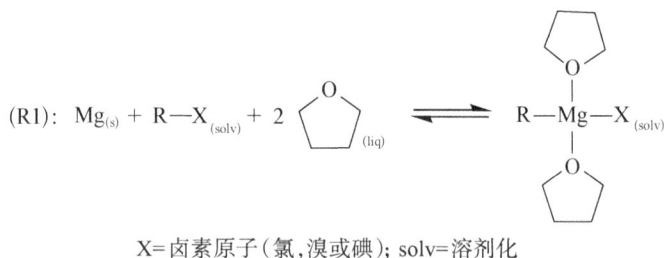

$$(R1): \quad Mg_{(s)} + R{-}X_{(solv)} + 2 \text{ (THF)}_{(liq)} \rightleftharpoons R{-}Mg{-}X_{(solv)}$$

X=卤素原子（氯，溴或碘）；solv=溶剂化

本实验的目的是利用有机镁试剂在无水实验条件下合成一个季醇：

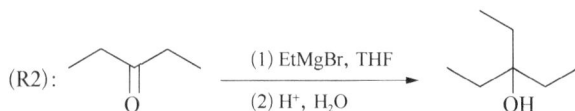

$$(R2): \quad \xrightarrow[\text{(2) H}^+,\text{ H}_2\text{O}]{\text{(1) EtMgBr, THF}}$$

TP 3Y1S4 Synthèse organomagnésienne

I. Introduction

Durée: 5 h.

Difficulté: difficile.

Niveau de danger: élevé.

Les complexes organométalliques sont des constituants qui possèdent au moins une liaison carbone–métal C—M. Parmi ces complexes, les organomagnésiens (M = Mg) sont très souvent utilisés en synthèse organique. La synthèse est réalisée dans des conditions anhydres strictes en milieu éther (éther diéthylique ou THF). Le solvant a un rôle très important dans la synthèse du complexe organomagnésien:

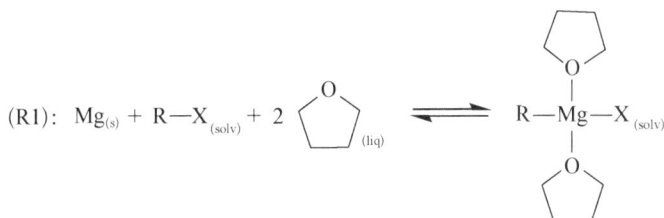

$(R1):$ $Mg_{(s)}$ + R—X$_{(solv)}$ + 2 (THF)$_{(liq)}$ ⇌ R—Mg—X$_{(solv)}$

X est un atome d'halogène (Cl, Br ou I); (solv) = solvaté

L'objectif de ce TP est de respecter les conditions expérimentales anhydres de la synthèse organomagnésienne pour former un alcool tertiaire:

$(R2):$

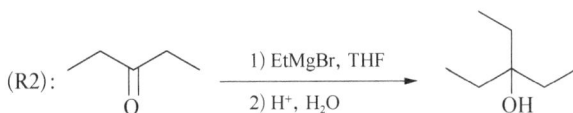

1) EtMgBr, THF
2) H⁺, H₂O

2. 实验试剂、仪器和材料

实验试剂：

试剂名称	CAS No.	小组用量	备注
3-戊酮	96-22-0	6 mL	必备
溴化乙基镁	925-90-6	20 mL	必备
四氢呋喃	109-99-9	10 mL	必备
2 mol·L^{-1}硫酸氢钠水溶液		40 mL	必备,需配制
无水氯化钙	10043-52-4	5 g	必备
环己烷	110-82-7	20 mL	必备
乙醇	110-82-7	5 mL	必备
碳酸氢钠	144-55-8	1 g	必备
无水硫酸镁	7487-88-9	2 g	必备
去离子水		10 mL	必备
冰			必备,需准备

公用仪器设备：

名　称	备　注	名　称	备　注
分析天平	必备	折光仪	可选
旋转蒸发仪	必备	鼓风烘箱	必备

II. Composés, équipements et matériel par équipe

Composés chimiques

Composé	CAS No.	Dose	Remarque
pentan-3-one	96–22–0	6 mL	nécessaire
bromure d'éthylmagnésium	925–90–6	20 mL	nécessaire
THF	109–99–9	10 mL	nécessaire
solution aqueuse NaHSO$_4$ à 2 mol $\cdot$ L^{-1}		40 mL	nécessaire, besoin de préparation
dichlorure de calcium anhydre	10043–52–4	5 g	nécessaire
cyclohexane	110–82–7	20 mL	nécessaire
éthanol	110–82–7	5 mL	nécessaire
bicarbonate de sodium	144–55–8	1 g	nécessaire
sulfate de magnésium anhydre	7487–88–9	2 g	nécessaire
eau déionisée		10 mL	nécessaire
glace			nécessaire, besoin de préparation

Equipements collectifs

Equipement	Remarque	Equipement	Remarque
balance de precision	nécessaire	réfractomètre	optionnel
évaporateur rotatif	nécessaire	étuve	nécessaire

每小组所需玻璃仪器：

仪器名称	规　格	小组用量	仪器名称	规　格	小组用量
三口烧瓶	250 mL	1	球形冷凝管		1
加料漏斗	100 mL	1	干燥管		1
分液漏斗	125 mL	1	量筒	25 mL	1
量筒	10 mL	1	锥形瓶	100 mL	2
锥形瓶	50 mL	2	烧杯	100 mL	3
三角玻璃漏斗		1	结晶皿	230 mm	1
直型冷凝管		1	单口烧瓶	100 mL	1
刺型蒸馏管	短	1	蒸馏头		1
温度计套管		1	接液管		1

非玻璃仪器：机械搅拌器、药匙、热风枪、温度计、烧瓶接口夹、烧瓶托、升降台、加热套、橡胶水管、铁架台、两爪铁夹、四爪铁夹、铁圈。

其他消耗品：一次性塑料滴管、滤纸、棉花。

3. 实验步骤

步骤1 实验装置的搭建

（1）将干净、干燥的玻璃仪器从烘箱中取出。切勿让玻璃仪器与水接触。

（2）将所有玻璃仪器进行组装。

（3）确定机械搅拌杆可以顺畅地转动。

（4）将加料漏斗上的聚四氟乙烯阀进行安装，并确定其处于关闭位置。

（5）请老师确认实验装置。

步骤2 有机镁和3-戊酮之间的反应

（1）加入20 mL的有机镁溶液（由教师操作）。

Verrerie par équipe

Verrerie	Taille	Nombre	Verrerie	Taille	Nombre
ballon tricol	250 mL	1	réfrigérant à boule		1
ampoule d'addition	100 mL	1	tube de garde		1
ampoule à décanter	125 mL	1	éprouvette graduée	25 mL	1
éprouvette graduée	10 mL	1	erlenmeyer	100 mL	2
erlenmeyer	50 mL	2	bécher	100 mL	3
entonnoir à liquide		1	cristallisoir	230 mm	1
réfrigérant droit		1	ballon monocol	100 mL	1
colonne vigreux	courte	1	tête à distiller		1
adaptateur pour thermomètre		1	allonge coudée		1

Matériel par équipe: agitateur mécanique, spatule, décapeur thermique, thermomètre, clip, valet, support élévateur, chauffe ballon, tuyau en caoutchouc, support en fer, pince 2 doigts, pince 4 doigts, anneau de fer.

Consommables: pipette Pasteur plastique, papier filtre, coton.

III. Manipulation

Etape 1　Assemblage du montage anhydre

(1) Sortir la verrerie propre et sèche de l'étuve. Ne pas mettre en contact avec l'eau.

(2) Assembler le montage expérimental.

(3) Vérifier que l'hélice d'agitation tourne facilement.

(4) Remettre en place le robinet en téflon et vérifier qu'il est en position FERMÉ.

(5) Faire valider le montage expérimental par le professeur.

Etape 2　Réaction entre l'organomagnésien et la pentan-3-one

(1) Ajouter 20 mL de solution de EtMgBr (réalisé par le professeur).

（2）用干净、干燥的量筒将6 mL 3-戊酮加入加料漏斗中（旋塞关闭）。

（3）使用同一个量筒将10 mL无水四氢呋喃转移至加料漏斗中（旋塞关闭）。

（4）轻轻摇动加料漏斗，使3-戊酮溶液均匀。

（5）打开中速机械搅拌。

（6）将3-戊酮溶液缓慢滴加入烧瓶。

（7）定期用手检查温度。

（8）用装满冰水的结晶器冷却烧瓶（如有必要）。

（9）在3-戊酮溶液加完后，继续保持搅拌15分钟。

步骤3   醇镁的水解

（1）拆下 $CaCl_2$ 干燥管，并及时放入烘箱中。

（2）将25 mL $NaHSO_4$ 水溶液（2 mol·L^{-1}）加入加料漏斗中（旋塞关闭）。

（3）开启机械搅拌，高速模式。

（4）同时，用装满冰水的结晶器冷却烧瓶。

（5）打开加料漏斗旋塞，将 $NaHSO_4$ 水溶液缓慢滴加入烧瓶中。

（6）将10 mL去离子水快速加入烧瓶中。

（7）搅拌至全部凝胶溶解（约15分钟）。

步骤4   产物醇的分离

（1）将烧瓶内容物转移至分液漏斗中（旋塞关闭）。

（2）加入15 mL $NaHSO_4$ 水溶液（2 mol·L^{-1}）（旋塞关闭）。

（3）将有机相分离至锥形瓶中。

（4）用2×10 mL环己烷萃取水相。

（5）收集有机相。

（6）用无水 $MgSO_4$ 干燥有机相。

（7）加入半药匙无水 $NaHCO_3$ 固体。

（8）将有机相过滤到干净、干燥、预称重的烧瓶中。

（9）用旋转蒸发器除去溶剂。

（10）称量粗产品质量。

步骤5   产物的分析及纯化

（1）测量粗产品的折射率。

（2）搭建分馏装置。

(2) Verser 6 mL de pentan-3-one à l'aide d'une éprouvette graduée propre et sèche dans l'ampoule d'addition (robinet fermé).

(3) Verser 10 mL de THF anhydre à l'aide de la même éprouvette graduée non lavée dans l'ampoule d'addition (robinet fermé).

(4) Agiter doucement l'ampoule pour homogénéiser la solution de pentan-3-one.

(5) Allumer l'agitation mécanique à vitesse moyenne.

(6) Verser lentement (goutte à goutte) la solution de pentan-3-one dans le ballon.

(7) Vérifier régulièrement la température avec la main.

(8) Refroidir (si besoin) le ballon avec un cristallisoir rempli d'eau glacée.

(9) Agiter encore pendant 15 minutes après la fin de l'ajout de la solution de pentan-3-one.

Etape 3　Hydrolyse de l'alcoolate de magnésium formé

(1) Retirer le tube de garde CaCl$_2$. Le remettre immédiatement dans l'étuve.

(2) Verser 25 mL de solution aqueuse NaHSO$_4$ (2 mol $\cdot$ L^{-1}) dans l'ampoule d'addition (robinet fermé).

(3) Agiter à vitesse élevée.

(4) Refroidir le ballon avec un cristallisoir rempli d'eau glacée.

(5) Verser lentement (goutte à goutte) la solution acide dans le ballon.

(6) Verser rapidement 10 mL d'eau déionisée.

(7) Agiter jusqu'à dissolution du gel (environ 15 minutes).

Etape 4　Séparation de l'alcool

(1) Verser le contenu du ballon dans l'ampoule à décanter (robinet fermé).

(2) Verser 15 mL de solution aqueuse NaHSO$_4$ (2 mol $\cdot$ L^{-1}) dans l'ampoule à décanter (robinet fermé).

(3) Extraire puis séparer la phase organique dans un erlenmeyer.

(4) Extraire la phase aqueuse avec 2×10 mL de cyclohexane.

(5) Rassembler les phases organiques.

(6) Sécher la phase organique avec MgSO$_4$ anhydre.

(7) Ajouter une demi-spatule de NaHCO$_3$ anhydre.

(8) Filtrer la phase organique dans un ballon propre, sec et taré.

(9) Éliminer le solvant à l'évaporateur rotatif.

(10) Peser le brut réactionnel obtenu.

Etape 5　Analyse et purification

(1) Mesurer l'indice de réfraction du composé brut.

(2) Réaliser le montage de distillation fractionnée.

（3）将产物重蒸到一个干净、干燥、预称重的锥形瓶中。

（4）称量重蒸后的产物质量。

（5）测量重蒸后产品的折光率。

4. 实验注意事项

（1）应将干净的玻璃器皿在实验开始前12小时放入烘箱。在实验室没有烘箱的情况下，可以用热风枪干燥组件（在干燥时移除聚四氟乙烯阀和$CaCl_2$干燥管）。

（2）注意取用玻璃器皿时烘箱的温度，戴上棉质手套以防烧伤。

（3）应快速组装干燥的玻璃器皿并关闭系统，以避免潮湿空气进入。

（4）乙醚较适合此合成，因为它与水不混溶（易于提取）。

5. 思考题

（1）解释醚类溶剂在有机镁合成中的不同作用。

（2）观察向有机镁试剂中添加酮时的热效应。

6. 实验预期结果与现象

（1）本实验可以获得约6.0 g的粗产物和2.0 g蒸馏产物（产率约30%）。

（2）测量的折射率证实预期产物的形成。

7. 参考文献

Rheinholdt H. Fifty years of the Grignard reaction[J]. *Journal of Chemical Education*, 1950, 27(9), 476.

(3) Distiller l'alcool dans un erlenmeyer propre, sec et taré.

(4) Peser l'alcool distillé.

(5) Mesurer l'indice de réfraction de l'alcool distillé.

IV. Points d'attention

(1) La verrerie propre doit être placée à l'étuve 12 h avant le début de l'expérience. En l'absence d'étuve au laboratoire, il est possible de sécher le montage avec un décapeur thermique (bien retirer le robinet téflon et les tubes de gardes $CaCl_2$ au moment du séchage).

(2) Attention la température de la verrerie à la sortie de l'étuve: porter des gants thermiques pour se protéger des brûlures.

(3) La verrerie sèche doit être assemblée/fermée très rapidement pour éviter d'introduire de l'air humide dans le montage.

(4) Le diethyléther est plus adapté pour cette synthèse car non miscible avec l'eau (extraction facilitée).

V. Points de réflexion

(1) Expliquer les différents rôles du solvant étheroxyde dans la synthèse organomagnésienne.

(2) Observer les effets thermiques lors de l'addition de la cétone sur RMgX.

VI. Résultats et observations expérimentaux

(1) On obtient environ 6,0 g de produit brut et 2,0 g de produit distillé ($r{\sim}30\%$).

(2) L'indice de réfraction mesuré confirme la formation du produit attendu.

VII. Référence

Rheinholdt H. Fifty years of the Grignard reaction[J]. *Journal of Chemical Education*, 1950, 27(9), 476.

实验3Y2S1　酯化反应

1. 实验介绍

实验所需时间：5小时。

实验难度：中。

危险等级：中。

成熟水果的气味来自一类具有6～8个碳的酯类化合物。例如以下含有7个碳的酯类因与某些水果具有相同的气味，而作为人造香精被广泛地应用于食品工业中：

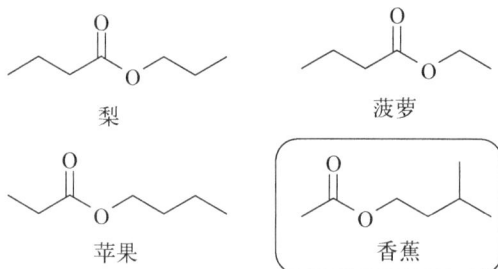

梨　　　　　　　　　　菠萝

苹果　　　　　　　　　香蕉

本实验将利用Dean Stark装置，在异戊醇、乙酸和对甲苯磺酸（APTS）条件下，回流环己烷合成乙酸异戊酯（香蕉酯）：

TP 3Y2S1   Estérification

I. Introduction

Durée: 5 h.

Difficulté: moyenne.

Niveau de danger: moyen.

L'odeur des fruits mûrs provient d'une famille d'ester possédant 6 à 8 atomes de carbone. Des esters à 7 atomes de carbone ont la même odeur que certains fruits et sont beaucoup utilisés par l'industrie agroalimentaire comme arôme artificiel:

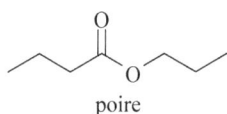

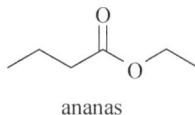

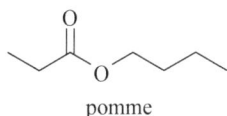

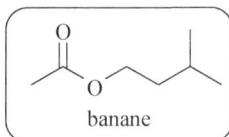

poire

ananas

pomme

banane

On réalise la synthèse de l'acétate d'isoamyle (arôme de banane) par réaction entre l'alcool isoamylique et l'acide acétique en présence d'Acide ParaToluène Sulfonique (APTS) dans le cyclohexane à reflux dans un appareil de Dean Stark:

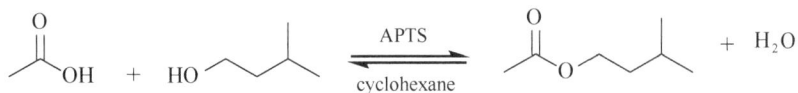

2. 实验试剂、仪器和材料

实验试剂：

试 剂 名 称	CAS No.	小 组 用 量	备 注
乙酸	64-19-7	13 mL	必备
异戊醇	123-51-3	20 mL	必备
环己烷	110-82-7	45 mL	必备
对甲苯磺酸	104-15-4	0.24 g	必备
分子筛	12173-28-3	3 粒	必备
饱和氯化钠水溶液		20 mL	必备,需配制
10%碳酸氢钠水溶液		30 mL	必备,需配制
无水硫酸钠	7757-82-6	5 g	必备

公用仪器设备：

名 称	备 注	名 称	备 注
天平	必备	折射仪	可选
旋转蒸发仪	必备		

每小组所需玻璃仪器：

仪器名称	规 格	小组用量	仪器名称	规 格	小组用量
双颈烧瓶	250 mL	1	球形冷凝管		1
Dean Stark 分水器		1	分液漏斗	250 mL	1

II. Composés, équipements et matériel par équipe

Composés chimiques

Composé	CAS No.	Dose	Remarque
acide éthanoïque	64–19–7	13 mL	nécessaire
alcool isoamylique	123–51–3	20 mL	nécessaire
cyclohexane	110–82–7	45 mL	nécessaire
acide para-toluenesulfonique	104–15–4	0,24 g	nécessaire
tamis moléculaire	12173–28–3	3 grains	nécessaire
solution saturée de NaCl		20 mL	nécessaire, besoin de préparation
solution aqueuse de NaHCO$_3$ à 10%		30 mL	nécessaire, besoin de préparation
sulfate de sodium anhydre	7757–82–6	5 g	nécessaire

Equipements collectifs

Equipement	Remarque	Equipement	Remarque
balance de précision	nécessaire	réfractomètre	optionnel
évaporateur rotatif	nécessaire		

Verrerie par équipe

Verrerie	Taille	Nombre	Verrerie	Taille	Nombre
ballon bicol	250 mL	1	réfrigérant à boule		1
appareil de Dean Stark	100 mL	1	ampoule à décanter	250 mL	1

每小组所需玻璃仪器： (续表)

仪器名称	规　格	小组用量	仪器名称	规　格	小组用量
锥形瓶	100 mL	3	锥形瓶	50 mL	3
量筒	50 mL	1	量筒	25 mL	2
三角玻璃漏斗		1	单口烧瓶	100 mL	1
直型冷凝管		1	蒸馏头		1
刺型蒸馏管	短	1	接液管		1
温度计套管		1			

非玻璃仪器：烧瓶接口夹、烧瓶托、升降台、加热套、橡胶水管、两爪铁夹、四爪铁夹、铁架台、铁圈、温度计、药匙。

其他消耗品：一次性塑料滴管、棉花、真空硅脂。

3. 实验步骤

步骤1　酯化反应

（1）搭建 Dean Stark 装置。

（2）在双颈烧瓶中加入13 mL乙酸、20 mL异戊醇和45 mL环己烷。

（3）加入0.24 g对甲苯磺酸和3粒分子筛。

（4）用环己烷填充 Dean Stark 装置的侧管，直到溢出。

（5）重新安装加热套并加热至回流。

（6）当侧管中的水量不再增加时表示反应完成。

（7）在干净、干燥、预称重的锥形瓶中称量形成的水的质量。

（8）冷却反应混合物。

步骤2　分离

（1）将反应混合物转移至分液漏斗中。

（2）用20 mL饱和NaCl水溶液萃取有机相。

（3）用 2×15 mL NaHCO$_3$水溶液（10%）中和有机相。

（4）用Na$_2$SO$_4$干燥有机相。

Verrerie par équipe　　　　　　　　　　　　　　　　　　　　　　　　　　**(suite)**

Verrerie	**Taille**	**Nombre**	**Verrerie**	**Taille**	**Nombre**
erlenmeyer	100 mL	3	erlenmeyer	50 mL	3
éprouvette graduée	10 mL	1	éprouvette graduée	25 mL	2
entonnoir à liquide		1	ballon monocol	100 mL	1
réfrigérant droit		1	tête à distiller		1
colonne vigreux	courte	1	allonge coudée		1
adaptateur pour thermomètre		1			

Matériel par équipe: clips, valet, support élévateur, chauffe ballon, tuyau en caoutchouc, pince 2 doigts, pince 4 doigts, support en fer, anneau en fer, thermomètre, spatule.

Consommables: pipette Pasteur plastique, coton, graisse.

III. Manipulation

Etape 1　Estérification

(1) Réaliser le montage de Dean Stark.

(2) Ajouter 13 mL d'acide éthanoïque, 20 mL d'alcool isoamylique et 45 mL de cyclohexane dans le ballon bicol.

(3) Ajouter 0,24 g d'APTS et 3 grains de tamis moléculaire.

(4) Remplir le tube latéral de l'appareil de Dean Stark avec du cyclohexane jusqu'à débordement.

(5) Remettre en place le chauffe ballon et chauffer à reflux.

(6) La réaction est terminée quand le volume d'eau n'augmente plus dans le tube latéral.

(7) Peser l'eau dans un erlenmeyer propre, sec et taré.

(8) Refroidir le mélange réactionnel.

Etape 2　Séparation

(1) Verser le mélange réactionnel dans une ampoule à décanter lavée.

(2) Extraire la phase organique avec 20 mL de solution aqueuse saturée en NaCl.

(3) Neutraliser la phase organique avec 2×15 mL de solution aqueuse $NaHCO_3$ (10%).

(4) Sécher la phase organique avec Na_2SO_4 anhydre.

步骤3　纯化（有机相干燥时组装）

（1）搭建分馏装置。

（2）将有机相过滤至干净的单口烧瓶中，并加入3粒分子筛。

（3）重新安装加热套并逐渐加热。

（4）去除溶剂。

（5）收集馏分，记录蒸馏温度并称重。

（6）称量（冷态）蒸馏残渣。

分析

（1）测量蒸馏馏分和蒸馏残渣的折射率。

（2）将一小片纸浸泡在蒸馏馏分2中，并闻一闻。

（3）处理有机废物。

4. 实验注意事项

（1）装置搭建前，需确认使用的所有玻璃仪器均是干净且干燥的。如果需要可以用无水乙醇润洗再干燥。

（2）有时会出现忘记添加某一种反应物的情况。如果忘记添加的是APTS，反应将会非常缓慢，反应现象可以很好地证明催化剂作用。

（3）在Dean Stark装置的侧管中收集到的水可以帮助证明反应正在进行。

（4）不要测量含有环己烷馏分的混合物的折射率。

5. 思考题

（1）思考Dean Stark装置中溶剂的性质（密度、混溶性、沸点）。

（2）分析含酯馏分并将纯馏分合并以计算产率。

6. 实验预期结果与现象

（1）获得约17 g粗产物和11 g纯产物（产率约为50%）。

（2）测量折射率以证实预期产物的形成。

7. 参考文献

Le Maréchal J-F, Barbe R. La chimie expérimentale 2[M]. France: Dunod, 2007.

Etape 3　Purification (faire le montage pendant le séchage de la phase organique)

(1) Réaliser le montage de distillation fractionnée.

(2) Filtrer la phase organique dans le ballon et ajouter 3 grains de tamis moléculaire.

(3) Remettre en place le chauffe ballon et chauffer progressivement.

(4) Eliminer le solvant.

(5) Recueillir les fractions de distillation. Noter la température de distillation et peser.

(6) Peser (à froid) le résidu de distillation.

Analyse

(1) Mesurer l'indice de réfraction de fraction de distillation et du résidu de distillation.

(2) Tremper un petit morceau de papier dans la fraction de distillation No.2 et sentir.

(3) Traiter les déchets organiques.

IV. Points d'attention

(1) Avant l'assemblage du montage, vérifier que la verrerie est propre et sèche. Si besoin, la rincer à l'éthanol puis sécher.

(2) Un constituant du mélange réactionnel peut être oublié parfois. L'oubli d'ajout d'APTS est l'occasion de montrer que la réaction est très lente en l'absence de catalyseur.

(3) La formation de l'eau dans le tube latéral permet de voir la réaction chimique en cours.

(4) Ne pas mesurer l'indice de réfraction de la fraction qui contient le cyclohexane.

V. Points de réflexion

(1) Réfléchir aux propriétés du solvant dans le montage Dean Stark (densité, miscibilité, température d'ébullition).

(2) Analyser les fractions d'ester et combiner celles qui sont pures pour le calcul du rendement.

VI. Résultats et observations expérimentaux

(1) On obtient environ 17 g de produit brut et 11 g de produit pur ($r \sim 50\%$).

(2) L'indice de réfraction mesuré confirme la formation du produit attendu.

VII. Référence

Le Maréchal J-F, Barbe R. La chimie expérimentale 2[M]. France: Dunod, 2007.

实验3Y2S2　炔烃的水合反应

1. 实验介绍

实验所需时间：5小时。

实验难度：难。

危险等级：高。

烯烃和炔烃是含电子密度较高的化合物，它们可以参与加成反应。在水和催化剂存在下，可以观察到水合反应的发生（即水分子的加入）。该反应具有区域选择性，可以形成"马尔科夫尼科夫"化合物。在炔烃水合反应时，可以观察到烯醇转化为酮的互变异构现象：

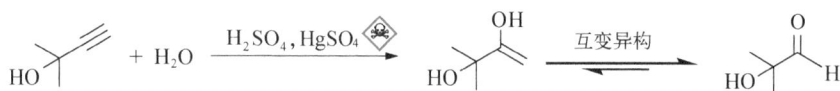

用于该合成的催化剂，硫酸汞 $HgSO_4$，是一种剧毒物质。共沸蒸馏首先将目标产物从含有 Hg^{2+} 离子的反应混合液中进行分离。减压蒸馏最终可以纯化目标产物。在这个实验中，我们需要非常小心地处理含有 Hg^{2+} 的废弃物。

2. 实验试剂、仪器和材料

实验试剂：

试 剂 名 称	CAS No.	小组用量	备 注
硫酸汞酸溶液（浓度为 40 mmol·L^{-1} 的硫酸汞在 2 mol·L^{-1} 的硫酸氢钠溶液中）		30 mL	必备，需配制
2-甲基-3-丁炔-2-醇	115-19-5	7 mL	必备

TP 3Y2S2 Hydratation d'un alcyne

I. Introduction

Durée: 5 h.

Difficulté: difficile.

Niveau de danger: élevé.

Les alcènes et les alcynes sont des composés riches en densité électronique. Ils peuvent intervenir dans des réactions d'addition. En présence d'eau et de catalyseur, on observe une réaction d'hydratation (= addition d'eau). Cette réaction est régiosélective et permet de former le composé «Markovnikov». Dans le cas particulier de l'hydratation d'un alcyne, on observe une tautomérie qui transforme l'énol en cétone:

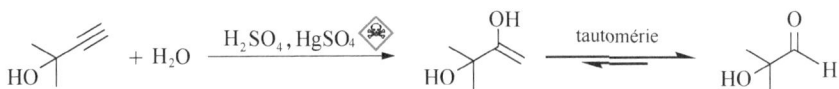

Le catalyseur utilisé pour cette synthèse est le sulfate de mercure $HgSO_4$, composé très toxique. Une distillation azéotropique permet d'abord de séparer le composé formé du mélange réactionnel qui contient les ions Hg^{2+}. Une distillation sous pression réduite permet enfin de purifier le composé formé. On fera très attention au traitement des déchets contenant Hg^{2+}.

II. Composés, équipements et matériel par équipe

Composés chimiques

Composé	CAS No.	Dose	Remarque
solution acide de $HgSO_4$ (40 mmol/L dans $2\ mol \cdot L^{-1}$ $NaHSO_4$ solution)		30 mL	nécessaire, besoin de préparation
2-Methylbut-3-yn-2-ol	115–19–5	7 mL	nécessaire

实验试剂：   （续表）

试 剂 名 称	CAS No.	小组用量	备 注
无水碳酸钾	584-08-7	25 g	必备
二氯甲烷	75-09-2	20 mL	必备
无水硫酸钠	7757-82-6	5 g	必备

公用仪器设备：

名 称	备 注	名 称	备 注
台秤	必备	旋转蒸发仪	必备

每小组所需玻璃仪器：

仪器名称	规 格	小组用量	仪器名称	规 格	小组用量
三颈烧瓶	100 mL	1	加料漏斗	50 mL	1
锥形瓶	100 mL	2	分液漏斗	125 mL	1
量筒	10 mL	2	三角玻璃漏斗		1
量筒	25 mL	1	单口烧瓶	100 mL	2
量筒	50 mL	1	蒸馏头		1
直型冷凝管		1	接液管		1
球形冷凝管		1	温度计套管		1
刺型蒸馏管	短	1			

非玻璃仪器：烧瓶接口夹、烧瓶托、升降台、加热套、橡胶水管、两爪铁夹、四爪铁夹、铁架台、铁圈、温度计、药匙、真空泵。

其他消耗品：一次性塑料滴管、棉花、真空硅脂。

Composés chimiques   (suite)

Composé	CAS No.	Dose	Remarque
carbonate de potassium	584–08–7	25 g	nécessaire
dichlorométhane	75–09–2	20 mL	nécessaire
sulfate de sodium anhydre	7757–82–6	5 g	nécessaire

Equipements collectifs

Equipement	Remarque	Equipement	Remarque
balance	nécessaire	évaporateur rotatif	nécessaire

Verrerie par équipe

Verrerie	Taille	Nombre	Verrerie	Taille	Nombre
ballon tricol	100 mL	1	ampoule d'addition	50 mL	1
erlenmeyer	100 mL	2	ampoule à décanter	125 mL	1
éprouvette graduée	10 mL	2	entonnoir à liquide		1
éprouvette graduée	25 mL	1	ballon monocol	100 mL	2
éprouvette graduée	50 mL	1	tête à distiller		1
réfrigérant droit		1	allonge coudée		1
réfrigérant à boule		1	adaptateur pour thermomètre		1
colonne vigreux	courte	1			

Matériel par équipe: clips, valet, support élévateur, chauffe ballon, tuyau en caoutchouc, pince 2 doigts, pince 4 doigts, support en fer, anneau en fer, thermomètre, spatule, pompe à vide.

Consommables: pipette Pasteur plastique, coton, graisse.

3. 实验步骤

步骤1 3-羟基-3-甲基丁烷-2-酮的合成

（1）将30 mL HgSO₄酸溶液倒入三颈烧瓶中。

（2）安装温度计、球形冷却器和加料漏斗。

（3）将7 mL炔烃反应物倒入加料漏斗（旋阀关闭）。

（4）在磁力搅拌下将反应混合物加热至50℃。

（5）向反应混合物中加入3.5 mL炔烃反应物。

（6）加热至回流，然后在磁力搅拌下冷却至50℃。

（7）向反应混合物中加入3.5 mL炔烃反应物。

（8）在磁力搅拌下保持回流15分钟。

步骤2 3-羟基-3-甲基丁烷-2-酮的分离

（1）冷却反应混合物。

（2）向反应混合物中加入10 mL去离子水。

（3）将反应混合物转移到单颈烧瓶中。

（4）用15 mL去离子水冲洗三颈烧瓶。

（5）组装分馏装置。

（6）由教师验证分馏装置。

（7）蒸馏出30 mL共沸混合物。注意记录蒸馏温度。

（8）用25 g K₂CO₃中和馏分。

（9）小心地将馏分倒入分液漏斗中（旋阀关闭）。

（10）用10 mL二氯甲烷萃取馏分两次。

（11）在干净干燥的锥形烧瓶中回收有机相。

（12）用无水硫酸钠干燥有机相。

（13）将有机相过滤至清洁、干燥和预称重的单颈烧瓶中。

（14）在旋转蒸发仪上除去有机溶剂。

（15）称量获得的粗产物质量。

4. 实验注意事项

（1）HgSO₄溶液虽然浓度非常低，但必须非常小心地处理。每次操作后均需仔细检查手套和工作区的清洁度。含Hg²⁺的废物（溶液＋接触玻璃器皿的第

III. Manipulation

Etape 1　Synthèse de la 3-hydroxy-3-méthylbutan-2-one:

(1) Verser dans un ballon tricol 30 mL de solution acide de $HgSO_4$.

(2) Adapter le thermomètre, le réfrigérant à boules et l'ampoule d'addition.

(3) Verser 7 mL d'alcyne dans l'ampoule de coulée (robinet fermé).

(4) Chauffer le mélange réactionnel à 50°C, sous agitation magnétique.

(5) Ajouter 3,5 mL d'alcyne dans le mélange réactionnel.

(6) Porter à reflux puis laisser refroidir à 50°C, sous agitation magnétique.

(7) Ajouter 3,5 mL d'alcyne dans le mélange réactionnel.

(8) Porter à reflux pendant 15 minutes, sous agitation magnétique.

Etape 2　Séparation de la 3-hydroxy-3-méthylbutan-2-one

(1) Refroidir le mélange réactionnel.

(2) Ajouter 10 mL d'eau déionisée dans le mélange réactionnel.

(3) Transvaser le mélange réactionnel dans un ballon monocol.

(4) Rincer le ballon tricol avec 15 mL d'eau déionisée.

(5) Réaliser le montage de distillation fractionnée.

(6) Faire valider le montage par le professeur.

(7) Distiller 30 mL de mélange azéotrope. Noter les températures de distillation.

(8) Neutraliser le distillat avec 25g de K_2CO_3.

(9) Transvaser soigneusement le distillat dans une ampoule à décanter (robinet fermé).

(10) Extraire le distillat avec 2 fois 10 mL de CH_2Cl_2.

(11) Récupérer la phase organique dans un erlenmeyer propre et sec.

(12) Sécher la phase organique avec Na_2SO_4 anhydre.

(13) Filtrer la phase organique dans un ballon monocol propre, sec et taré.

(14) Évaporer le solvant organique à l'évaporateur rotatif.

(15) Peser le composé brut obtenu.

IV. Points d'attention

(1) La solution de $HgSO_4$ est très diluée mais elle doit être manipulée avec la plus grande précaution. Contrôler la propreté des gants et de l'espace de travail après chaque manipulation. Bien insister sur le traitement à part des déchets contenant

一次冲洗液）必须坚持单独处理。

　　（2）反应温度通过调节加热套和烧瓶的接触多少来控制（升高或降低加热套操作实现）。

　　（3）需要正确识别分液漏斗中的有机相和水相。

5. 思考题

　　（1）写出炔烃水合两种产物的结构。

　　（2）解释萃取前进行的共沸蒸馏的作用。

　　（3）观察催化过程中的颜色变化。

6. 实验预期结果与现象

　　（1）获得约5.0 g粗产物（产率约70%）。

　　（2）粗产物的折射率一般高于参考值（+0.002），通过减压重蒸操作可以改善测量的折射率。

7. 参考文献

Mesplède J, Randon J. 100 manipulations de chimie générale et analytique[M]. France: Bréal, 2004.

Hg^{2+} (solutions + 1er rinçage de la verrerie en contact).

(2) Le contrôle de la température est assuré par le contact avec le chauffe ballon (lever ou baisser le chauffe ballon).

(3) Bien identifier les phases organique et aqueuse dans l'ampoule à décanter.

V. Points de réflexion

(1) Représenter les 2 produits de l'hydratation de l'alcyne.

(2) Expliquer l'intérêt de faire la distillation de l'azéotrope avant l'extraction.

(3) Observer les changements de couleur pendant le processus catalytique.

VI. Résultats et observations expérimentaux

(1) On obtient environ 5,0 g de produit brut ($r \sim 70\%$).

(2) L'indice de réfraction mesuré sur le produit brut est supérieur à la valeur de référence (+ 0,002). Une distillation sous pression réduite permet d'améliorer l'indice de réfraction mesuré.

VII. Référence

Mesplède J, Randon J. 100 manipulations de chimie générale et analytique[M]. France: Bréal, 2004.

实验3Y2S3　对电化学电池的研究

1. 实验介绍

实验所需时间：5小时。

实验难度：易。

危险等级：低。

通过对电化学电池的研究，可以解释和预测金属及其离子参加化学反应的情况。本实验我们通过测量电压可直接获得反应的热力学相关参数。

2. 实验试剂、仪器和材料

实验试剂：

试 剂 名 称	CAS No.	小 组 用 量	备 注
$3\ mol \cdot L^{-1}$ 氯化钾水溶液		20 mL	必备，需配制
$0.02\ mol \cdot L^{-1}$ 硫酸铜水溶液		20 mL	必备，需配制
$0.02\ mol \cdot L^{-1}$ 硫酸亚铁铵水溶液		60 mL	必备，需配制
$0.02\ mol \cdot L^{-1}$ 硫酸锌水溶液		60 mL	必备，需配制
$3\ mol \cdot L^{-1}$ 硫酸氢钠水溶液		60 mL	必备，需配制
$2\ mol \cdot L^{-1}$ 氢氧化钠水溶液		10 mL	必备，需配制
铜片	7440-50-8	2 cm × 8 cm，一片	必备

TP 3Y2S3　Étude des piles électrochimiques

I. Introduction

Durée: 5 h.

Difficulté: facile.

Niveau de danger: facile.

L'étude des piles électrochimiques permet d'interpréter et de prévoir l'évolution de systèmes chimiques contenant des métaux et leurs ions. Des expériences assez simples permettent d'accéder directement à des grandeurs thermodynamiques de réaction par mesure de tension électrique.

II. Composés, équipements et matériel par équipe

Composés chimiques

Composé	CAS No.	Dose	Remarque
solution aqueuse de KCl à 3 mol·L^{-1}		20 mL	nécessaire, besoin de préparation
solution aqueuse de CuSO$_4$ à 0,02 mol·L^{-1}		20 mL	nécessaire, besoin de préparation
solution aqueuse de Fe(NH$_4$)$_2$(SO$_4$)$_2$ à 0,02 mol·L^{-1}		60 mL	nécessaire, besoin de préparation
solution aqueuse de ZnSO$_4$ à 0,02 mol·L^{-1}		60 mL	nécessaire, besoin de préparation
solution aqueuse de NaHSO$_4$ à 3 mol·L^{-1}		60 mL	nécessaire, besoin de préparation
solution aqueuse de NaOH à 2 mol·L^{-1}		10 mL	nécessaire, besoin de préparation
feuille de cuivre	7440–50–8	une feuille de 2 cm×8 cm	nécessaire

实验试剂：

试 剂 名 称	CAS No.	小 组 用 量	备 注
锌片	7440-66-6	2 cm × 8 cm,一片	必备
铁片	7439-89-6	2 cm × 8 cm,一片	必备

每小组所需玻璃仪器：

仪器名称	规 格	小组用量	仪器名称	规 格	小组用量
烧杯	100 mL	6	大试管	25 mL	3
量筒	50 mL	3	量筒	25 mL	3

非玻璃仪器：参比电极、万用表、试管架。

其他消耗品：一次性塑料滴管、吸水纸。

3. 实验步骤

步骤1　参照液

（1）配置浓度为 $0.5\ mol \cdot L^{-1}$ 的 $Cu(OH)_2$、$Fe(OH)_2$ 和 $Zn(OH)_2$ 沉淀物参照液。

（2）保留以上溶液,以便与实验结果2和3进行比较。

步骤2　"接触"反应

（1）每次实验前,对电极进行砂纸打磨、冲洗和擦拭。

（2）将每种金属放入含有 20 mL 的 $2\ mol \cdot L^{-1}$ 硫酸氢钠溶液的烧杯中。

（3）观察系统运行几分钟。

（4）加入适当氢氧化钠溶液测试溶液中是否存在金属离子。

步骤3　"接触"反应

（1）每次实验前,对电极进行砂纸打磨、冲洗和擦拭。

（2）将每种金属片放入含有 20 mL 其他可用金属离子溶液的烧杯中。

（3）观察系统运行几分钟后发生的变化。

Composés chimiques

Composé	CAS No.	Dose	Remarque
feuille de zinc	7440–66–6	une feuille de 2 cm×8 cm	nécessaire
feuille de fer	7439–89–6	une feuille de 2 cm×8 cm	nécessaire

Verrerie par équipe

Verrerie	Taille	Nombre	Verrerie	Taille	Nombre
bécher	100 mL	6	tube à essai	25 mL	3
éprouvette graduée	50 mL	3	éprouvette graduée	25 mL	3

Matériel par équipe: électrode de référence, multimètre, support de tubes à essai.

Consommables: pipette Pasteur plastique, papier essuie-tout.

III. Manipulation

Etape 1　Solution «TÉMOIN»

(1) Réaliser 3 tubes «TÉMOIN» avec les précipités $Cu(OH)_2$, $Fe(OH)_2$ et $Zn(OH)_2$.

(2) Conserver ces tubes pour comparer avec les résultats expérimentaux 2 et 3.

Etape 2　Réactions «AVEC CONTACT»

(1) Décaper, rincer et essuyer les électrodes avant chaque expérience.

(2) Introduire chaque métal dans un bécher contenant 20 mL de solution de $NaHSO_4$ à $2 \text{ mol} \cdot \text{L}^{-1}$.

(3) Observer l'évolution du système pendant quelques minutes.

(4) Ajouter la solution de NaOH pour tester la présence d'ions métalliques en solution.

Etape 3　Réactions «AVEC CONTACT»

(1) Décaper, rincer et essuyer les électrodes avant chaque expérience.

(2) Introduire chaque métal dans un bécher contenant 20 mL de solution d'un autre ion métallique disponible.

(3) Observer l'évolution du système pendant quelques minutes.

（4）加入适当氢氧化钠溶液测试溶液中是否存在金属离子。

步骤4　"非接触"反应

（1）每次实验前，对电极进行砂纸打磨、冲洗和擦拭。

（2）在40 mL M^{2+}离子溶液中制备3个由金属M（Cu、Fe或Zn）电极组成的半电池。

（3）组装各种电化学电池（半电池M1、半电池M2和盐桥）。

（4）测量每节电池的电动势$e = E_{M1} - E_{M2}$和短路电流。

步骤5　常规标准电极电位

（1）每次实验前，冲洗并擦拭参比电极。

（2）组装电化学电池（半电池M1，半参考电池）。

（3）测量电动势$e = E_{M1} - E_{ref}$。

4. 实验注意事项

（1）警告：切勿使电流流过参比电极。

（2）正确放置盐桥，确保电流连通（不与电极直接接触）。

（3）锌电极上的铜沉积物为粉末状，颜色为黑色（不是红色）。

（4）此实验由于设备精度原因，实验效果不是很理想。

5. 思考题

（1）解释溶剂的选择（3 mol·L^{-1}的KCl水溶液）。为什么我们没有使用去离子水作为溶剂。

（2）区分测量电压、电极电位（即能斯特电位）和标准电位。

6. 实验预期结果与现象

（1）通过实验现象观察和特征测试可以识别溶液中的自发反应（定性的）。

（2）电压测量可以对所研究的电偶进行分类，并确定其标准电位（定量的）。

7. 参考文献

Sarrazin et Verdaguer, L'oxydoréduction, concepts et expériences[M]. France: Ellipses, 1991.

(4) Tester la présence d'ions métalliques en solution.

Etape 4 Réactions «SANS CONTACT»

(1) Décaper, rincer et essuyer les électrodes avant chaque expérience.

(2) Réaliser les 3 demi piles composée d'une électrode du métal M (Cu, Fe ou Zn) dans 40 mL de solution d'ions M^{2+}.

(3) Assembler les différentes piles électrochimiques ($1/2$ pile M1, $1/2$ pile M2 et pont salin).

(4) Mesurer la force électromotrice $e = E_{M1} - E_{M2}$ et l'intensité de court-circuit de chaque pile.

Etape 5 Potentiels standard conventionnels

(1) Rincer et essuyer l'électrode de référence avant chaque expérience.

(2) Assembler les piles électrochimiques ($1/2$ pile M1, $1/2$ pile de référence).

(3) Mesurer la force électromotrice $e = E_{M1} - E_{réf}$.

IV. Points d'attention

(1) Ne jamais faire circuler un courant électrique dans l'électrode de référence.

(2) Bien placer le pont salin pour assurer la jonction électrolytique (pas de contact direct avec les électrodes).

(3) Le dépôt de cuivre sur l'électrode de Zn est pulvérulent, la couleur est noire ($\neq$rouge).

(4) Cette expérience n'est pas très satisfaisante en raison de la précision de l'équipement.

V. Points de réflexion

(1) Expliquer le choix du solvant, (KCl 3 mol $\cdot$ L^{-1}). Pourquoi n'utilise-t-on pas l'eau déionisée comme solvant?

(2) Bien différencier la tension mesurée, le potentiel d'électrode (= potentiel de Nernst) et le potentiel standard.

VI. Résultats et observations expérimentaux

(1) Les observation expérimentales et les tests caractéristiques permettent d'identifier les réactions spontanées en solution (qualitatif).

(2) Les mesures de tension permettent de classer les couples étudiés et déterminer leurs potentiels standard (quantitatif).

VII. Référence

Sarrazin et Verdaguer, L'oxydoréduction, concepts et expériences[M]. France: Ellipses, 1991.

实验3Y2S4　电流-电压曲线

1. 实验介绍

实验所需时间: 5小时。

实验难度: 中。

危险等级: 低。

绘制 $I = f(E_{TRA})$ 曲线可以获得氧化还原反应动力学的信息。它需要使用三电极安装:

① 工作电极(铂电极),化学反应在溶液中发生的位置;

② 辅助电极(石墨电极),为了确保系统的电中性,在工作电极上引起的主反应伴随着副反应;

③ 参比电极(ECS),根据参比电极的电极电势测量工作电极的电位。

这里的动力学应力来源于溶液中物质的输运和电子在电极表面的转移。

2. 实验试剂、仪器和材料

实验试剂:

试 剂 名 称	小 组 用 量	备 注
$2 \, mol \cdot L^{-1}$ 硫酸氢钠溶液	80 mL	必备,需配制
$0.02 \, mol \cdot L^{-1}$ $NH_4Fe(SO_4)_2$ 水溶液	50 mL	必备,需配制
硫酸亚铁铵水溶液 $0.02 \, mol \cdot L^{-1}$	650 mL	必备,需配制
去离子水	600 mL	必备

TP 3Y2S4   Courbes intensité – potentiel

I. Introduction

Durée: 5 h.

Difficulté: moyenne.

Niveau de danger: faible.

Le tracé des courbes $I = f(E_{TRA})$ permet d'obtenir des informations sur la cinétique des réactions d'oxydo-réduction. Il nécessite l'utilisation du montage à 3 électrodes:

① Électrode de travail (en platine Pt), c'est le lieu de la réaction provoquée en solution;

② Électrode auxiliaire (en carbone $C_{graphite}$) , pour assurer l'électro-neutralité du système, la réaction provoquée sur l'électrode de travail est accompagnée d'une réaction auxiliaire;

③ Électrode de référence (ECS), le potentiel de l'électrode de travail est mesuré par rapport à une référence de potentiel.

Les contraintes cinétiques ont pour origine des phénomènes de transport de matière en solution et de transfert d'électrons à la surface de l'électrode.

II. Composés, équipements et matériel par équipe

Composés chimiques

Composé	Dose	Remarque
solution aqueuse de $NaHSO_4$ à $2 \text{ mol} \cdot L^{-1}$	80 mL	nécessaire, besoin de préparation
solution aqueuse de $NH_4Fe(SO_4)_2$ à $0,02 \text{ mol} \cdot L^{-1}$	50 mL	nécessaire, besoin de préparation
solution aqueuse d'ammonium iron(II) sulfate à $0,02 \text{ mol} \cdot L^{-1}$	650 mL	nécessaire, besoin de préparation
eau déionisée	600 mL	nécessaire

每小组所需玻璃仪器：

仪器名称	规　格	小组用量	仪器名称	规　格	小组用量
烧杯	100 mL	8	量筒	50 mL	2
量筒	100 mL	1	量筒	10 mL	1

非玻璃仪器：铂、锌和石墨电极，标准参比电极，电极支架，可调电压发生器，磁力搅拌，磁子，万用表，计算机，Regressi 软件。

其他消耗品：一次性塑料滴管。

实验装置：

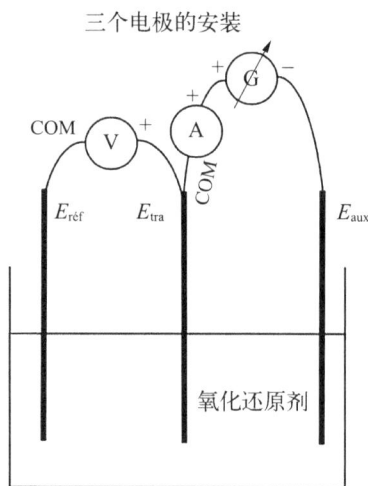

三个电极的安装

3. 实验步骤

步骤1　三个电极的安装：可调电压发生器"关闭"

（1）在含有 80 mL $NaHSO_4$（2 mol·l^{-1}）的烧杯中进行三个电极的正确安装。

（2）让老师确认安装情况。

步骤2　溶剂电化学惯性区：可调电压发生器"开启"

（1）逐渐改变可调电压发生器电压（$U_G > 0$ 且 ΔU_G 为 0.2 V 左右），直到引起溶剂发生氧化反应。测量此时电压 U 和电流强度 I。

Verrerie par équipe

Verrerie	Taille	Nombre	Verrerie	Taille	Nombre
bécher	100 mL	8	éprouvette graduée	50 mL	2
éprouvette graduée	100 mL	1	éprouvette graduée	10 mL	1

Matériel par équipe: électrodes de Pt, Pb et $C_{graphite}$, électrode de référence ECS, supports à électrode, générateur de tension réglable, agitateur magnétique, barreau aimanté, multimètres, ordinateur, logiciel Regressi.

Consommables: pipette Pasteur plastique.

Montage:

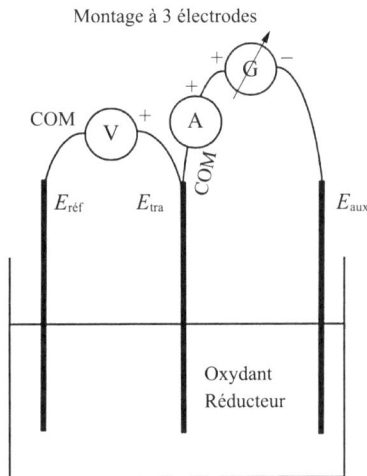

Montage à 3 électrodes

III. Manipulation

Etape 1　Montage à 3 électrodes: Générateur «OFF»

(1) Réaliser le montage à 3 électrodes dans un bécher contenant 80 mL de $NaHSO_4$ (2 mol $\cdot$ L^{-1}).

(2) Faire valider le montage par le professeur.

Etape 2　Domaine d'inertie électrochimique du solvant: Générateur «ON»

(1) Faire varier progressivement la tension du générateur ($U_G > 0$ et $\Delta U_G = 0,2$ V environ) jusqu'à provoquer l'oxydation du solvant. Mesurer la tension U et l'intensité I.

（2）反转发电机端子。

（3）逐渐改变可调电压发生器电压（$U_G < 0$且ΔU_G为0.2 V左右），直到引起溶剂发生还原反应。测量此时电压U和电流强度I。

（4）用软件Regressi绘制$I = f(E_{TRA})$曲线。

步骤3　H^+/H_2系统阴极过电压研究

（1）用石墨电极或铅电极代替铂电极作为工作电极。

（2）逐渐改变可调电压发生器电压（$U_G < 0$且ΔU_G为0.2 V左右），直到引起溶剂发生还原反应。测量此时电压U和电流强度I。

（3）用软件Regressi绘制每一个电极的$I = f(E_{TRA})$曲线。

步骤4　Fe^{3+}/Fe^{2+}系统的研究

（1）使用铂电极作为工作电极。

（2）制备100 mL含有Fe^{3+}（0.01 mol·L^{-1}）和Fe^{2+}（0.01 mol·L^{-1}）的溶液。

（3）逐渐改变可调电压发生器电压（$U_G > 0$且$\Delta U_G = 0.2$ V左右），直到引起Fe^{3+}/Fe^{2+}在铂金属上发生氧化反应。测量此时电压U_G和电流强度i。

（4）反转发电机端子。

（5）逐渐改变可调电压发生器电压（$U_G < 0$且$\Delta U_G = 0.2$ V左右），直到引起Fe^{3+}/Fe^{2+}在铂金属上发生还原反应。测量此时电压U和电流强度I。

（6）用软件Regressi绘制每一个电极的$I = f(E_{TRA})$曲线。

步骤5　浓度对于极限电流I_{lim}的影响

（1）制备6种不同浓度的Fe^{2+}溶液，保证浓度范围：10^{-3} mol·L^{-1} < [Fe^{2+}] < 10^{-2} mol·L^{-1}。

（2）调节电压U_G使Fe^{2+}发生氧化反应。测量I_{lim}。

（3）用软件Regressi绘制$I_{lim} = f([Fe^{2+}])$曲线。

4. 实验注意事项

（1）所有的实验必须在磁力搅拌情况下进行。

（2）不要让电流流过参比电极。在实验前应检查参比电位。

(2) Inverser les bornes du générateur.

(3) Faire varier progressivement la tension du générateur ($U_G < 0$ et $\Delta U_G =$ 0,2 V environ) jusqu'à provoquer la réduction du solvant. Mesurer la tension U et l'intensité I.

(4) Tracer la courbe $I = f(E_{TRA})$ avec le logiciel Regressi.

Etape 3　Étude des surtensions cathodiques du système H^+/H_2

(1) Pour l'électrode de travail, remplacer l'électrode Pt par une électrode C_{graph} ou Pb.

(2) Faire varier progressivement la tension du générateur ($U_G < 0$ et $\Delta U_G =$ 0,2 V environ) jusqu'à provoquer la réduction du solvant. Mesurer la tension U et l'intensité I.

(3) Tracer les courbes $I = f(E_{TRA})$ avec le logiciel Regressi pour chaque électrode Pt, C_{graph} et Pb.

Etape 4　Étude du système Fe^{3+}/Fe^{2+} sur Pt

(1) Utiliser l'électrode de platine Pt comme électrode de travail.

(2) Préparer 100 mL de solution contenant Fe^{3+} (0,01 mol $\cdot$ L^{-1}) et Fe^{2+} (0,01 mol $\cdot$ L^{-1}).

(3) Faire varier progressivement la tension du générateur ($U_G > 0$ et $\Delta U_G =$ 0,2 V environ) jusqu'à provoquer l'oxydation du système Fe^{3+}/Fe^{2+} sur Pt. Mesurer la tension U et l'intensité I.

(4) Inverser les bornes du générateur.

(5) Faire varier progressivement la tension du générateur ($U_G < 0$ et $\Delta U_G =$ 0,2 V environ) jusqu'à provoquer la réduction du système Fe^{3+}/Fe^{2+} sur Pt. Mesurer la tension U et l'intensité I.

(6) Tracer la courbe $I = f(E_{TRA})$ avec le logiciel Regressi.

Etape 5　Influence de la concentration sur l'intensité limite I_{lim}

(1) Préparer 6 solutions contenant Fe^{2+} de concentration 10^{-3} mol $\cdot$ L$^{-1} < [Fe^{2+}] <$ 10^{-2} mol $\cdot$ L^{-1}

(2) Régler la tension U_G dans la zone du palier de diffusion de l'oxydation de Fe^{2+}. Mesurer I_{lim}.

(3) Tracer la courbe $I_{lim} = f([Fe^{2+}])$ avec le logiciel Regressi.

IV. Points d'attention

(1) L'ensemble des expériences doit être réalisé sous agitation magnétique.

(2) Ne pas faire circuler de courant dans l'électrode de référence. Vérifier le potentiel de référence avant le TP.

（3）不要使用KCl作为电解质载体（会产生Cl_2）。

（4）如果使用数据采集器，可以直接绘制电流-电压曲线。

（5）此实验由于设备精度原因，实验效果可能不太理想。

5. 思考题

（1）在进行实验之前预测实验曲线的外观。

（2）区分发生器电压（U_G）、测量电压（U）、电极电位（E_{tra} = 能斯特电位）、平衡电位（E^*）和标准电位（E^0）。

6. 实验预期结果与现象

（1）阴极过电压：$H^+/H_2/Pt$（0.03 ± 0.03 V）；$H^+/H_2/C_{graph}$（-0.399 ± 0.006 V）。

（2）水的电化学窗口：在铂电极上为[-0.03；2.02]；在石墨电极上为[-0.40；3.12]。

（3）平衡电位：Fe^{3+}/Fe^{2+}（0.72 ± 0.24 V）。

7. 参考文献

Sarrazin et Verdaguer. L'oxydoréduction, concepts et expériences[M]. France: Ellipses, 1991.

(3) Ne pas utiliser KCl comme électrolyte support (production de Cl_2).

(4) L'utilisation d'une interface d'acquisition permet de faire un tracé direct des courbes i = f(E) (rampe de tension).

(5) Cette expérience n'est pas très satisfaisante en raison de la précision de l'équipement.

V. Points de réflexion

(1) Prévoir l'allure des courbes expérimentales avant de faire les expériences.

(2) Bien différencier la tension du générateur (U_G), la tension mesurée (U), le potentiel d'électrode (E_{tra} = potentiel de Nernst), le potentiel d'équilibre (E^*) et le potentiel standard (E^0).

VI. Résultats et observations expérimentaux

(1) Surtensions cathodiques (en V): $H^+/H_2/Pt$ (0,03 ± 0,03); $H^+/H_2/$ C_{graph} (−0,399 ± 0,006).

(2) Domaine d'inertie électrochimique de l'eau (en V): sur Pt [−0,03; 2,02]; sur C_{graph} [−0,40; 3,12]

(3) Potentiel d'équilibre (en V): Fe^{3+}/Fe^{2+} (0,72 ± 0,24).

VII. Référence

Sarrazin et Verdaguer. L'oxydoréduction, concepts et expériences[M]. France: Ellipses, 1991.

第 3 部分

实验技术与方法

Partie 3　Méthodes et techniques

3.1 化学品材料安全数据表

一般安全说明

本文件汇集了各种用于标记化合物危险性的图标。

这些危险警示图标通常附带风险说明和预防措施加以解释。

表3-1 危险警示图标和预防措施汇总

危险警示图标	风 险 说 明	预 防 措 施
	我会爆炸 当我遇到火焰,火花、静电、高温、撞击、摩擦等时,我会爆炸!	远离火焰、火花、热源。避免震动、摩擦。
	我可以着火 当我遇到火焰、火花、静电、高温、撞击、摩擦、空气、水时,我可以释放可燃性气体并自燃!	远离火焰、热源和火花。 避免形成危险气体–空气混合物。 避免接触空气。 避免接触湿气和水。
	我会助燃 我可以产生或加剧火情,在有易燃物情况下,可以引起爆炸!	远离可燃物。远离火焰、火花和热源。

3.1 Fiches signalétiques des composés chimiques

Consignes générales de sécurité

Ce document rassemble les consignes générales de sécurité en fonction des pictogrammes de danger donnés aux composés chimiques.

Ces consignes générales de sécurité sont souvent complétées par des phrases de risque «H» et de précaution «P».

Table 3–1   Récapitulatif des pictogrammes de danger et des précautions à prendre

Pictogramme de danger	Danger	Précautions
	J'EXPLOSE Je peux exploser, suivant le cas, au contact d'une flamme, d'une étincelle, d'électricité statique, sous l'effet de la chaleur, d'un choc, de frottements ...	Manipuler loin des flammes, des étincelles, des sources de chaleur. Éviter les chocs, les frictions.
	JE FLAMBE Je peux m'enflammer: au contact d'une flamme, d'une étincelle, d'électricité statique, sous l'effet de la chaleur, de frottements, au contact de l'air ou au contact de l'eau si je dégage des gaz inflammables.	Tenir à l'écart des flammes, de la chaleur et d'étincelles. Éviter la formation de mélange air – gaz dangereux. Éviter le contact avec l'air. Éviter le contact avec l'humidité et l'eau.
	JE FAIS FLAMBER Je peux provoquer ou aggraver un incendie, ou même provoquer une explosion en présence de composés inflammables.	Tenir à l'écart des combustibles. Manipuler loin des flammes, des étincelles et des sources de chaleur.

表 3-1 　危险警示图标和预防措施汇总 　　　　　　　　（续表）

危 险 警 示 图 标	风 险 说 明	预 防 措 施
	我被压缩了 在热作用下，我会爆炸（压缩气体、液化气体、溶解气体）。 我可以造成冷冻灼伤（冷冻液化气体）	存放在低温、通风的室内。 在通风的室内使用。 戴上防护手套防寒。
	我有腐蚀性 我可以侵蚀和摧毁金属。 我腐蚀与我接触的皮肤和眼睛。	不要吸入蒸气，避免接触皮肤、衣服。 对眼睛、皮肤、衣服采取一切保护措施。
	我有毒 即使很小的剂量，我也可以很快致死。	严格禁止：摄入、吸入。遵循风险说明和预防措施要求与皮肤接触。
	我会影响你的健康 在大剂量情况下，我可以直接致死。 我刺激皮肤、眼睛和呼吸道。 我会引起皮肤过敏反应。 我会引起困意或晕眩。	不要吸入蒸气，避免接触皮肤和眼睛。 如有喷溅，请用大量清水冲洗。
	我会严重影响你的健康 我可以致癌，我可以改变DNA。 我会伤害生育能力或胚胎。我会改变某些器官的功能。 在吸入呼吸道或注射后，我有致死的风险。 我会引起过敏。	严格禁止：摄入、吸入、遵循风险说明和预防措施的要求与皮肤接触。

Table 3-1　Récapitulatif des pictogrammes de danger et des précautions à prendre

(suite)

Pictogramme de danger	Danger	Précautions
	JE SUIS SOUS PRESSION Je peux exploser sous l'effet de la chaleur (gaz comprimés, gaz liquéfiés, gaz dissous). Je peux causer des brûlures ou blessures liées au froid (gaz liquéfiés réfrigérés).	Stocker à basse température, dans un local ventilé. Utiliser dans un local ventilé. Porter des gants isolants contre le froid.
	JE RONGE Je peux attaquer ou détruire les métaux. Je ronge la peau et/ou les yeux en cas de contact ou de projection.	Ne pas respirer les vapeurs et éviter tout contact avec la peau, les vêtements. Prendre toutes les mesures de protection des yeux, de la peau, des vêtements.
	JE TUE J'empoisonne rapidement, même à faible dose.	Proscrire soigneusement: l'ingestion, l'inhalation, le contact avec la peau suivant les phrases de risque et de précaution.
	J'ALTÈRE LA SANTÉ J'empoisonne à forte dose. J'irrite la peau, les yeux et/ou les voies respiratoires. Je peux provoquer des allergies cutanées. Je peux provoquer somnolence ou vertiges.	Ne pas inhaler les vapeurs et éviter tout contact avec la peau et les yeux. En cas de projection, laver à grande eau.
	JE NUIS GRAVEMENT À LA SANTÉ Je peux provoquer le cancer. Je peux modifier l'ADN. Je peux nuire à la fertilité ou au fœtus. Je peux altérer le fonctionnement de certains organes. Je peux être mortel en cas d'ingestion puis de pénétration dans les voies respiratoires. Je peux provoquer des allergies respiratoires.	Proscrire soigneusement: l'ingestion, l'inhalation, le contact avec la peau suivant les phrases de risque et de précaution.

表 3-1　危险警示图标和预防措施汇总　　　　　　　　　　（续表）

危 险 警 示 图 标	风 险 说 明	预 防 措 施
	我污染环境 我对水生环境中的生物会造成有害影响（鱼、甲壳类动物、藻类及其他水生植物）。	避免排放到环境中。在危险或特殊废物收集点将化学药品及其容器作为危险废物处置。

危险说明和预防措施用语示例：

H 226，易燃液体和蒸气；

H 300，吞咽致命；

H 317，可能导致皮肤过敏反应；

H 350，可能导致癌症；

H 400，对水生生物毒性很大。

P 102，放在儿童接触不到的地方。

P 262，不要进入眼睛、皮肤或衣服。

P 280，佩戴防护手套/防护服/护目镜/面罩。

P 305 + P 352，如果进入眼睛，用大量水和肥皂清洗。

P 301 + P 331，如果吞咽，勿催吐。

Table 3-1　Récapitulatif des pictogrammes de danger et des précautions à prendre
(suite)

Pictogramme de danger	Danger	Précautions
	JE POLLUE Je provoque des effets néfastes sur les organismes du milieu aquatique (poissons, crustacés, algues, autres plantes aquatiques ...).	Éviter le rejet dans l'environnement. Éliminer ce composé et son récipient comme un déchet dangereux, dans un centre de collecte des déchets dangereux ou spéciaux.

EXEMPLES DE PHRASES DE RISQUE ET DE PRÉCAUTION:

H 226, Liquide et vapeurs inflammables;

H 300, Mortel en cas d'ingestion;

H 317, Peut provoquer une allergie cutanée;

H 350, Peut provoquer le cancer;

H 400, Très toxique pour les organismes aquatiques.

P 102, Tenir hors de portée des enfants.

P 262, Éviter tout contact avec les yeux, la peau ou les vêtements.

P 280, Porter des gants de protection/des vêtements de protection/un équipement de protection des yeux/du visage.

P 305 + P 352, EN CAS DE CONTACT AVEC LES YEUX, Laver abondamment à l'eau et au savon.

P 301 + P 331, EN CAS D'INGESTION, NE PAS faire vomir.

3.2　化合物列表

本书实验项目所涉及的每种化学品（化合物）都有一个数据表，其中汇集了相关实验信息（名称、分子式、摩尔质量、外观、熔点和/或沸点、溶解性、折射率）和安全信息（危险警示图标）。

示例：环己烷的数据表（见表3-2）

表3-2　环己烷的数据

环己烷

$C_{16}H_{12}$

$MM = 84.16 \text{ g} \cdot \text{mol}^{-1}$

$T_{熔点} = 6.59℃$　　　　$T_{沸点} = 80.73℃$
$d = 0.773\,9$　　　　$n_D^{20} = 1.423\,5$
溶解性：不溶于水
性状：液体

3.2   Liste des composés

Chaque composé chimique manipulé en TP dispose d'une fiche signalétique qui rassemble les informations expérimentales (nom, formule brute, masse molaire, aspect, température de fusion et/ou d'ébullition, solubilité, indice de réfraction) et les informations de sécurité (pictogrammes de danger).

Exemple: fiche signalétique du cyclohexane (voir Table 3–2)

Table 3–2   Fiche signalétique du cyclohexane

Cyclohexane

$$C_{16}H_{12}$$

MM = 84,16 g $\cdot$ mol^{-1}

$T_{fus} = 6,59°C$ $\qquad$ $T_{éb} = 80,73°C$
$d = 0,773\ 9$ $\qquad$ $n_D^{20} = 1,423\ 5$
solubilité: insoluble dans l'eau

aspect: liquide

1,2-二溴-1,2-二苯乙烷 $C_{14}H_{12}Br_2$ MM = 340.05 g · mol^{-1} $T_{熔点}$ = 238℃	2-甲基-3-丁炔-2-醇 C_5H_8O MM = 84.12 g · mol^{-1} $T_{沸点}$ = 104℃ d = 0.86 n_D^{20} = 1.421 0 溶解性：溶于水 性状：无色液体
2-甲基丁醇 $C_5H_{12}O$ 纯度为98.5% MM = 88.15 g · mol^{-1} $T_{沸点}$ = 132℃ d = 0.80 n_D^{20} = 1.405 2 溶解性：微溶于水 性状：无色液体	3-乙基-3-戊醇 $C_7H_{16}O$ MM = 116.2 g · mol^{-1} $T_{沸点}$ = 140℃ d = 0.82 n_D^{20} = 1.429 4 溶解性：微溶于水，易溶于有机溶剂 性状：无色液体
3-戊酮 $C_5H_{10}O$ MM = 86.13 g · mol^{-1} $T_{沸点}$ = 102℃ d = 0.806 n_D^{20} = 1.390 3 溶解性：微溶于水，易溶于醚 性状：无色液体	3-羟基-3-甲基-2-丁酮 $C_5H_{10}O_2$ MM = 102.13 g · mol^{-1} $T_{沸点}$ = 140℃ d = 0.97 n_D^{20} = 1.415 5 溶解性：微溶于水，易溶于二氯甲烷 性状：液体无色

1,2-Dibromo-1,2-diphenyléthane

$C_{14}H_{12}Br_2$

MM = 340,05 g · mol^{-1}

T_{fus} = 238°C

2-Méthylbut-3-yn-2-ol

C_5H_8O

MM = 84,12 g · mol^{-1}

$T_{éb}$ = 104°C
d = 0,86　　　n_D^{20} = 1,421 0
solubilité: soluble dans l'eau
aspect: liquide incolore

3-Méthylbutan-1-ol

$C_5H_{12}O$

Pur à 98,5%
MM = 88,15 g · mol^{-1}

$T_{éb}$ = 132°C
d = 0,80　　　n_D^{20} = 1,405 2
solubilité: peu soluble dans l'eau
aspect: liquide incolore

3-Éthylpentan-3-ol

$C_7H_{16}O$

MM = 116,2 g · mol^{-1}

$T_{éb}$ = 140°C
d = 0,82　　　n_D^{20} = 1,429 4
solubilité: peu soluble dans l'eau, très soluble dans les solvants organiques
aspect: liquide incolore

Pentan-3-one

$C_5H_{10}O$

MM = 86,13 g · mol^{-1}

$T_{éb}$ = 102°C
d = 0,806　　　n_D^{20} = 1,390 3
solubilité: peu soluble dans l'eau; très soluble dans l'éther
aspect: liquide incolore

3-Hydroxy-3-méthylbutan-2-one

$C_5H_{10}O_2$

MM = 102,13 g · mol^{-1}

$T_{éb}$ = 140°C
d = 0,97　　　n_D^{20} = 1,415 5
solubilité: soluble dans l'eau; très soluble dans CH_2Cl_2
aspect: liquide incolore

3-氯-1,2-丙二醇

C₃H₇ClO₂

MM = 110.54 g·mol⁻¹

d = 1.325 n_D^{20} = 1.480 9
溶解性：可溶于水
性状：黄色液体

D-甘露糖

C₆H₁₂O₆

MM = 180.156 g·mol⁻¹

$T_{熔点}$ = α-型 133℃；β-型（dec.）132℃
溶解性：易溶于水（250%），难溶于乙醇
（0.4%），不溶于乙醚
性状：白色粉末

乙二胺四乙酸二钠，二水

C₁₀H₁₈N₂Na₂O₁₀

MM = 372.24 g·mol⁻¹

$T_{熔点}$ =（dec.）250℃ $T_{沸点}$ > 100℃
d = 1.01 n_D^{20} = 1.363
溶解性：溶于水
性状：白色晶体

乙酸

C₂H₄O₂

MM = 60.05 g·mol⁻¹

$T_{熔点}$ = 16.2℃ $T_{沸点}$ = 117～118℃
d = 1.049 n_D^{20} = 1.371
pKa = 4.76
性状：液体

乙酸乙酯

C₄H₈O₂

MM = 88.11 g·mol⁻¹

$T_{熔点}$ = −83.8℃ $T_{沸点}$ = 77.11℃
d = 0.900 3 n_D^{20} = 1.372 3
溶解性：溶于水
性状：液体

乙醇

C₂H₆O

≥ 99.8%
MM = 46.07 g·mol⁻¹

$T_{熔点}$ = −114.14℃ $T_{沸点}$ = 78.29℃
d = 0.789 3 n_D^{20} = 1.361 1
溶解性：与水互溶
性状：液体

3-Chloropropan-1,2-diol **C$_3$H$_7$ClO$_2$** MM = 110,54 g $\cdot$ mol^{-1} d = 1,325　　n_D^{20} = 1,480 9 solubilité: soluble dans l'eau aspect: liquide jaune	D-mannose **C$_6$H$_{12}$O$_6$** MM = 180,156 g $\cdot$ mol^{-1} T_{fus} = α-type: 133°C; β-type: (dec.)132°C solubilité: très soluble dans l'eau(250%); peu soluble dans l'éthanol(0,4%); pas soluble dans l'éther aspect: poudre blanche
EDTA disodique **C$_{10}$H$_{18}$N$_2$Na$_2$O$_{10}$** MM = 372,24 g $\cdot$ mol^{-1} T_{fus} = (dec.)250°C　　$T_{éb}$ = >100°C d = 1,01　　n_D^{20} = 1,363 solubilité: soluble dans l'eau aspect: cristal blanc	Acide éthanoïque **C$_2$H$_4$O$_2$** MM = 60,05 g $\cdot$ mol^{-1} T_{fus} = 16,2°C　　$T_{éb}$ = 117–118°C d = 1,049　　n_D^{20} = 1,371 pKa = 4,76 aspect: liquide
Éthanoate d'éthyle **C$_4$H$_8$O$_2$** MM = 88,11 g $\cdot$ mol^{-1} T_{fus} = −83,8°C　　$T_{éb}$ = 77,11°C d = 0,900 3　　n_D^{20} = 1,372 3 solubilité: soluble dans l'eau aspect: liquide	Éthanol **C$_2$H$_6$O** $\geqslant$ 99,8% MM = 46,07 g $\cdot$ mol^{-1} T_{fus} = −114,14°C　　$T_{éb}$ = 78,29°C d = 0,789 3　　n_D^{20} = 1,361 1 solubilité: miscible avec l'eau aspect: liquide

乙酸异戊醇

$C_7H_{14}O_2$

MM = 130.18 g·mol^{-1}

$T_{沸点}$ = 142℃
d = 0.80 n_D^{20} = 1.401
溶解性：微溶于水
性状：具有香蕉气味的无色液体

二苯甲酮

$C_{13}H_{10}O$

MM = 182.22 g·mol^{-1}

$T_{熔点}$ = 47～51℃ $T_{沸点}$ = 305.4℃
d = 1.0～1.2 n_D^{20} = 1.584
溶解性：不溶于水
性状：橘色晶体

二苯甲醇

$C_{13}H_{12}O$

MM = 184.23 g·mol^{-1}

$T_{熔点}$ = 65～67℃ $T_{沸点}$ = 299℃
d = 1.0～1.2 n_D^{20} = 1.599
溶解性：水中的溶解度0.5 g/L（20℃）
性状：米白色粉末

二氯甲烷

CH_2Cl_2

MM = 84.93 g·mol^{-1}

$T_{熔点}$ = −97℃ $T_{沸点}$ = 39.8～40℃
d = 1.325 n_D^{20} = 1.424
溶解性：水中的溶解度20 g/L
性状：液体

三溴化吡啶

$C_5H_6NBr_3$

90%（工业用）
MM = 319.82 g·mol^{-1}

性状：黄色固体

无水氯化铁

$FeCl_3$

MM = 162.21 g·mol^{-1}

$T_{熔点}$ = 306℃ $T_{沸点}$ = 319℃
d = 2.9
溶解性：易溶于水，不溶于甘油，易溶于甲醇、乙醇、丙酮、乙醚
性状：黑棕色结晶

acétate d'isoamyle $C_7H_{14}O_2$	Benzophénone $C_{13}H_{10}O$
MM = 130,18 g · mol^{-1} $T_{éb} = 142°C$ $d = 0,80$　　$n_D^{20} = 1,401$ solubilité: très peu soluble dans l'eau aspect: liquide incolore, odeur de banane	MM = 182,22 g · mol^{-1} $T_{fus} = 47{-}51°C$　　$T_{éb} = 305,4°C$ $d = 1,0{-}1,2$　　$n_D^{20} = 1,584$ solubilité: insoluble dans l'eau aspect: cristal orange
Diphényméthanol $C_{13}H_{12}O$	Dichlorométhane CH_2Cl_2
MM = 184,23 g · mol^{-1} $T_{fus} = 65{-}67°C$　　$T_{éb} = 299°C$ $d = 1,0{-}1,2$　　$n_D^{20} = 1,599$ solubilité: 0,5 g/L dans l'eau (20°C) aspect: poudre blanc cassé	MM = 84,93 g · mol^{-1} $T_{fus} = -97°C$　　$T_{éb} = 39,8{-}40°C$ $d = 1,325$　　$n_D^{20} = 1,424$ solubilité: 20 g/L dans l'eau aspect: liquide
Tribromure de pyridinium $C_5H_6NBr_3$	Chlorure de fer anhydre $FeCl_3$
90% (tech) MM = 319,82 g · mol^{-1} aspect: solide jaune	MM = 162,21 g · mol^{-1} $T_{fus} = 306°C$　　$T_{éb} = 319°C$ $d = 2,9$ solubilité: très soluble dans l'eau; Insoluble dans le glycérol; très soluble dans le méthanol, l'éthanol, l'acétone et l'éther aspect: cristal brun noir

无水乙酸锌　　　　　　　　　$C_4H_{10}O_2Zn$	无水草酸　　　　　　　　　　$H_2C_2O_4$
$MM = 183.48 \text{ g} \cdot \text{mol}^{-1}$	$MM = 90.04 \text{ g} \cdot \text{mol}^{-1}$
$T_{熔点} = 83 \sim 86℃$	$T_{熔点} = (\text{dec.}) 189.5℃$　$T_{沸点} = 365.1℃$
$d = 1.84$	$d = 0.99$　　　　　　$n_D^{20} = 1.426 \, 1$
溶解性: 水中的溶解度 300 g/L	pKa$_1$ = 1.2; pKa$_2$ = 4.3
性状: 易吸潮粉末	溶解性: 水中的溶剂度 220 g/L (25℃)
	性状: 白色粉末

无水硫酸钠　　　　　　　　　Na_2SO_4	无水氯化钙　　　　　　　　　$CaCl_2$
$MM = 142.04 \text{ g} \cdot \text{mol}^{-1}$	$MM = 110.98 \text{ g} \cdot \text{mol}^{-1}$
$T_{熔点} = 884℃$	$T_{熔点} = 772℃$　　　　$T_{沸点} = 1 \, 935℃$
$d = 2.7$	$d = 2.15$　　　　　　$n_D^{20} = 1.358$
溶解性: 水中的溶解度为 281 g/L	溶解性: 易溶于水
性状: 白色固体	性状: 白灰色固体

五水合硫酸铜　　　　　　　　$CuSO_4 \cdot 5H_2O$	五水硫代硫酸钠　　　　　　　$H_{10}Na_2O_8S_2$
$MM = 249.69 \text{ g} \cdot \text{mol}^{-1}$	$MM = 248.17 \text{ g} \cdot \text{mol}^{-1}$
$T_{熔点} = (\text{dec.}) 110℃$　$T_{沸点} = 330℃$	$T_{熔点} = 48.5℃$　　　　$T_{沸点} = 100℃$
$d = 2.284$	$d = 1.729$
溶解性: 水中的溶解度为 316 g/L (0℃)	溶解性: 水中的溶解度为 680 g/L
性状: 蓝色粉末或晶体	性状: 半透明晶体或白色粉末

Éthanoate de zinc

$\mathbf{C_4H_{10}O_2Zn}$

MM = 183,48 g · mol^{-1}

T_{fus} = 83–86°C
d = 1,84
solubilité: 300 g/L dans l'eau
aspect: poudre, hygroscopique

Acide oxalique anydre

$\mathbf{H_2C_2O_4}$

MM = 90,04 g · mol^{-1}

T_{fus} = (dec.)189,5°C　　$T_{éb}$ = 365,1°C
d = 0,99　　　　　　　　n_D^{20} = 1,426 1
pKa$_1$ = 1,2; pKa$_2$ = 4,3
solubilité: 220 g/L dans l'eau (25°C)
aspect: poudre blanche

Sulfate de sodium anhydre

$\mathbf{Na_2SO_4}$

MM = 142,04 g · mol^{-1}

T_{fus} = 884°C
d = 2,7
solubilité: 281 g/L dans l'eau
aspect: solide blanc

Chlorure de calcium anhydre

$\mathbf{CaCl_2}$

MM = 110,98 g · mol^{-1}

T_{fus} = 772°C　　　　　　$T_{éb}$ = 1 935°C
d = 2,15　　　　　　　　n_D^{20} = 1.358
solubilité: très soluble dans l'eau
aspect: solide Blanc-gris

Sulfate de cuivre pentahydraté

$\mathbf{CuSO_4 \cdot 5H_2O}$

MM = 249,69 g · mol^{-1}

T_{fus} = (dec.)110°C　　　$T_{éb}$ = 330°C
d = 2,284
solubilité: 316 g/L dans l'eau (0°C)
aspect: poudre ou cristallins bleus

Thiosulfate de sodium pentahydraté

$\mathbf{H_{10}Na_2O_8S_2}$

MM = 248,17 g · mol^{-1}

T_{fus} = 48,5°C　　　　　　$T_{éb}$ = 100°C
d = 1,729
solubilité: 680 g/L dans l'eau
aspect: cristal translucide ou poudre blanche

五水硼砂

$B_4H_{10}NaO_{17}$

MM = 348.30 g · mol^{-1}

d = 1.815
性状：白色粉末

正丁醇

$C_4H_{10}O$

MM = 74.12 g · mol^{-1}

$T_{熔点}$ = −90℃ $T_{沸点}$ = 116～118℃
d = 0.81
溶解性：溶于水
性状：液体

正戊烷

C_5H_{12}

MM = 72.15 g · mol^{-1}

$T_{熔点}$ = −130℃ $T_{沸点}$ = 35～36℃
d = 0.626
溶解性：不溶于水
性状：无色液体

丙酮

C_3H_6O

MM = 58.08 g · mol^{-1}

$T_{沸点}$ = 56℃ n_D^{20} = 1.358 2
d = 0.79
溶解性：与水、乙醇、环己烷等互溶
性状：无色液体

丙酸

$C_3H_6O_2$

MM = 74.08 g · mol^{-1}

$T_{熔点}$ = −24℃ $T_{沸点}$ = 141℃
d = 0.993 n_D^{20} = 1.384 3
pKa = 4.88
溶解性：易溶于水，与乙醇、乙醚互溶
性状：无色液体

石墨

C(graph)

MM = 12.01 g · mol^{-1}

$T_{熔点}$ = 3 652℃
d = 2.09～2.23
溶解性：不溶于水
性状：黑色、深灰色，具有金属光泽的固体

Borax pentahydraté

$$B_4H_{10}NaO_{17}$$

MM = 348,30 g · mol^{-1}

d = 1,815
aspect: poudre blanche

Butan-1-ol

$$C_4H_{10}O$$

MM = 74,12 g · mol^{-1}

T_{fus} = −90°C　　　　$T_{éb}$ = 116–118°C
d = 0,81
solubilité: soluble dans l'eau
aspect: liquide

Pentane

$$C_5H_{12}$$

MM = 72,15 g · mol^{-1}

T_{fus} = −130°C　　　　$T_{éb}$ = 35–36°C
d = 0,626
solubilité: insoluble dans l'eau
aspect: liquide incolore

Propanone

$$C_3H_6O$$

MM = 58,08 g · mol^{-1}

$T_{éb}$ = 56°C
d = 0,79　　　　n_D^{20} = 1,358 2
solubilité: miscible avec l'eau, l'éthanol et
le cyclohexane
aspect: liquide incolore

Acide propanoïque

$$C_3H_6O_2$$

MM = 74,08 g · mol^{-1}

T_{fus} = −24°C　　　　$T_{éb}$ = 141°C
d = 0,993　　　　n_D^{20} = 1,384 3
pKa = 4,88
solubilité: soluble dans l'eau; miscible dans
l'éthanol, l'éther
aspect: liquide incolore

Graphite

$$C(graph)$$

MM = 12,01 g · mol^{-1}

T_{fus} = 3 652°C
d = 2,09–2,23
solubilité: insoluble dans l'eau
aspect: solide gris métallique; gris foncé;
noir

甲基叔丁基醚

$C_5H_{12}O$

MM = 88.15 g · mol^{-1}

$T_{熔点} = -108.6℃$　　$T_{沸点} = 55.0℃$
$d = 0.735\ 3$　　　　　$n_D^{20} = 1.366\ 4$
溶解性：溶于水
性状：无色液体

四氢呋喃（THF）

C_4H_8O

MM = 72.11 g · mol^{-1}

$T_{沸点} = 66℃$
d = 0.888　　　　$n_D^{20} = 1.407\ 3$
溶解性：与水互溶
性状：无色液体

四水合氯化锰

$MnCl_2 · 4H_2O$

MM = 197.91 g · mol^{-1}

$T_{熔点} = 654℃$　　　$T_{沸点} = 1\ 225℃$
溶解性：水中的溶解度为 739 g/L
性状：粉色粉末

六氰合铁酸四钾

$K_4Fe.(CN)_6 · 3H_2O$

MM = 422.39 g · mol^{-1}

$T_{熔点} = 70℃$
$d = 1.85$
溶解性：水中的溶解度为 270 g/L
性状：单斜柠檬黄柱状晶体或粉末

六水合硫酸亚铁铵

$H_8FeN_2O_8S_2 · 6H_2O$

MM = 392.14 g · mol^{-1}

$T_{熔点} = (dec.)100℃$
溶解性：溶于水
性状：蓝绿色固体

反式二苯乙烯

C_4H_{12}

MM = 180.25 g · mol^{-1}

$T_{熔点} = 124.2℃$　　　$T_{沸点} = 307℃$
$d = 0.970\ 7$
溶解性：不溶于水
性状：固体

Tertiobutylméthyléther $\mathbf{C_5H_{12}O}$ MM = 88,15 g · mol^{-1} $T_{fus} = -108,6°C$　　$T_{éb} = 55,0°C$ $d = 0,735\ 3$　　$n_D^{20} = 1,366\ 4$ solubilité: soluble dans l'eau aspect: liquide	Tétrahydrofurane (THF) $\mathbf{C_4H_8O}$ MM = 72,11 g · mol^{-1} $T_{éb} = 66°C$ $d = 0,888$　　$n_D^{20} = 1,407\ 3$ solubilité: miscible avec l'eau aspect: liquide incolore
Chlorure de manganèse (II) $\mathbf{MnCl_2 \cdot 4H_2O}$ MM = 197,91 g · mol^{-1} $T_{fus} = 654°C$　　$T_{éb} = 1\ 225°C$ solubilité: 739 g/L dans l'eau aspect: poudre rose	Hexacyanoferrate (II) $\mathbf{K_4Fe.(CN)_6 \cdot 3H_2O}$ MM = 422,36 g · mol^{-1} $T_{fus} = 70°C$ $d = 1,85$ solubilité: 270 g/L dans l'eau aspect: cristal ou poudre colonnaire monoclinique jaune citron
Sel de Mohr $\mathbf{H_8FeN_2O_8S_2 \cdot 6H_2O}$ MM = 392,14 g · mol^{-1} $T_{fus} = (dec.)100°C$ solubilité: soluble dans l'eau aspect: solide bleu-vert	(E)-Stilbène $\mathbf{C_4H_{12}}$ MM = 180,24 g · mol^{-1} $T_{fus} = 124,2°C$　　$T_{éb} = 307°C$ $d = 0,970\ 7$ solubilité: insoluble dans l'eau aspect: solide

对甲苯磺酸(APTS) $C_7H_8O_3S$ MM = 172.202 g·mol^{-1} $T_{熔点}$ = 106℃　　　$T_{沸点}$ = 140℃ d = 1.24　　　　　n_D^{20} = 1.563 强酸 溶解性:水中的溶解度为 670 g/L(20℃) 性状:白色晶体	对氨基苯磺酸 $C_6H_7O_3NS$ MM = 173.19 g·mol^{-1} $T_{熔点}$ = 280℃ d = 1.486 pKa = 3.25 溶解性:水中的溶解度 10 g/L(20℃) 性状:白色晶体性粉末
亚硝酸钠 $NaNO_2$ MM = 68.995 g·mol^{-1} $T_{熔点}$ = 271℃ d = 2.168 性状:吸湿性白色或浅黄色细晶体	过氧化氢 H_2O_2 浓度为3%(w/w)的过氧化氢水溶液 MM = 34.01 g·mol^{-1} $T_{熔点}$ = -11℃　　　$T_{沸点}$ = 150.2℃ d = 1.406 7(25℃)　n_D^{20} = 1.353 溶解性:与水互溶 性状:液体
异戊醇 $C_5H_{12}O$ MM = 88.148 g·mol^{-1} $T_{沸点}$ = 131～132℃ d = 0.809　　　　n_D^{20} = 1.407 溶解性:微溶于水 性状:无色液体	邻苯二甲酸氢钾 $C_8H_5KO_4$ MM = 204.22 g·mol^{-1} $T_{熔点}$ = 295℃ d = 1.64 pKa = 5.4 溶解性:溶于水 性状:白色固体

Acide paratoluènesulfonique (APTS)

C₇H₈O₃S

MM = 172,202 g · mol⁻¹

T_{fus} = 106°C　　　$T_{éb}$ = 140°C
d = 1,24　　　n_D^{20} = 1,563
Acide fort
solubilité: 670 g/L dans l'eau (20°C)
aspect: cristal blanc

Acide sulfanilique

C₆H₇O₃NS

MM = 173,19 g · mol⁻¹

T_{fus} = 280°C
d = 1,486
pKa = 3,25
solubilité: 10 g/L dans l'eau (20°C)
aspect: poudre blanc cassé

Nitrite de sodium

NaNO₂

MM = 68,995 g · mol⁻¹

T_{fus} = 271°C
d = 2,168
aspect: cristal fin blanc ou jaune clair, hygroscopique

Peroxyde d'hydrogène

H₂O₂

3% w/w dans l'eau
MM = 34,01 g · mol⁻¹

T_{fus} = −11°C　　　$T_{éb}$ = 150,2°C
d = 1,406 7 (25°C)　　n_D^{20} = 1,353
solubilité: soluble dans l'eau
aspect: liquide

---

alcool isoamylique

C₅H₁₂O

MM = 88,148 g · mol⁻¹

$T_{éb}$ = 131–132°C
d = 0,809　　　n_D^{20} = 1,407
solubilité: très peu soluble dans l'eau
aspect: liquide incolore

Hydrogénophtalate de potassium

C₈H₅KO₄

MM = 204,22 g · mol⁻¹

T_{fus} = 295°C
d = 1,64
pKa = 5,4
solubilité: soluble dans l'eau
aspect: solide blanc

邻菲罗啉 $C_{12}H_8N_2 \cdot H_2O$	环己烷 $C_{16}H_{12}$
MM = 198.22 g · mol^{-1} $T_{熔点} = 100 \sim 104 ℃$ 溶解性：溶于水 性状：白色粉末	MM = 84.16 g · mol^{-1} $T_{熔点} = 6.59 ℃$　　$T_{沸点} = 80.73 ℃$ $d = 0.773\ 9$　　$n_D^{20} = 1.423\ 5$ 溶解性：不溶于水 性状：液体
环己烯 C_6H_{10}	环己酮 $C_6H_{10}O$
MM = 82.14 g · mol^{-1} $T_{熔点} = -103.5 ℃$　　$T_{沸点} = 82.98 ℃$ $d = 0.811\ 0$　　$n_D^{20} = 1.446\ 5$ 溶解性：不溶于水 性状：液体	MM = 98.14 g · mol^{-1} $T_{熔点} = -47 ℃$　　$T_{沸点} = 155 ℃$ $d = 0.974$　　$n_D^{20} = 1.447$ 溶解性：水中的溶解度为 86 g/L 性状：液体
环己醇 $C_6H_{12}O$	苯甲酸 $C_7H_6O_2$
MM = 100.16 g · mol^{-1} $T_{熔点} = 25.93 ℃$　　$T_{沸点} = 160.84 ℃$ $d = 0.962\ 4$　　$n_D^{20} = 1.464\ 1$ 溶解性：溶于水 性状：固体	MM = 122.12 g · mol^{-1} $T_{熔点} = 122 ℃$ pKa = 4.2 溶解性：微溶于水，易溶于乙醇、环己烷 性状：白色固体

Monohydrate d'orthophénantroline
$$C_{12}H_8N_2 \cdot H_2O$$

MM = 198,22 g · mol^{-1}

T_{fus} = 100–104°C
solubilité: soluble dans l'eau
aspect: poudre blanche

Cyclohexane
$$C_{16}H_{12}$$

MM = 84,16 g · mol^{-1}

T_{fus} = 6,59°C $T_{éb}$ = 80,73°C
d = 0,773 9 n_D^{20} = 1,423 5
solubilité: insoluble dans l'eau
aspect: liquide

Cyclohexène
$$C_6H_{10}$$

MM = 82,14 g · mol^{-1}

T_{fus} = −103,5°C $T_{éb}$ = 82,98°C
d = 0,811 0 n_D^{20} = 1,446 5
solubilité: insoluble dans l'eau
aspect: liquide

Cyclohexanone
$$C_6H_{10}O$$

MM = 98,14 g · mol^{-1}

T_{fus} = −47°C $T_{éb}$ = 155°C
d = 0,974 n_D^{20} = 1,447
solubilité: 86 g/L dans l'eau
aspect: liquide

Cyclohexanol
$$C_6H_{12}O$$

MM = 100,16 g · mol^{-1}

T_{fus} = 25,93°C $T_{éb}$ = 160,84°C
d = 0,962 4 n_D^{20} = 1,464 1
solubilité: soluble dans l'eau
aspect: solide

Acide benzoïque
$$C_7H_6O_2$$

MM = 122,12 g · mol^{-1}

T_{fus} = 122°C
pKa = 4,2
solubilité: peu soluble dans l'eau; très soluble
dans l'éthanol et le cyclohexane
aspect: solide blanc

苯甲醇　　　　　　　　　　　　　C_7H_8O MM = 108.14 g · mol^{-1} $T_{熔点} = -15℃$　　　$T_{沸点} = 205℃$ $d = 1.04$　　　　　$n_D^{20} = 1.538\,4$ pKa = 15.40 溶解性：微溶于水，易溶于乙醇、环己烷等 性状：液体无色 ！	苯甲醛　　　　　　　　　　　　　C_7H_6O MM = 106.12 g · mol^{-1} $T_{沸点} = 179℃$ d = 1.05　　　　　$n_D^{20} = 1.543\,7$ 溶解性：微溶于水，易溶于乙醇、环己烷等 性状：具有杏仁味的无色液体 ！
苯甲酸钾　　　　　　　　　　　$C_7H_5O_2K$ MM = 160.21 g · mol^{-1} $T_{熔点} > 300℃$ 溶解性：极易溶于水，微溶于乙醇、环己烷等 性状：白色固体 ！	叔丁基氯　　　　　　　　　　　　C_4H_9Cl MM = 92.57 g · mol^{-1} $T_{熔点} = -25℃$　　　$T_{沸点} = 51 \sim 52℃$ $d = 0.851$ 性状：液体 🔥
叔丁醇　　　　　　　　　　　　$C_4H_{10}O$ MM = 74.12 g · mol^{-1} $T_{熔点} = 23 \sim 26℃$　　$T_{沸点} = 83℃$ $d = 0.781$　　　　　$n_D^{20} = 1.387$ 溶解性：与水互溶 性状：无色液体 🔥　！	（+）-柠檬烯　　　　　　　　　　$C_{10}H_{16}$ MM = 136.23 g · mol^{-1} $T_{熔点} = -75℃$　　　$T_{沸点} = 176℃$ $d = 0.84$　　　　　$n_D^{20} = 1.471\,5$ 溶解性：不溶于水 性状：柑橘味无色液体 ！　🔥　🌿　☠

Alcool benzylique $\qquad$ **C_7H_8O** MM = 108,14 g · mol^{-1} $T_{fus} = -15°C$ $\qquad$ $T_{éb} = 205°C$ $d = 1,04$ $\qquad$ $n_D^{20} = 1,538\,4$ pKa = 15,40 solubilité: peu soluble dans l'eau; très soluble dans l'éthanol et le cyclohexane aspect: liquide incolore	Benzaldéhyde $\qquad$ **C_7H_6O** MM = 106,12 g · mol^{-1} $T_{éb} = 179°C$ $d = 1,05$ $\qquad$ $n_D^{20} = 1,543\,7$ solubilité: peu soluble dans l'eau; très soluble dans l'éthanol et le cyclohexane aspect: liquide incolre; odeur amande
Benzoate de potassium $\qquad$ **$C_7H_5O_2K$** MM = 160,21 g · mol^{-1} $T_{fus} = >300°C$ solubilité: très soluble dans l'eau; peu soluble dans l'éthanol et insoluble dans le cyclohexane aspect: solide blanc	Chlorure de tertiobutyle $\qquad$ **C_4H_9Cl** MM = 92,57 g · mol^{-1} $T_{fus} = -25°C$ $\qquad$ $T_{éb} = 51-52°C$ $d = 0,851$ aspect: liquide
2-Méthylpropan-2-ol $\qquad$ **$C_4H_{10}O$** MM = 74,12 g · mol^{-1} $T_{fus} = 23-26°C$ $\qquad$ $T_{éb} = 83°C$ d = 0,781 $\qquad$ $n_D^{20} = 1,387$ solubilité: miscible avec l'eau aspect: liquide incolore	(+)-Limonène $\qquad$ **$C_{10}H_{16}$** MM = 136,23 g · mol^{-1} $T_{fus} = -75°C$ $\qquad$ $T_{éb} = 176°C$ $d = 0,84$ $\qquad$ $n_D^{20} = 1,471\,5$ solubilité: insoluble dans l'eau aspect: liquide incolore à l'odeur d'agrume

柠檬酸 $C_6H_8O_7$ MM = 192.12 g·mol^{-1} $T_{熔点}$ = 153～154℃　$T_{沸点}$ = 309.6℃ d = 1.542　　　　n_D^{20} = 1.493~1.509 pKa$_1$ = 3.1; pKa$_2$ = 4.7; pKa$_3$ = 6.4 性状：白色晶状粉末	氢氧化钾 **KOH** MM = 56.11 g·mol^{-1} $T_{熔点}$ = 361℃　　　$T_{沸点}$ = 1 320℃ d = 1.450　　　　n_D^{20} = 1.421 溶解性：溶于水、乙醇 性状：易吸潮白色固体
氢氧化钠 **NaOH** MM = 39.997 g·mol^{-1} $T_{熔点}$ = 323℃ 溶解性：水中的溶解度 1 090 g/L(20℃) 性状：易吸潮白色晶体	盐酸萘乙二胺 $C_{12}H_{16}Cl_2N_2$ MM = 259.17 g·mol^{-1} $T_{熔点}$ = (dec.)190℃ d = 1.36 性状：黄绿色结晶粉末
盐酸羟胺 **H$_2$NOH·HCl** MM = 69.49 g·mol^{-1} $T_{熔点}$ = (dec.)155～157℃ 溶解性：水中的溶解度 470 g/L 性状：无色晶体	铁 **Fe** MM = 55.85 g·mol^{-1} $T_{熔点}$ = 1 538℃　　　$T_{沸点}$ = 2 861℃ d = 7.874 溶解性：不溶于水 性状：具有灰色反光的银色固体

Acide citrique

$$C_6H_8O_7$$

MM = 192,12 g · mol^{-1}

T_{fus} = 153–154°C　　$T_{éb}$ = 309,6°C
d = 1,542　　　　n_D^{20} = 1,493–1,509
pKa$_1$ = 3,1; pKa$_2$ = 4,7; pKa$_3$ = 6,4
aspect: poudre de cristal blanc

Hydroxyde de potassium

KOH

MM = 56,11 g · mol^{-1}

T_{fus} = 361°C　　$T_{éb}$ = 1 320°C
d = 1,450　　　n_D^{20} = 1,421
solubilité: soluble dans l'eau, éthanol
aspect: solide blanc, hygroscopique

Hydroxyde de sodium

NaOH

MM = 39,997 g · mol^{-1}

T_{fus} = 323°C
solubilité: 1 090 g/L dans l'eau (20°C)
aspect: cristaux blanc, hygroscopique

Dichlorhydrate de N-1-naphtyléthylènediamine

$$C_{12}H_{16}Cl_2N_2$$

MM = 259,17 g · mol^{-1}

T_{fus} = (dec.)190°C
d = 1,36
aspect: poudre cristalline vert-jaune

Chlorhydrate d'hydroxylamine

H$_2$NOH · HCl

MM = 69,49 g · mol^{-1}

T_{fus} = (dec.)155–157°C
solubilité: 470 g/L dans l'eau
aspect: cristal incolore

Fer

Fe

MM = 55,85 g · mol^{-1}

T_{fus} = 1 538°C　　$T_{éb}$ = 2 861°C
d = 7,874
solubilité: insoluble dans l'eau
aspect: solide blanc argenté; reflets gris

铅 **Pb** MM = 207.2 g·mol^{-1} $T_{熔点}$ = 327℃ d = 11.35 性状:灰色可塑性固体	氨水 **H$_5$NO** 水中的氨含量≥25% MM = 35.04 g·mol^{-1} $T_{熔点}$ = −69℃ $T_{沸点}$ = 36℃ d = 0.9 pKa = 9.23 性状:无色液体,具有强烈刺激性气味
高锰酸钾 **KMnO$_4$** MM = 158.03 g·mol^{-1} d = 2.7 溶解性:水中的溶解度为76 g/L 性状:紫色固体	酚酞 **C$_{20}$H$_{14}$O$_4$** MM = 318.32 g·mol^{-1} $T_{熔点}$ = 251~263℃ $T_{沸点}$ > 450℃ 溶解性:水中的溶解度为0.003 36 g/L 性状:白色粉末或晶体
铬黑T(NET) **C$_{20}$H$_{12}$N$_3$NaO$_7$S** MM = 461.38 g·mol^{-1} pKa$_1$ = 6.2;pKa$_2$ = 11.6 溶解性:水中的溶解度为50 g/L 性状:黑色粉末	硝酸铅 **Pb(NO$_3$)$_2$** MM = 331.2 g·mol^{-1} $T_{熔点}$ = 270℃ d = 4.53 溶解性:易溶于水 性状:白色固体

Plomb **Pb** MM = 207,2 g · mol^{-1} T_{fus} = 327°C d = 11,35 aspect: solide gris et malléable	Ammoniac **H$_5$NO** $\geqslant$ 25% NH$_3$ dans H$_2$O MM = 35,04 g · mol^{-1} T_{fus} = −69°C $\qquad$ $T_{éb}$ = 36°C d = 0,9 pKa = 9,23 aspect: liquide transparent incolore avec une forte odeur irritante
Permanganate de potassium **KMnO$_4$** MM = 158,03 g · mol^{-1} d = 2,7 solubilité: 76 g/L dans l'eau aspect: solide violet	Phénolphtaléine **C$_{20}$H$_{14}$O$_4$** MM = 318,32 g · mol^{-1} T_{fus} = 251–263°C $\qquad$ $T_{éb}$ = > 450°C solubilité: 0,003 36 g/L dans l'eau aspect: cristal ou poudre blanche
Noir eriochrome T (NET) **C$_{20}$H$_{12}$N$_3$NaO$_7$S** MM = 461,38 g · mol^{-1} pKa$_1$ = 6,2; pKa$_2$ = 11,6 solubilité: 50 g/L dans l'eau aspect: poudre noire	Nitrate de plomb **Pb(NO$_3$)$_2$** MM = 331,2 g · mol^{-1} T_{fus} = 270°C d = 4,53 solubilité: très soluble dans l'eau aspect: solide blanc

硫酸汞　　　　　　　　　　　$HgSO_4$ MM = 296.65 g·mol^{-1} 溶解性：在冷水中分解，热溶于酸性溶液 性状：白色固体	硫酸氢钠　　　　　　　　　　$NaHSO_4$ MM = 120.06 g·mol^{-1} pKa = 1.99 性状：白色单斜晶体
硫酸高铁铵　　　　　　　$FeH_4NO_8S_2$ MM = 266.01 g·mol^{-1} $T_{熔点}$ = 40℃　　　　$T_{沸点}$ = 85℃ d = 0.87　　　　n_D^{20} = 1.406 性状：紫色晶体	硫酸锌　　　　　　　　　　　$ZnSO_4$ MM = 161.47 g·mol^{-1} $T_{熔点}$100℃　　　　T$_{沸点}$ = 330℃ d = 1.957 溶解性：溶于水 性状：无色固体
硫酸镁　　　　　　　　　　　$MgSO_4$ MM = 120.37 g·mol^{-1} $T_{熔点}$ =（dec.）150℃ d = 2.57 溶解性：溶于水 性状：白色粉末	锌　　　　　　　　　　　　　　Zn MM = 65.41 g·mol^{-1} $T_{熔点}$ = 419.5℃　　　$T_{沸点}$ = 907℃ d = 7.134 溶解性：不溶于水 性状：灰蓝色固体

Sulfate de mercure $\qquad$ **HgSO$_4$** MM = 296,65 g $\cdot$ mol^{-1} solubilité: se décompose dans l'eau froide, soluble à chaud en solution acide aspect: solide blanc	Hydrogénosulfate de sodium $\qquad$ **NaHSO$_4$** MM = 120,06 g $\cdot$ mol^{-1} pKa = 1,99 aspect: solution incolore
Sulfate ferrique d'ammonium $\qquad$ **FeH$_4$NO$_8$S$_2$** MM = 266,01 g $\cdot$ mol^{-1} $T_{fus} = 40°C$ $\qquad$ $T_{éb} = 85°C$ $d = 0,87$ $\qquad$ $n_D^{20} = 1,406$ aspect: cristaux violets	Sulfate de zinc $\qquad$ **ZnSO$_4$** MM = 161,47 g $\cdot$ mol^{-1} $T_{fus} = 100°C$ $\qquad$ $T_{éb} = 330°C$ $d = 1,957$ solubilité: soluble dans l'eau aspect: solide incolore
Sulfate de magnésium $\qquad$ **MgSO$_4$** MM = 120,37 g $\cdot$ mol^{-1} $T_{fus} = (dec.)150°C$ $d = 2,57$ solubilité: soluble dans l'eau aspect: poudre blanche	Zinc $\qquad$ **Zn** MM = 65,41 g $\cdot$ mol^{-1} $T_{fus} = 419,5°C$ $\qquad$ $T_{éb} = 907°C$ $d = 7,134$ solubilité: insoluble dans l'eau aspect: solide gris-bleuté

氯化钾 KCl	氯化铵 NH₄Cl

氯化钾

KCl

MM = 74.55 g · mol^{-1}

$T_{熔点}$ = 770℃　　　　$T_{沸点}$ = 1 500℃
d = 1.984
溶解性:水中的溶解度为 339.7 g/L
性状:白色粉末或无色晶体

氯化铵

NH₄Cl

MM = 53.49 g · mol^{-1}

$T_{熔点}$ =(升华)338℃　　$T_{沸点}$ = 520℃
d = 1.519
pKa = 9.24
溶解性:水中的溶解度为 395 g/L
性状:白色固体

氯化钠

NaCl

MM = 58.44 g · mol^{-1}

$T_{熔点}$ = 800.7℃　　　$T_{沸点}$ = 1 465℃
d = 2.17
溶解性:水中的溶解度为 360 g/L
性状:白色固体

氯化镁

MgCl₂

MM = 95.21 g · mol^{-1}

$T_{熔点}$ = 714℃　　　　$T_{沸点}$ = 1 412℃
d = 2.32　　　　　n_D^{20} = 1.336
性状:易吸潮白色晶体

氯苯

C₆H₅Cl

MM = 112.56 g · mol^{-1}

$T_{熔点}$ = −45.31℃　　　$T_{沸点}$ = 131.72℃
d = 1.105 8　　　n_D^{20} = 1.524 1
溶解性:不溶于水
性状:液体

碘

I₂

MM = 253.81 g · mol^{-1}

$T_{熔点}$ = 113℃　　　　$T_{沸点}$ = 184℃
溶解性:水中的溶解度为 0.3 g/L
性状:黑色、蓝色或深紫色晶体

Chlorure de potassium **KCl** MM = 74,55 g · mol^{-1} T_{fus} = 770°C　　　　$T_{éb}$ = 1 500°C d = 1,984 solubilité: 339,7 g/L dans l'eau aspect: poudre blanche ou cristal incolore	Chlorure d'ammonium **NH$_4$Cl** MM = 53,49 g · mol^{-1} T_{fus} = (sub.)338°C　　　$T_{éb}$ = 520°C d = 1,519 pKa = 9,24 solubilité: 395 g/L dans l'eau aspect: solide blanc
Chlorure de sodium **NaCl** MM = 58,44 g · mol^{-1} T_{fus} = 807,7°C　　　　$T_{éb}$ = 1 465°C d = 2,17 solubilité: 360 g/L dans l'eau aspect: solide blanc	Chlorure de magnesium **MgCl$_2$** MM = 95,21 g · mol^{-1} T_{fus} = 714°C　　　　$T_{éb}$ = 1 412°C d = 2,32　　　　n_D^{20} = 1,336 aspect: cristal blanc, hygroscopique
Chlorobenzène **C$_6$H$_5$Cl** MM = 112,56 g · mol^{-1} T_{fus} = −45,31°C　　　$T_{éb}$ = 131,72°C d = 1,105 8　　　n_D^{20} = 1,524 1 solubilité: insoluble dans l'eau aspect: liquide	Diiode **I$_2$** MM = 253,81 g · mol^{-1} T_{fus} = 113°C　　　　$T_{éb}$ = 184°C solubilité: 0,3 g/L dans l'eau aspect: cristaux noirs à bleuâtres ou pourpre foncé

碘化钾　　　　　　　　　　　　**KI** MM = 166.00 g・mol^{-1} $T_{熔点}$ = 680℃　　　　$T_{沸点}$ = 1 330℃ d = 3.13　　　　　　n_D^{20} = 1.677 性状：白色至米白色结晶粉末	愈创木酚　　　　　　　　　　**C$_7$H$_8$O$_2$** MM = 124.14 g・mol^{-1} $T_{熔点}$ = 32℃　　　　　$T_{沸点}$ = 205℃ d = 1.128 7　　　　　n_D^{20} = 1.542 9 溶解性：微溶于水 性状：液体
愈创木酚甘油醚　　　　　　　**C$_{10}$H$_{14}$O$_4$** MM = 198.21 g・mol^{-1} $T_{熔点}$ = 77～81℃　　　$T_{沸点}$ = 215℃ 溶解性：水中的溶解度为 50 g/L 性状：白色固体 	溴化乙基镁　　　　　　　　**C$_2$H$_5$MgBr** 四氢呋喃溶液（3.4 mol・L^{-1}） MM = 133.27 g・mol^{-1} d = 1.05 性状：棕色溶液
碳酸　　　　　　　　　　　　**H$_2$CO$_3$** MM = 62.03 g・mol^{-1} d = 1.669 pKa$_1$ = 6.3；pKa$_2$ = 10.33 溶解性：饱和碳酸水溶液的浓度为 0.033 mol/L 	碳酸钠　　　　　　　　　　**Na$_2$CO$_3$** MM = 105.99 g・mol^{-1} $T_{熔点}$ = 851℃ d = 10.33 溶解性：水中的溶解度为 300 g/L 性状：易吸潮白色粉末

Iodure de potassium **KI**	2-Méthoxyphénol **C₇H₈O₂**

Iodure de potassium

KI

$MM = 166{,}00 \text{ g} \cdot \text{mol}^{-1}$

$T_{fus} = 680°C$ $\qquad$ $T_{éb} = 1\,330°C$
$d = 3{,}13$ $\qquad$ $n_D^{20} = 1{,}677$
aspect: poudre cristalline blanche à blanc cassé

2-Méthoxyphénol

C₇H₈O₂

$MM = 124{,}14 \text{ g} \cdot \text{mol}^{-1}$

$T_{fus} = 32°C$ $\qquad$ $T_{éb} = 205°C$
$d = 1{,}128\,7$ $\qquad$ $n_D^{20} = 1{,}542\,9$
solubilité: légèrement soluble dans l'eau
aspect: liquide

Guaïfenesine

C₁₀H₁₄O₄

$MM = 198{,}21 \text{ g} \cdot \text{mol}^{-1}$

$T_{fus} = 77–81°C$ $\qquad$ $T_{éb} = 215°C$
solubilité: 50 g/L dans l'eau
aspect: solide blanc

Bromure d'éthylmagnésium

C₂H₅MgBr

complexe en solution dans THF
$(3{,}4 \text{ mol} \cdot \text{L}^{-1})$
$MM = 133{,}27 \text{ g} \cdot \text{mol}^{-1}$

$d = 1{,}05$
aspect: solution brune

Acide carbonique

H₂CO₃

$MM = 62{,}03 \text{ g} \cdot \text{mol}^{-1}$

$d = 1{,}669$
$pKa_1 = 6{,}3$; $pKa_2 = 10{,}33$
solubilité: solution saturée du dioxyde de carbone l'eau 0,033 mol/L

Carbonate de sodium

Na₂CO₃

$MM = 105{,}99 \text{ g} \cdot \text{mol}^{-1}$

$T_{fus} = 851°C$
$pKa = 10{,}33$
solubilité: 300 g/L dans l'eau
aspect: poudre blanche hygroscopique

碳酸氢钠	碳酸钾
NaHCO₃	**K₂CO₃**

碳酸氢钠

NaHCO$_3$

MM $= 84.01$ g $\cdot$ mol^{-1}

$T_{熔点} = 270℃$　　　　$T_{沸点} = 851℃$
$d = 2.20$　　　　　　$n_D^{20} = 1.500$
pKa$_1 = 6.3$；pKa$_2 = 10.33$
溶解性：水中的溶解度为 90 g/L（20℃）
性状：白色晶体

碳酸钾

K$_2$CO$_3$

MM $= 138.21$ g $\cdot$ mol^{-1}

$T_{熔点} = 891℃$　　　　　$T_{沸点} = 333.6℃$
$d = 2.43$
溶解性：水中的溶解度 1 120 g/L（20℃）
性状：白色粉末

磷酸

H$_3$PO$_4$

质量浓度为 85% 的水溶液
MM $= 97.995$ g $\cdot$ mol^{-1}

$T_{沸点} = 158℃$
$d = 1.685$　　　　　　$n_D^{20} = 1.433$
pKa$_1 = 2.1$；pKa$_2 = 7.2$；pKa$_3 = 12.1$
性状：液体

Bicarbonate de sodium

NaHCO₃

MM = 84,01 g · mol⁻¹

$T_{fus} = 270°C$ $\quad T_{éb} = 851°C$
$d = 2,20$ $\quad n_D^{20} = 1,500$
pKa₁ = 6,3; pKa₂ = 10,33
solubilité: 90 g/L dans l'eau (20°C)
aspect: cristal blanc

Carbonate de potassium

K₂CO₃

MM = 138,21 g · mol⁻¹

$T_{fus} = 891°C$ $\quad T_{éb} = 333,6°C$
$d = 2,43$
solubilité: 1 120 g/L dans l'eau (20°C)
aspect: poudre blanche

Acide phosphorique

H₃PO₄

Solution dans l'eau 85% (pourcentage massique)
MM = 97,995 g · mol⁻¹

$T_{éb} = 158°C$
$d = 1,685$ $\quad n_D^{20} = 1,433$
pKa₁ = 2,1; pKa₂ = 7,2; pKa₃ = 12,1
aspect: liquide

3.3 实验基本操作

3.3节对本书涉及的实验操作进行详细的介绍。

3.3.1 蒸馏

蒸馏是一种利用各混合组分沸点不同,将液体混合物中的组分进行分离的方法,简单蒸馏装置如图3-1所示。蒸馏操作在实验室的应用一般包括以下几方面。

(1)在合成化学中,反应结束后,利用蒸馏可以对反应产物进行提纯。

(2)在天然产物化学中,利用蒸馏从天然物质中提取出目标化合物。

(3)在合成过程中,通过蒸馏将某一种生成的副产物从反应体系中分离,从而优化目标反应的进行。

在实际操作中,可以根据实验目的、液态混合物中组分的混溶性,以及待蒸馏化合物的不同沸点等因素,选择不同的蒸馏装置。

(1)将装好待蒸馏混合物的烧瓶牢牢地固定在铁架台上,注意烧瓶中液体的填充量不得超过其总容量的四分之三。

(2)添加沸石,根据所需的蒸馏技术组装蒸馏装置。**注意**:必须在安装加热装置之前填充烧瓶。

(3)将水管连接到直型冷凝管上,并调节水流。

(4)安装加热装置。**注意**:必须确保加热系统在系统过热时能够被安全移除。

(5)加热混合物直至沸腾,之后调节加热温度以便在收集管出口处获得稳定流速的馏分。

(6)记录蒸馏头的温度,可根据需要,绘制热分析曲线(如图3-3和图3-5所示),以便更精确地监测。当温度达到平台期或平台期结束时更换回收容器。

3.3 Techniques expérimentales

Dans cette partie, les techniques expérimentales utilisées dans les sujets de ce manuel sont présentées sous forme de fiches détaillées.

3.3.1 Distillation

La distillation est une méthode de séparation des composants d'un mélange liquide en utilisant les caractéristiques des différents points d'ébullition des composants du mélange. Les applications de distillation en laboratoire comprennent généralement:

(1) en chimie de synthèse, les produits peuvent être purifiés par distillation après la réaction.

(2) en chimie des produits naturels, certains composés peuvent être extraits des substances naturelles par distillation.

(3) au cours d'une synthèse, un produit secondaire généré peut être séparé du milieu réactionnel par distillation afin d'optimiser la réaction.

Dans la pratique, plusieurs montages de distillation peuvent être sélectionnés en fonction de facteurs tels que le but de l'expérience, la miscibilité des constituants du mélange liquide et le point d'ébullition du composé à distiller.

(1) Fixer fermement le ballon rempli du mélange à distiller sur un support en fer, en veillant à ce que la quantité de liquide dans le ballon ne dépasse pas les trois quarts de sa capacité totale.

(2) Ajouter la zéolithe. Le montage de distillation est ensuite assemblé selon la technique de distillation requise. **Remarque:** le ballon doit être rempli avant l'installation du système de chauffage.

(3) Raccorder le tuyau au réfrigérant droit et régler le débit d'eau.

(4) Installer le système de chauffage. **Remarque:** il faut s'assurer que le système de chauffage peut être retiré en toute sécurité en cas de surchauffe.

(5) Chauffer le mélange jusqu'à ébullition, puis régler la température de chauffage pour obtenir une fraction à débit constant à la sortie de l'allonge coudé.

(6) Noter la température de la tête de distillation (une courbe d'analyse thermique, comme dans la Figure 3–3 et la Figure 3–5, peut être tracée au besoin pour une surveillance plus précise). Remplacer le récipient de récupération lorsque la température atteint un palier ou à la fin d'un palier.

（7）当预期的化合物已回收或烧瓶中剩余的液体量不足时停止加热。

（8）取下加热装置，让其冷却至室温。

3.3.1.1　简单蒸馏

简单蒸馏，也称单级蒸馏，用于分离沸点差异较大的互溶液体混合物（$\Delta T_{EB} \geqslant 80℃$）。例如，它可以提纯中药挥发油。简单蒸馏装置如图3-1所示。

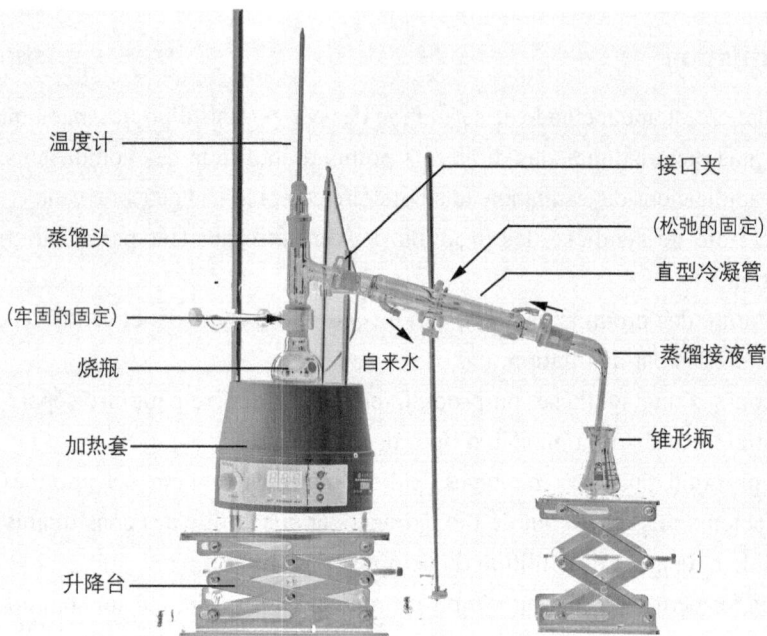

图3-1　简单蒸馏装置图

3.3.1.2　分馏

分馏，也称分步蒸馏，是一种多次蒸馏操作技术，它利用刺形（韦氏）蒸馏柱内壁上的尖刺结构以增大蒸气凝结表面积，从而形成多次简单蒸馏过程。该技术适用于分离沸点温度差别不大（$\Delta T_{EB} \leqslant 80℃$）的液体混合物。分馏装置如图3-2所示。此外，实验人员还可根据需要绘制分馏过程中的热分析曲线（如图3-3所示）。

(7) Arrêter le chauffage lorsque le composé souhaité a été récupéré ou lorsque la quantité de liquide restant dans le ballon est insuffisante.

(8) Retirer le système de chauffage et laisser refroidir à température ambiante.

3.3.1.1　distillation simple

La distillation simple est utilisée pour séparer les mélanges liquides miscibles ayant des points d'ébullition très différents. ($\Delta T_{EB} \geq 80°C$). Par exemple, pour purifier les huiles volatiles dans la médecine chinoise traditionnelle. Le montage de distillation simple est montré dans la Figure 3–1.

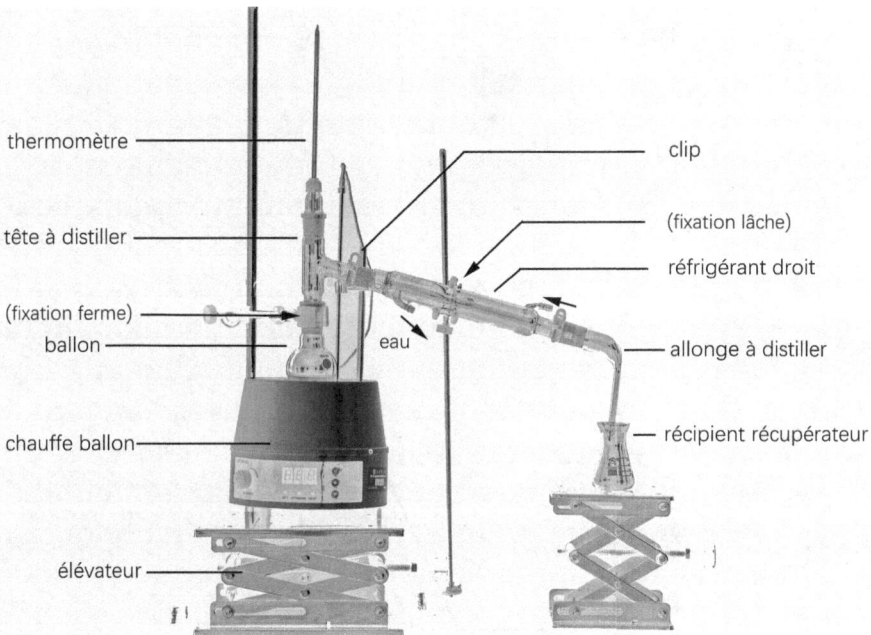

Figure 3–1　Montage de distillation simple

3.3.1.2　Distillation fractionnée

La distillation fractionnée, est en fait une technique de distillation multiple qui utilise une colonne VIGREUX, qui possède des pointes sur sa paroi interne pour augmenter la surface de condensation de la vapeur. Cette technique est utilisée pour séparer des composés avec des températures d'ébullition peu différentes ($\Delta T_{eb} \leq 80°C$). Le montage de distillation fractionnée est montré dans la Figure 3–2. Une courbe d'analyse thermique au cours d'une distillation fractionnée est montré dans la Figure 3–3.

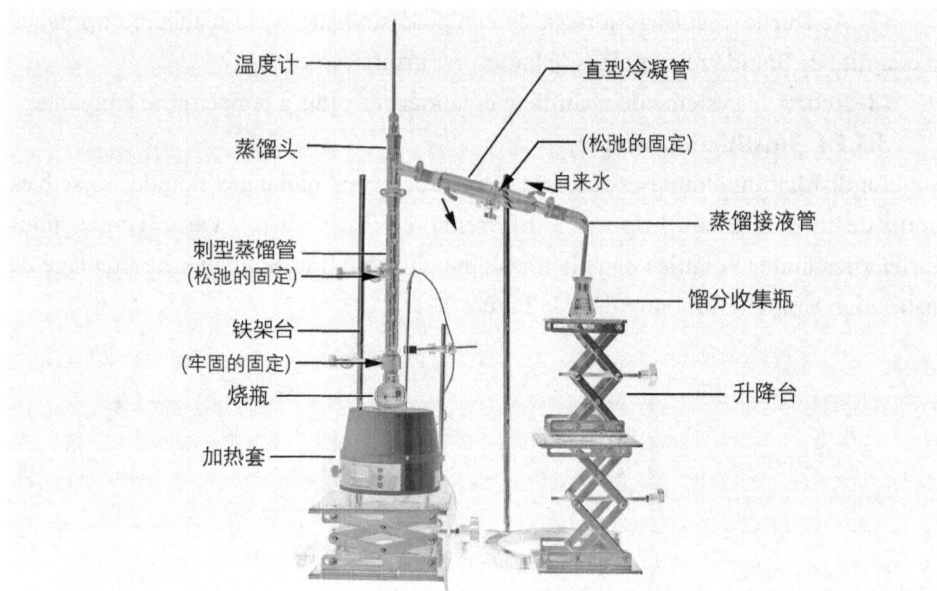

图3-2 分流装置图

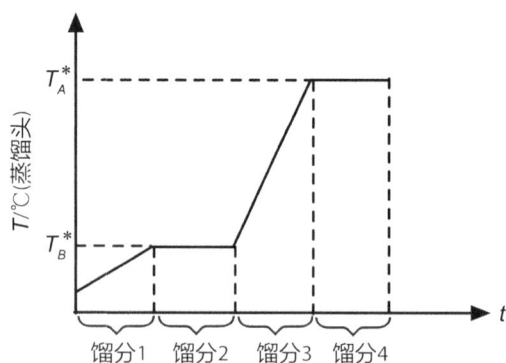

图3-3 分馏过程中的热分析曲线(T_A^*和T_B^*分别是混合物中成分A和B的沸点)

3.3.1.3 水蒸气蒸馏

用水蒸气蒸馏法提取天然产物中挥发油成分具有较长的历史。在蒸馏过程中,蒸气由水和与水不互溶的低挥发性有机分子组成。这种混合物称为异质共

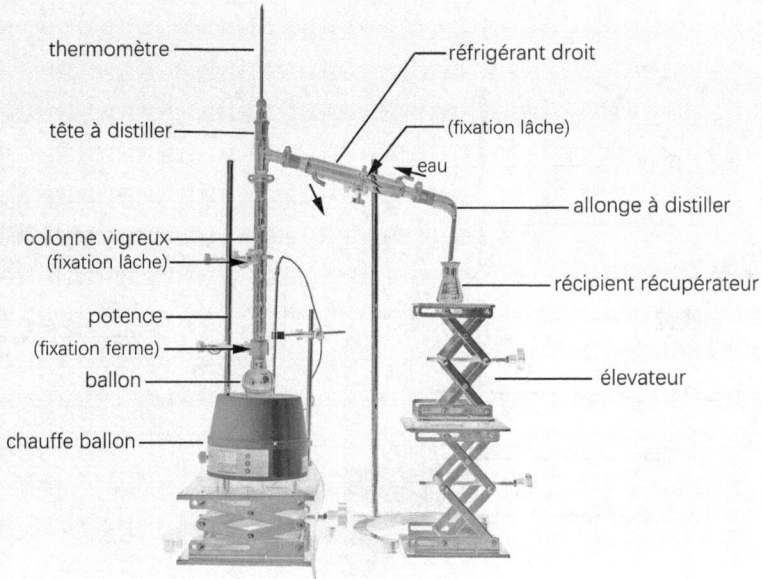

Figure 3–2　Montage de distillation fractionnée

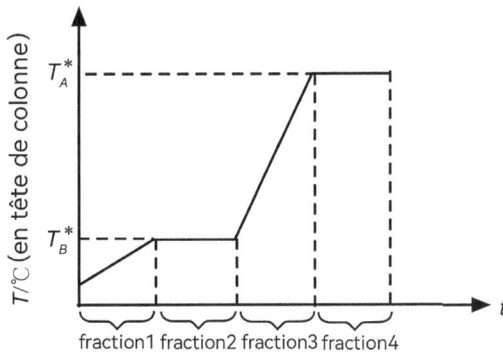

Figure 3–3　Courbe d'analyse thermique au cours d'une distillation fractionnée (T_A^* et T_B^* sont les températures d'ébullition respectives des constituants A et B du mélange)

3.3.1.3　Hydrodistillation

L'hydrodistillation est souvent utilisée pour extraire les huiles volatiles dans des produits naturels. Au cours de la distillation, la vapeur se compose d'eau et de molécules organiques faiblement volatiles qui ne sont pas miscibles avec l'eau. Ce mélange est appelé hétéroazéotrope. Le montage d'hydrodistillation est montré dans

沸物。水蒸气蒸馏装置如图3-4所示。水蒸气蒸馏过程中的热分析曲线如图3-5所示。

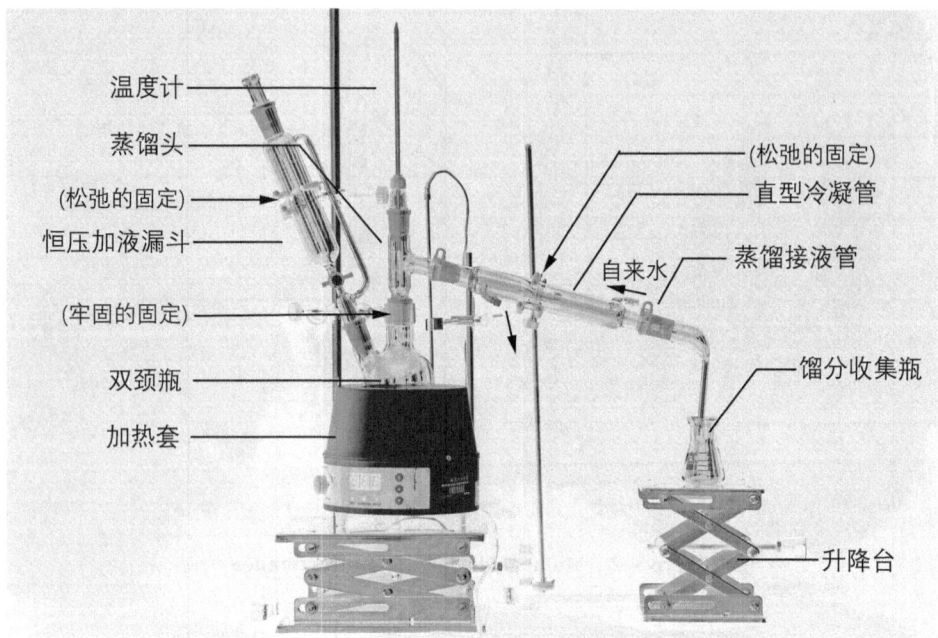

图3-4 水蒸气蒸馏装置图

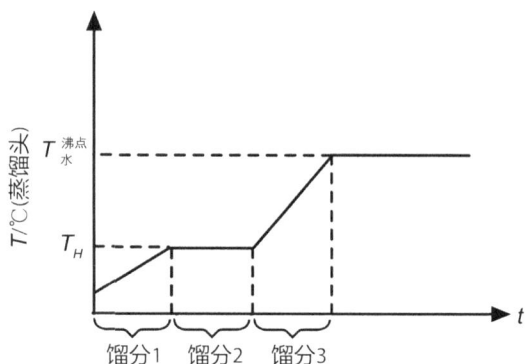

图3-5 水蒸气蒸馏过程中的热分析曲线

3.3.2 回流装置

在化学反应中,温度对于反应速率起着至关重要的影响,例如很多有机反

la Figure 3–4. Une courbe d'analyse thermique au cours d'une hydrodistillation est montré dans la Figure 3–5.

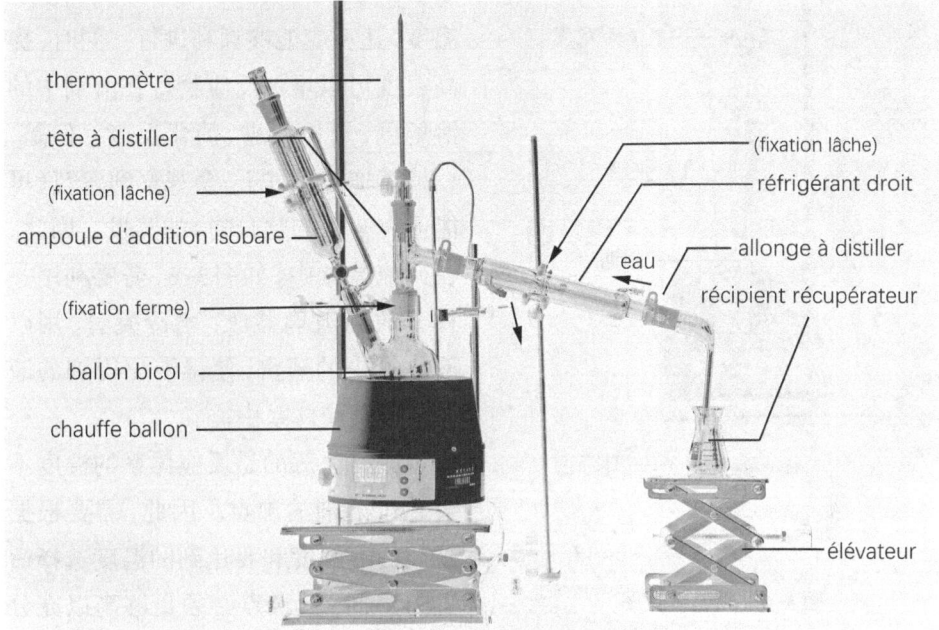

Figure 3–4　Montage d'hydrodistillation

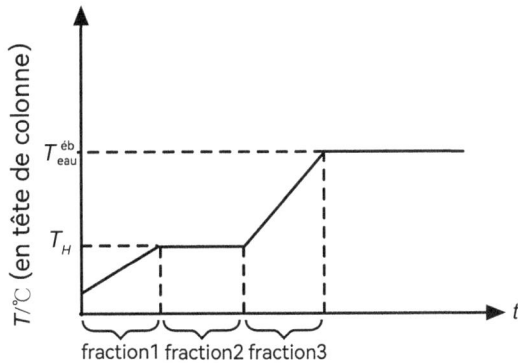

Figure 3–5　Courbe d'analyse thermique au cours d'une hydrodistillation

3.3.2　Montage à reflux

Dans les réactions chimiques, la température joue un rôle important dans la

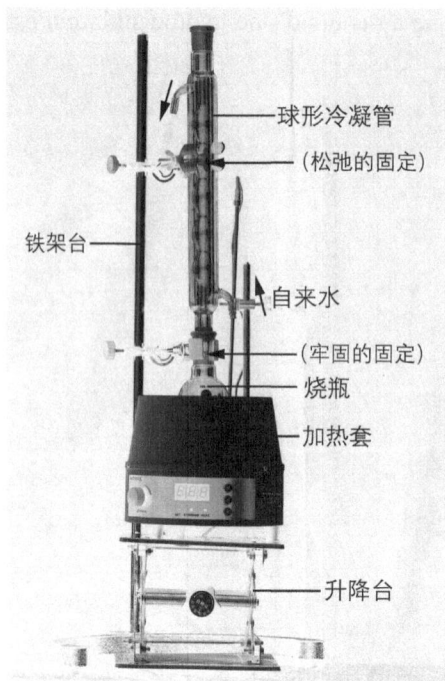

图3-6 回流装置图

应具有高的活化能和长的反应时间，因此，就需要通过加热来提高反应体系（反应物、催化剂、溶剂的混合物）温度，让反应能够顺利进行。同时，提高温度可以增加反应物等在溶剂中的溶解度，可以促进、简化反应。但是，在持续加热条件下，会观察到溶剂（可能还有溶解的化合物）的蒸发。因此，在回流装置中，如图3-6，需要利用一种开放的玻璃器皿：水冷凝管，用以液化管中的蒸汽，使得液化得到的液体落回反应体系中。

需要注意的是反应体系的温度不会超过溶剂的沸点。因此，需要根据试剂的溶解度和要达到的温度选择适宜的溶剂：其沸点必须足够高以充分加速反应，且不降解溶解的化合物。

（1）将烧瓶放置在烧瓶托上，加入试剂、反应溶剂、催化剂（若需要）和磁子（若需要）。**注意**：必须在安装加热系统之前填充烧瓶。

（2）开始组装装置，用两爪铁夹在烧瓶的磨砂颈部牢固地固定烧瓶，并保证高度足够使玻璃器皿不接触加热系统。

（3）润滑冷凝管接头并将管道连接到水龙头，使水从冷凝管底部流入。将冷凝管安装在烧瓶上，用松动（松弛的固定）的四指铁夹托住。向冷凝管供给小流量的水。

vitesse de réaction. Par exemple, de nombreuses réactions organiques ont une énergie d'activation élevée et des temps de réaction longs, de sorte que le chauffage est nécessaire pour augmenter la température du milieu réactionnel (mélange de réactifs, de catalyseurs, de solvants), afin que la réaction puisse se dérouler. De plus, l'augmentation de la température peut augmenter la solubilité des composés dans le solvant et ainsi faciliter la réaction. Cependant, dans des conditions de chauffage continu, on observe une évaporation du solvant (et éventuellement du composé dissous). Il est donc nécessaire d'utiliser une pièce de verrerie ouverte dans un montage à reflux (Figure 3–6), le réfrigérant à eau, pour condenser la vapeur, de sorte qu'elle retombe dans le milieu réactionnel.

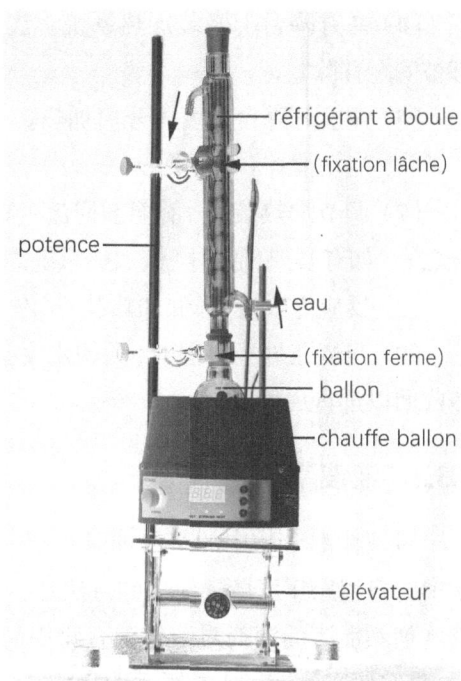

Figure 3–6 Schéma du montage à reflux

Il faut noter que la température du système réactionnel ne dépasse pas la température d'ébullition du solvant. Il est donc nécessaire de choisir le solvant approprié en fonction de la solubilité du réactif et de la température à atteindre: son point d'ébullition doit être suffisamment élevé pour accélérer suffisamment la réaction sans dégrader le composé dissous.

(1) Dans un ballon posé sur un valet (support), introduire les réactifs, le solvant de la réaction, éventuellement le catalyseur (si nécessaire) et une olive aimantée (si nécessaire). Attention: le ballon doit être rempli avant d'installer le système de chauffage.

(2) Commencer le montage en fixant fermement le ballon avec une pince ronde à deux doigts au niveau du col rodé central, suffisamment haut pour que la verrerie ne touche pas le système de chauffage.

(3) Graisser le rodage du réfrigérant et connecter les tuyaux au robinet de façon à ce que l'eau arrive par le bas du réfrigérant. Le placer sur le ballon en le maintenant par une pince quatre doigts lâche (non serrée). Alimenter le réfrigérant avec un faible débit d'eau.

（4）在升降台上安装加热系统。**注意：必须确保加热系统在系统过热时能**够被安全移除。

（5）调节升降台高度并开启加热。

（6）启动搅拌（若需要）。

（7）调节加热装置，使溶剂回流（沸腾）。产生的蒸气不应超过冷凝管的三分之一（如有必要，通过降低加热系统高度来调节反应温度）。

（8）反应完成后，降低加热装置，停止搅拌，并关闭加热装置。

（9）当烧瓶处于室温时，关闭水龙头，用四指铁夹将冷凝管抬起，然后将烧瓶收回以进行后续处理。

3.3.3　液液萃取

对液体混合物中的某一或某些组分进行提取，以达到提纯分离，是有机化学中的典型操作。最常使用的方法是，利用某种对提取成分溶解度高，且与混合物溶剂不混溶的溶剂对液体混合物中的组分进行提取，这就是萃取。在实验室中，我们使用分液漏斗进行萃取操作。

1）分配平衡的概念

两种不混溶的溶剂 A 和 B，以及可以溶解在 A 和 B 中的化合物 C。

当我们混合 A、B 和 C 时，C 会出现在 A 和 B 之中，最终建立了一个平衡：

$$C_{(B)} \rightleftharpoons C_{(A)}$$

这种平衡具有特征常数 $K = \dfrac{\left[C_{(A)} \right]}{\left[C_{(B)} \right]}$（也称为分配系数）。

2）萃取操作

分液漏斗放置在位置足够高的支撑物上，以便轻松放置和取出下方的锥形瓶。

（1）将锥形瓶放在分液漏斗下方。使用三角漏斗将液体混合物（连同反应溶剂一起）和萃取溶剂倒入分液漏斗中。

(4) Placer un agitateur magnétique chauffant sur un support élévateur et installer le système de chauffage. Attention: le système de chauffage doit pouvoir être enlevé en toute sécurité en cas de surchauffe.

(5) Allumer le chauffage et monter le support élévateur.

(6) Démarrer l'agitation (si nécessaire).

(7) Régler le chauffage pour être au reflux du solvant (ébullition). Les vapeurs produites ne doivent pas dépasser le tiers du réfrigérant (au besoin, ajuster la température dans le réacteur en abaissant le système de chauffage).

(8) Lorsque la transformation est terminée, abaisser le système de chauffage, arrêter l'agitation et éteindre le chauffage.

(9) Quand le ballon est à température ambiante, fermer le robinet d'eau, remonter le réfrigérant en l'attachant avec la pince quatre doigts et récupérer le ballon pour les traitements ultérieurs.

3.3.3　Extraction liquide-liquide

L'extraction d'un ou de certains composants d'un mélange liquide pour atteindre une séparation ou une purification est une opération typique en chimie organique. La méthode la plus couramment utilisée est l'extraction. Il s'agit d'utiliser un solvant qui dissout les composants mieux que le solvant du mélange mais non miscible avec le solvant du mélange. Au laboratoire, l'opération d'extraction est effectuée à l'aide d'une ampoule à décanter.

1) Notion d'équilibre de partage

Considérons deux solvants A et B non miscibles, et un composé C pouvant se dissoudre à la fois dans A et dans B.

Lorsqu'on mélange A, B et C, il y a partage de C entre A et B, et un équilibre s'établit:

$$C_{(B)} \rightleftharpoons C_{(A)}$$

Cet équilibre est caractérisé par la constante $K = \dfrac{[C_{(A)}]}{[C_{(B)}]}$, appelée coefficient de partage.

2) Extraction

L'ampoule à décanter est posée sur son support en position assez haute pour placer et retirer facilement un erlenmeyer en dessous du robinet.

(1) Placer une erlenmeyer sous l'ampoule à décanter. Verser le brut réactionnel (avec le solvant de synthèse) puis le solvant d'extraction dans l'ampoule à décanter à l'aide d'un entonnoir en verre.

（2）将分液漏斗盖上塞子，将其从支架上取下，一只手握住分液漏斗塞子处，另一只手放在底部活塞处。

（3）将分液漏斗慢慢翻转，打开活塞进行第一次排气。**注意**：分液漏斗出口必须指向无人的区域，例如通风橱的后部。实际上，排气可能很剧烈并导致液体飞溅。

（4）关闭阀门，用力摇晃分液漏斗并打开活塞进行排气。

（5）重复上一步，直到不再有气体释放（通常3～4次就足够了）。

（6）将分液漏斗装回支架中（在分液漏斗下方放置一个锥形瓶）并取下塞子。

（7）等待两相分离。

（8）当两相之间的边界清晰时，打开活塞，将第一相收集到锥形瓶中。识别锥形瓶上的相并在锥形瓶上做好标记。

（9）再次打开活塞，在另一个锥形瓶中收集第二相，识别并标记第二个相。

（10）对含有反应溶剂的相重复上述所有步骤两次。

（11）合并含有萃取液的相。

3）洗涤

根据需要，有机相可能需要用水溶液洗涤以去除一些杂质（酸、盐、催化剂等）。在这步操作时，大部分提取物会继续留在有机相中（有一小部分提取物会因为分配平衡而损失）。

4）盐析

在洗涤或萃取过程中，在相分离之前，可以将氯化钠固体添加到水相中（也可以将氯化钠的饱和溶液添加到混合液中）。这样会改变化合物的分配平衡并促进提取物从水相转移到有机相中。

5）预干燥

萃取或洗涤后，可进行预干燥操作：用盐的饱和水溶液（通常为氯化钠）洗涤有机相。该步骤可以去除有机相中存在的大部分水。

(2) Boucher l'ampoule, la retirer de son support et la tenir par une main au niveau du bouchon, l'autre main étant placée au niveau du robinet.

(3) Retourner l'ampoule lentement et ouvrir le robinet pour réaliser un premier dégazage. Attention, le robinet doit être dirigée vers une zone inoccupée, par exemple le fond de la hotte. En effet, le dégazage peut être violent et provoquer des projections de liquide.

(4) Fermer le robinet, agiter vigoureusement l'ampoule et dégazer en ouvrant le robinet.

(5) Répéter l'étape précédente jusqu'à ce qu'il n'y ait plus de gaz libéré (3–4 fois suffisent en général).

(6) Replacer l'ampoule sur son support (avec un erlenmeyer en dessous de l'ampoule à décanter) et retirer le bouchon.

(7) Attendre que les deux phases se séparent par décantation.

(8) Lorsque la limite entre les phases est nette, ouvrir le robinet et collecter la première phase dans un erlenmeyer. Identifier la phase et noter sur l'erlenmeyer.

(9) Ouvrir le robinet encore une fois pour collecter la seconde phase dans un autre erlenmeyer. Identifier la phase et noter sur l'erlenmeyer.

(10) Répéter deux fois l'ensemble des étapes précédentes sur la phase contenant le solvant de synthèse.

(11) Rassembler les phases contenant le solvant d'extraction.

3) Lavage

Au besoin, la phase organique peut être lavée en utilisant un solvant aqueux afin d'en éliminer les impuretés (acides, sels, catalyseurs ...). Durant cette étape, la majorité du composé chimique reste dans la phase organique (une petite partie de composé chimique est fatalement perdue du fait de l'équilibre de partage).

4) Relargage

Au cours d'un lavage ou d'une extraction, avant la séparation des phases, il est possible d'ajouter du chlorure de sodium NaCl(s) à la phase aqueuse (on peut également ajouter une solution saturée de chlorure de sodium à la solution). Cela modifie l'équilibre de partage et favorise le passage du composé chimique de la phase aqueuse vers la phase organique.

5) Préséchage

Après une extraction ou un lavage, il peut être utile de réaliser un préséchage: lavage de la phase organique avec une solution saturée (souvent de NaCl). Cette étape permet d'éliminer une bonne partie de l'eau présente dans la phase organique.

3.3.4　薄层层析色谱

薄层色谱法是一种常用的快速定性分析技术，其通过对混合物中成分的分离，可以达到识别化合物、检查纯度，或跟踪反应进程的目的。

在进行薄层层析色谱时，混合物被点在称为固定相的吸附剂上。吸附剂通常覆盖在惰性刚性板上。该板的下部与称为流动相的溶剂接触，该溶剂通过虹吸作用上升：此过程称为展开，流动相称为展开液。在展开过程中，根据化合物的如下三种特性之间的竞争，混合物中的不同化合物或多或少地在板上向上迁移：

① 化合物与固定相的吸附程度；

② 化合物在展开液中的溶解度；

③ 展开液在固定相上解吸附化合物，然后将它向上"推"。

这三种特性由弱的分子间作用力控制，包括范德瓦尔斯力和氢键。根据分子的极性和质子性，可以优化化合物在固定相上的分离情况。

（1）展开槽的准备：向槽中注入配好的展开液（约半厘米）后立即盖住盖子，使其达到在展开液蒸气中饱和。

（2）层析板的准备：在距层析板底部约1厘米处，在有固定相覆盖的一侧，用铅笔轻轻地画一条线（点样线），不要划伤表面。注意不要使用墨水。

（3）点稀释后样品：每个待分析的样品都需要制备成溶剂以备点样，如果样品是固体，则需将其溶解在某种溶剂中；如果它是液体，则需用挥发性溶剂稀释。点样时使用毛细管，在固定相上进行垂直点样。点样点应距板边缘约一厘米，彼此相隔约半厘米。混点的点样：将不同的化合物点在同一点上以帮助分析。

（4）点样点的验证：如果可能，在紫外灯下验证点样点。如果点样点太大，它们可能会在展开过程中重叠，从而无法分析。

（5）将层析板放入展开槽：用钳子将层析板垂直放入展开槽。展开液应低于点样线。盖紧展开槽。

3.3.4　Chromatographie sur couche mince

La chromatographie sur couche mince (CCM) est une technique d'analyse qualitative. Elle a pour but de séparer les constituants d'un mélange et permet d'identifier un composé chimique, de vérifier sa pureté, ou de suivre l'avancement d'une réaction. Lors d'une CCM, le mélange est déposé sur un solide poreux adsorbant appelé phase fixe qui recouvre une plaque rigide inerte. La partie inférieure de cette plaque est mise en contact avec un solvant appelé phase mobile qui migre par capillarité: on parle d'élution et la phase mobile est appelée éluant. Pendant l'élution, les différents composés du mélange migrent plus ou moins haut sur la plaque du fait de la compétition entre trois phénomènes:

① L'adsorption des composés sur la phase fixe.

② La solubilisation des composés dans l'éluant.

③ L'adsorption de l'éluant sur la phase stationnaire qui remplace les composés adsorbés sur la phase stationnaire et les "pousse" alors vers le haut.

Ces trois phénomènes sont gouvernés par des interactions faibles de type interactions de VAN DER WAALS et liaisons hydrogène. Pour optimiser la séparation entre les trois acteurs (composé, éluant, phase fixe), il faut prendre en compte leur polarité et leur proticité.

(1) Préparation de la cuve: remplir la cuve avec l'éluant (environ un demi centimètre) et fermer la cuve afin de la saturer en vapeur d'éluant.

(2) Préparation de la plaque: à environ 1 cm du bas, sur la face recouverte de phase fixe, tracer un trait (ligne de dépôt) au crayon de bois sans rayer la surface. Surtout ne pas utiliser d'encre.

(3) Dépôts des échantillons dilués: chaque échantillon à analyser est dissous s'il est solide ou dilué s'il est liquide dans un solvant volatil. Les dépôts sont réalisés à l'aide d'un tube capillaire, placé perpendiculairement à la plaque de silice. Les tâches doivent être éloignées du bord de la plaque d'environ un centimètre et séparées par environ un demi centimètre les unes des autres. Réaliser un co-dépôt: déposer différents composés chimiques sur le même point pour aider l'interprétation.

(4) Vérification des dépôts: Vérifier les dépôts, si c'est possible, sous la lampe UV. Si les dépôts sont trop larges, ils risquent de se recouvrir pendant l'élution et rendre impossible l'interprétation.

(5) Introduction dans la cuve: Introduire la plaque verticalement dans la cuve à l'aide d'une pince. Le niveau du liquide doit se situer sous la ligne de dépôt. Fermer la cuve.

（6）展开：展开过程中禁止移动展开槽。当展开液上升到距离板顶部 $1\sim$ 2 厘米时，将板从展开槽中取出。用铅笔立即标记展开液顶端的位置。

（7）显色：如果被分析的化合物在紫外光（254 nm）下有吸收，则可以将层析板放在 UV 灯下以观察不同点的位置。如果分析的化合物在紫外光中无吸收，请使用化学试剂（磷钼酸、高锰酸钾、碘等），大多数情况下化合物会被氧化而出现染色斑点。

（8）计算混合物中每种成分的比移值 R_f。令 d 为某组分的迁移距离，D 为点样线与展开液顶端之间的距离，则给定组分的比移值为

$$R_f = \frac{d}{D}$$

3.3.5　重结晶

重结晶是将晶体溶解在热溶剂中，又将其冷却二次结晶的过程，常用于对固态产物的纯化。其原理利用固体在溶剂中的溶解度随着温度的升高而增加的原理，当热的饱和溶液在冷却后，溶液便会过饱和而析出晶体。重结晶后的固体可以通过过滤操作分离。在冷溶剂中溶解的杂质则继续保留在溶剂中。重结晶装置图如图3-7所示。

（1）将待纯化的固体混合物放入装有磁子的双颈烧瓶中，并将其插入回流加热装置中。请注意：必须在安装加热装置前填充烧瓶。

（2）将装有重结晶溶剂的滴液漏斗（或等压加液漏斗）安装到烧瓶的侧颈上。

（3）用最少量的溶剂覆盖固体。

（4）加热使介质回流并搅拌。注意：必须确保加热系统在系统过热时能够被安全移除。

（5）如果固体完全溶解，关闭加热，降低升降台并移除加热装置，使系统恢复到室温。否则，每次加入少量溶剂直至固体完全溶解。每次添加溶剂后，需要等待回流恢复再进行下一次添加。

(6) Élution: Ne pas déplacer la cuve pendant l'élution. Lorsque le front de l'éluant arrive à 1 ou 2 centimètres du haut de la plaque, retirer la plaque de la cuve. Marquer immédiatement la position du front de l'éluant grâce à un crayon de bois.

(7) Révélation: Si les molécules analysées absorbent dans l'UV (254 nm), disposer la plaque sous UV pour visualiser la position des différentes tâches. Si les molécules analysées n'absorbent pas dans l'UV, utiliser un agent chimique (acide phosphomolybdique, permanganate de potassium, diiode, ...) qui va la plupart du temps oxyder la molécule et faire apparaître une tache colorée.

(8) Calculer les rapports frontaux *Rf* pour chaque constituant du mélange. Soient *d* la distance de migration d'un constituant, et *D* la distance entre la ligne de dépôt et le front d'élution, alors le rapport frontal pour un constituant donné est:

$$R_f = \frac{d}{D}$$

3.3.5　Recristallisation

Pour faire une recristallisation, on dissout des cristaux dans un solvant chaud et on les fait recristalliser à partir de ce mélange, en refroidissant. Elle est couramment utilisée pour la purification des produits solides. Son principe est basé sur le fait que la solubilité du solide dans un solvant augmente avec la température. Lorsque la solution chaude saturée est refroidie, la solution devient sursaturée et les cristaux se forment. Le solide après recristallisation est séparé par un essorage. Les impuretés restent dissoutes dans le solvant froid. Le montage de recristallisation est montré dans la Figure 3–7.

(1) Placer le composé solide à purifier dans un ballon bicol comportant un barreau aimanté et l'insérer dans un montage de chauffage à reflux. Attention: le ballon doit être rempli avant d'installer le système de chauffage.

(2) Adapter une ampoule de coulée (ou ampoule d'addition isobare) remplie avec le solvant de recristallisation sur le col latéral du ballon.

(3) Recouvrir le solide avec le minimum de solvant.

(4) Chauffer de sorte à porter le milieu au reflux du solvant et agiter. Attention: le système de chauffage doit pouvoir être enlevé en toute sécurité en cas de surchauffe.

(5) Si le solide est totalement dissous, arrêter le chauffage, baisser le support élévateur et déplacer le système de chauffage pour ramener le système à température ambiante. Sinon ajouter du solvant par petites quantités jusqu'à dissolution complète du solide. Il faut attendre le rétablissement du reflux entre chaque ajout.

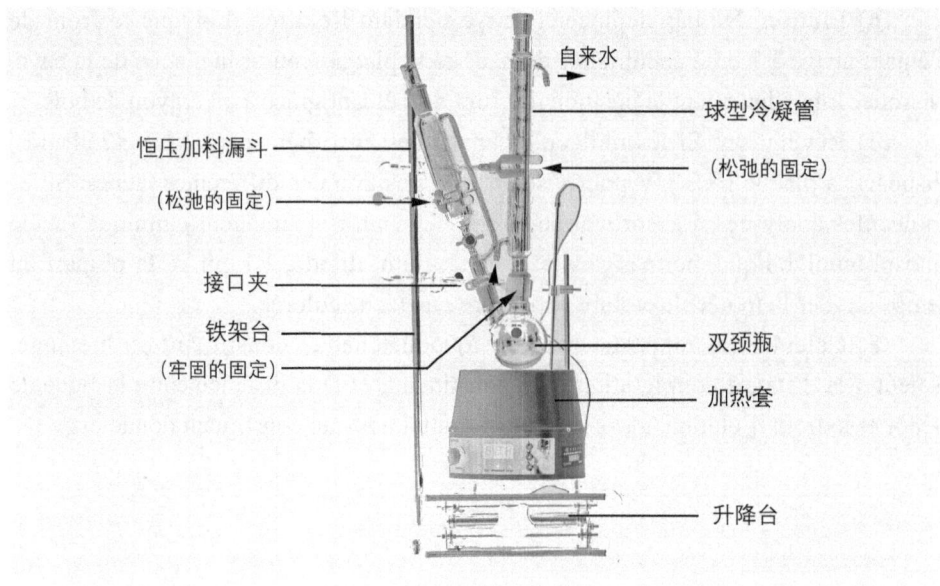

图3-7 重结晶装置图

（6）让烧瓶温度缓慢恢复到室温。

（7）待固体重结晶后,将其过滤(杂质保留在滤液中)并使用预先冷却的纯重结晶溶剂进行洗涤(目的是尽可能少地再溶解化合物)。

（8）待固体干燥后,测量其熔点,或用薄层层析检验其纯度。

注：有一种更简单快捷的方法是使用锥形瓶(而不是烧瓶)和量筒(而不是滴液漏斗)进行重结晶操作。注意：加热方法必须适应重结晶溶剂的易燃性。在溶剂冷却前需将搅拌子或沸石取出。

① 如果溶剂是水(不易燃)：使用加热磁力搅拌器,并将磁子置于锥形瓶中。

② 如果溶剂是乙醇(易燃)：使用热风枪(或沙浴),并在锥形瓶中加入沸石。

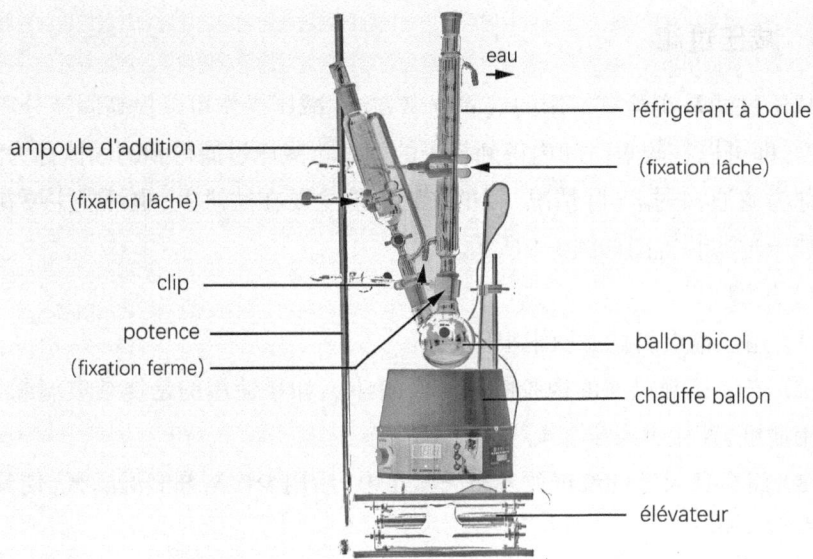

Figure 3–7 Schéma du montage de recristallisation.

(6) Laisser le ballon revenir à température ambiante lentement.

(7) Une fois le solide recristallisé, l'essorer (les impuretés restent dans le filtrat) et le laver à l'aide du solvant de recristallisation pur préalablement refroidi (afin de resolubiliser le moins de composé chimique possible).

(8) Une fois séché, mesurer de nouveau sa température de fusion, ou contrôler sa pureté par une CCM.

Remarque: une méthode plus simple et plus rapide consiste à utiliser un erlenmeyer (à la place d'un ballon) et une éprouvette graduée (à la place de l'ampoule de coulée).

Attention: la méthode de chauffage doit être adaptée au caractère inflammable du solvant de recristallisation. Bien retirer le barreau aimanté ou la pierre ponce avant refroidissement.

① Si le solvant est l'eau (non inflammable): on utilise un agitateur magnétique chauffant, et on place un barreau aimanté dans l'erlenmeyer.

② Si le solvant est l'éthanol (inflammable): on utilise un décapeur thermique (ou un bain de sable), et on place des grains de pierre ponce dans l'erlenmeyer.

3.3.6　减压过滤

减压过滤是实验室常用的液固分离方法，减压操作可以提高固液分离速度和程度，即可以在较短时间内得到较干的固体。减压过滤得到的固体称为滤饼，液体称为滤液，根据实际情况，目的产物可能主要在滤饼中，也可能主要在滤液中。减压过滤装置图如图3-8所示。

1）过滤

（1）用三指夹将抽滤瓶牢牢固定。

（2）安装正确尺寸的橡胶圈和布氏漏斗。（如果使用的是烧结玻璃漏斗，无需使用滤纸，直接进入步骤4。）

（3）将合适尺寸的滤纸放入布氏漏斗中，后用少许溶剂润湿滤纸，使其完全黏附在漏斗底上。

（4）将真空泵的管子连接到抽滤瓶上。

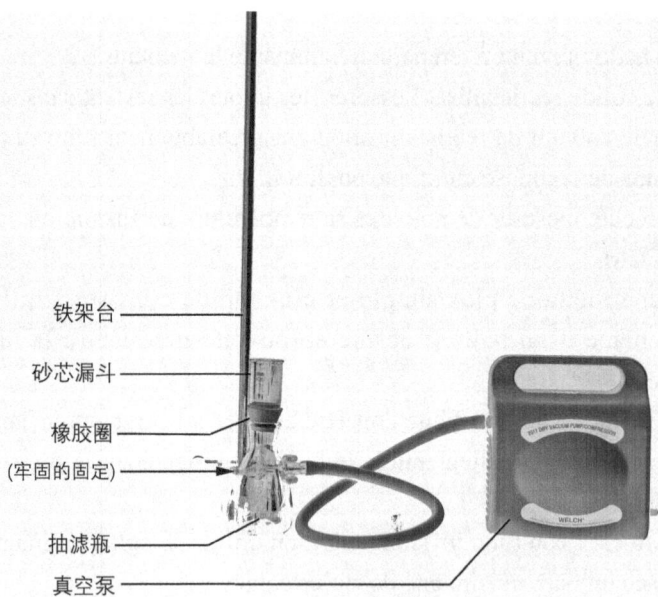

图3-8　减压过滤装置图

3.3.6　Filtration (essorage) sous pression réduite

La filtration (essorage) sous pression réduite est une méthode de séparation liquide - solide couramment utilisée en laboratoire. L'opération peut améliorer la vitesse et le degré de séparation solide - liquide, c'est - à - dire qu'un solide plus sec peut être obtenu en moins de temps. A la fin d'une filtration (essorage) sous pression réduite, on obtient le solide et le filtrat. Le produit d'intérêt peut être dans le solide (essorage) ou dans le filtrat (filtration) selon les cas. Le montage de filtration (ou essorage) sous pression réduite est montré dans la Figure 3–8.

1) Filtration et Essorage

(1) Fixer fermement la fiole à vide à l'aide d'une pince trois doigts.

(2) Déposer un cône en caoutchouc de taille adaptée et l'entonnoir BÜCHNER. (On peut également utiliser un entonnoir en verre fritté, dans ce cas on n'utilise pas de papier filtre, passer directement à l'étape 4.)

(3) Placer un papier filtre de taille adéquate dans l'entonnoir BÜCHNER et humidifier le papier filtre avec un peu de solvant afin qu'il adhère correctement à la paroi de l'entonnoir.

(4) Relier le tuyau de la pompe à la fiole à vide.

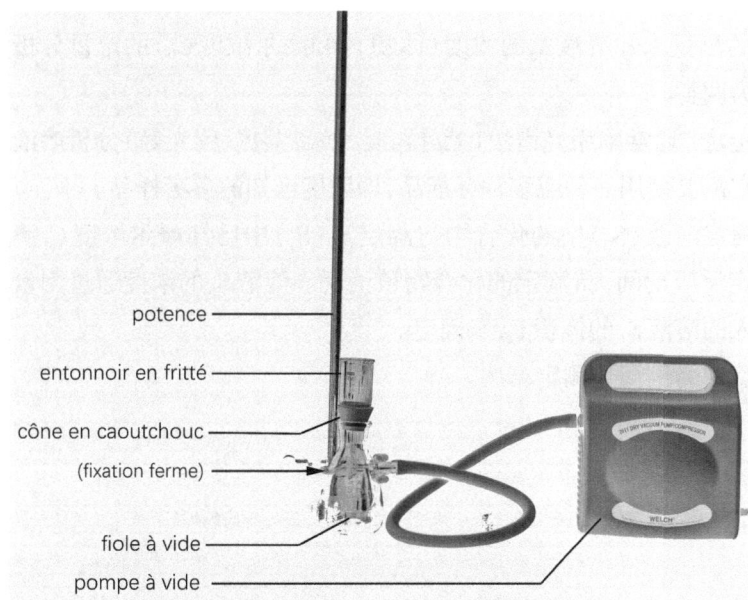

Figure 3–8　Schéma d'un montage de filtration (ou essorage) sous vide

（5）将混合物缓慢倒入漏斗中,并启动抽气。

（6）断开真空泵和抽滤瓶的连接,无需关闭抽气。

（7）用滤液冲洗盛有固体的容器,并将其倒入漏斗中,以回收所有固体。

（8）将真空泵的管子重新连接到抽滤瓶上。

（9）重复直到将容器中的固体全部转移到布氏漏斗中。

2）洗涤固体

（1）冷却洗涤溶剂。

（2）断开抽滤瓶与真空泵的连接。添加足够的洗涤溶剂以覆盖固体。

（3）使用玻璃棒打碎固体结块,使所有固体都与洗涤溶剂接触。此步骤称为研磨。

（4）重新连接真空泵和抽滤瓶以抽滤出液体。

（5）如有必要,重复洗涤操作。

（6）让真空泵运行5到10分钟,以便尽可能地抽干固体。

（7）断开真空泵和抽滤瓶。

（8）根据实际情况,回收滤饼或滤液。

3.3.7　溶液浓度的定量测定

实验室常用的测量未知溶液 S_0 的浓度(体积 V_0 和摩尔浓度 C_0）的定量分析方法主要可以分为两类。

标准曲线测定法:通常采用光谱法(紫外可见、核磁共振、荧光等)分析溶液并确定其浓度。它需要使用一种或多种标准品,即浓度已知的参考样品。

滴定法:待滴定溶液（S_0）中的化合物与滴定液（S_1）中已知摩尔浓度 C_1 滴定剂反应。在滴定反应期间,待滴定的化合物被消耗。溶液 S_0 的浓度通过测量在滴定终点时加入的溶液 S_1 的体积 V_{eq} 来确定。

以下以酸碱滴定为例简述测定方法。

(5) Verser progressivement le mélange dans l'entonnoir. Démarrer la pompe pour faire le vide.

(6) Déconnecter le tuyau et la fiole à vide, sans éteindre la pompe.

(7) Utiliser le filtrat pour rincer le récipient et verser le contenu dans l'entonnoir afin de récupérer tout le solide.

(8) Relier le tuyau de la pompe à la fiole à vide.

(9) Répéter jusqu'à ce que le transfert du récipient vers l'entonnoir BÜCHNER soit quantitatif.

2) Lavage du solide

(1) Refroidir le solvant de lavage.

(2) Couper l'aspiration en déconnectant le tuyau de la fiole à vide sans éteindre la pompe. Ajouter assez de solvant de lavage de façon à recouvrir le solide.

(3) À l'aide d'une baguette en verre, casser les agrégats de solide pour que tout le solide soit en contact avec le solvant de lavage. Cette étape est appelée trituration.

(4) Raccorder à nouveau le tuyau de la pompe et la fiole à vide afin d'aspirer le liquide.

(5) Si nécessaire, répéter l'opération de lavage.

(6) Laisser le système d'aspiration en marche 5 à 10 minutes afin de sécher au maximum le solide.

(7) Déconnecter le tuyau et la fiole à vide, puis éteindre la pompe.

(8) Selon le cas, récupérer le solide ou le filtrat.

3.3.7 Dosage

Le but d'un dosage est de déterminer la concentration inconnue d'une solution S_0(de volume V_0 et de concentration molaire C_0). Il existe deux grands types de dosage.

Dosage par étalonnage: on utilise généralement une méthode spectroscopique (UV-visible, RMN, fluorescence ...) pour analyser la solution et déterminer sa concentration. Elle nécessite l'utilisation d'un ou plusieurs étalons, c'est à dire d'un échantillon de référence dont la concentration est connue.

Titrage: on fait réagir le composé chimique à titrer en solution (S_0) avec un second composé chimique titrant en solution (S_1) en concentration molaire C_1 connue. Lors de la réaction de titrage, le composé chimique à titrer est donc consommé. On détermine la concentration de la solution S_0 grâce à la mesure d'un volume équivalent V_{eq} de solution S_1 versé.

Dans le titrage acido-basique par exemple:

（1）将精确体积的待滴定溶液 S_0 放入锥形瓶中（当需要加入探头时，可以使用烧杯），将已知浓度的滴定溶液 S_1 放入滴定管中。

（2）边搅拌边将滴定液逐渐加入烧杯中，然后用颜色指示剂或绘制酸度、电压、电导率等曲线检测滴定终点。

颜色指示剂是一种在溶液中少量存在并在一定 pH 值范围内发生颜色变化的化合物，滴定终点取决于溶液颜色的变化。因此需要事先了解完全反应时 pH 的区域，以选择合适的颜色指示剂。

使用 pH 计测量溶液的 pH（pH 计必须提前校准！）可以绘制 pH 曲线：$pH = f(V)$，其中 V 是加入烧杯中的滴定溶液 S_1 的体积。pH 滴定装置图如图 3-9 所示。

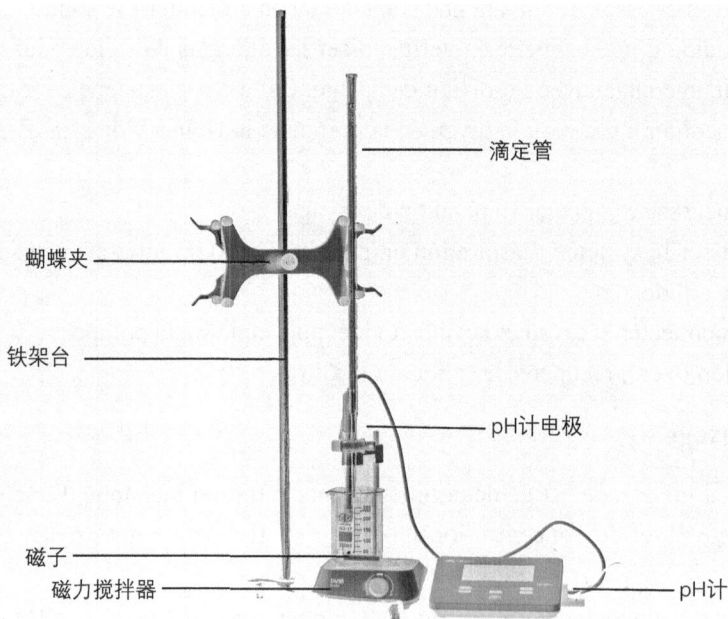

图 3-9　pH 滴定装置图

(1) Un volume précis de la solution à titrer S_0 est placée dans un erlenmeyer (bécher en présence d'une sonde), et la solution titrante S_1, dont on connait précisément la concentration, est placée dans une burette.

(2) On verse progressivement la solution titrante dans le bécher sous agitation, puis on détecte l'équivalence grâce à un indicateur coloré, ou grâce au tracé d'une courbe de pH, E, σ ...

Un indicateur coloré est un composé chimique présent en faible quantité et qui change de couleur en solution dans une certaine zone de pH, l'équivalence est déterminée par le changement de couleur de la solution. Il est nécessaire de savoir au préalable la zone de pH où se situe l'équivalence pour choisir l'indicateur coloré approprié.

Pour tracer une courbe de pH, on utilise un pH-mètre, qui mesure le pH de la solution (le pH-mètre doit être étalonné au préalable !). On trace ensuite la courbe: $pH = f(V)$ où V est le volume de solution titrante S_1 versée dans le bécher. Le montage d'un titrage avec suivi pH-mètrique est montré dans la Figure 3–9.

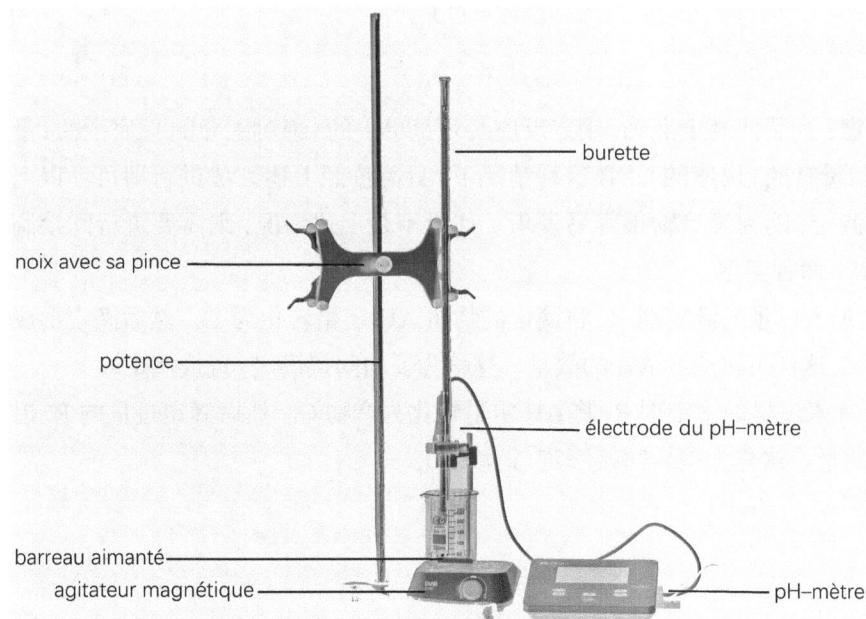

Figure 3–9　Schéma du montage d'un titrage avec suivi pH-mètrique

定义

在酸 AH 和碱 B⁻滴定过程中,滴定反应为

$$AH + B^- = BH + A^-$$

滴定终点定义为待测物 AH 的物质的量 $(n_0)_{\text{éq}}$ 和滴定剂 B^- 在滴定终点时的物质的量 $(n_1)_{\text{éq}}$ 中均为零,即两种反应物以化学计量关系引入。在此时,可以得到以下关系式:

$$\xi_{\text{exp}} = \frac{(n_0)_i}{1} = \frac{(n_1)_i}{1}$$

其中 $(n_1)_i$ 是加入烧杯中的滴定剂 B^- 的物质的量,当化学计量关系为 $1:1$ 时有以下关系:

$$C_0 V_0 = C_1 V_{\text{eq}}$$

注意: 为了使滴定准确,滴定反应必须是单一的(绝对主导的)、完全的(量化的)和瞬时的(快速的)。在这种情况下,只需按照上述方法进行即可。以上是直接滴定,因为等量物很容易发现。如果不是上述情况,则需要进行间接滴定,有如下两种类型:

① 加入过量的滴定剂 R,将滴定的物质 AH 定量转化为 C。然后滴定形成的产物 C,这样可以追溯 AH 的数量。这称为反向间接滴定(置换滴定)。

② 加入过量的滴定剂 R,将 AH 定量转化为产物 C。然后滴定过量的 R,追踪 AH 的量。这称为差异间接滴定(返滴定)。

Définition

Au cours d'un titrage entre un acide AH et une base B⁻ , la réaction de titrage est:

$$AH + B^- = BH + A^-$$

L'équivalence est définie comme le moment où$(n_0)_{éq}$ la quantité de matière du composé chimique à titrer AH $(n_1)_{éq}$ la quantité de matière du composé chimique titrant B⁻ sont tous les deux nulles dans le système à l'équilibre, c'est-à-dire lorsque les réactifs ont été introduits dans les proportions stœchiométriques. On a alors, la relation à l'équivalence:

$$\xi_{exp} = \frac{(n_0)_i}{1} = \frac{(n_1)_i}{1}$$

où $(n_1)_i$ est la quantité de matière de l'espèce titrante B⁻versée dans le bécher, soit pour un rapport stœchiométrique 1 : 1:

$$C_0 V_0 = C_1 V_{eq}$$

Remarques: Pour qu'un titrage soit précis, la réaction de titrage doit être unique (prépondérante), totale (quantitative) et instantanée (rapide). Dans ce cas, il suffit de procéder comme décrit plus haut. On réalise alors un titrage direct, car l'équivalence est facile à repérer. Si ce n'est pas le cas, on réalise un titrage indirect. Il en existe deux types:

① Un réactif R est ajouté en excès pour transformer quantitativement l'espèce titrée AH en C. Le produit formé C est ensuite titré, ce qui permet de remonter à la quantité de AH. On parle de titrage indirect en retour.

② Un réactif R est ajouté en excès pour transformer quantitativement AH en produit C. L'excès de R est ensuite titré, ce qui permet de remonter à la quantité de AH. On parle de titrage indirect par différence.

3.4 测量与不确定度

实验测量的量在给出时,必须同时给出单位和与其相关的不确定度。

1)定义

测量的量从来都不是完美的。不可能通过实验确定一个量的真实值(记为 G_{VV})。

因此,通过实验获得的每个量的测量值 G_{exp} 与估计的真实值 G_{VV} 之间的差值:就是不确定度。

标准不确定度 $u(G)$ 可以定义一个区间 $I = [G_{exp} - u(G); G_{exp} + u(G)]$。从统计学的角度来看,我们可以认为以 68% 的置信水平说,真正的 G_{VV} 值属于区间 I。

注意: 通过重复测量 n 次 G_{exp}(n 是一个很大的值),可以获得了 G_{VV} 周围的统计分布,该分布遵循正态分布定律(图3-10)。标准不确定度 $u(G)$ 对应于该定律的半高宽度。

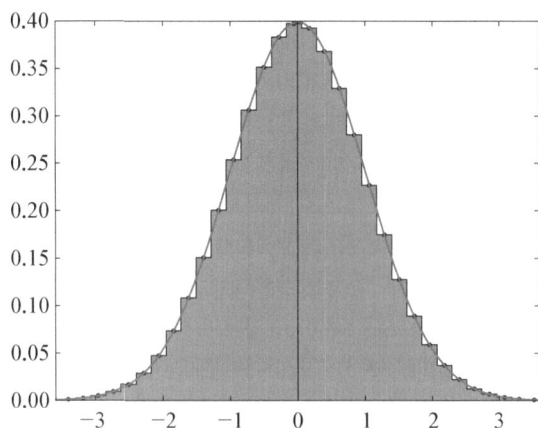

图3-10 测量值的正态图(测量次数 n = 10 000 000)

(*Bally F X, Berroir J M. Incertitudes expérimentales[J]. Bulletin de l' Union des Physiciens, 2010(928): 995.*)

我们通常定义扩展不确定度 $U(G) = ku(G)$,通过扩大区间 I 来增加实验测量的置信水平,如表3-3。

3.4　Mesures et incertitudes

Une grandeur expérimentale doit toujours être donnée avec son unité et l'incertitude associée à sa détermination.

1) Définition

La mesure d'une grandeur n'est jamais parfaite. Il est impossible de déterminer expérimentalement la vraie valeur d'une grandeur, notée G_{VV}.

On associe donc à chaque grandeur G_{EXP} obtenue par l'expérience une information sur l'écart estimé avec G_{VV}: c'est l'incertitude.

L'incertitude type $u(G)$ permet de définir un intervalle $I = [G_{EXP}-u(G); G_{EXP}+u(G)]$. Du point de vue statistique, on peut affirmer avec un niveau de confiance de 68% que la valeur vraie G_{VV} appartient à l'intervalle I.

Remarque En répétant un grand nombre de fois la mesure G_{EXP}, on obtient une répartition statistique autour de G_{VV} qui suit une loi normale (Figure 3–10). L'incertitude type $u(G)$ correspond à la largeur à mi-hauteur de cette loi.

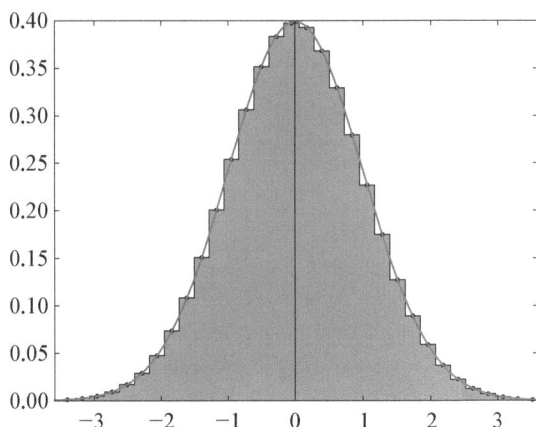

Figure 3–10　Diagramme normal des valeurs mesurées (nombre de la mesure n = 10 000 000)
(*Bally F X, Berroir J M. Incertitudes expérimentales[J]. Bulletin de l' Union des Physiciens, 2010(928): 995.*)

On définit l'incertitude élargie $U(G) = k \cdot u(G)$, qui permet d'augmenter le niveau de confiance de la mesure expérimentale en élargissant l'intervalle I (Tableau 3–3).

表3-3　扩展不确定度与可置信水平对应关系

可置信水平	68%	95%	99%
扩展因子	$k=1$	$k=2$	$k=3$
扩展不确定度$U(G)$	$U(G)=u(G)$	$U(G)=2\cdot u(G)$	$U(G)=3\cdot u(G)$

2）A类不确定度

A类不确定度是通过统计学分析来估计的一系列独立测量G_i的不确定度。其平均值为$\overline{G}=\dfrac{\sum_{i=1}^{N}G_i}{N}$，标准差为$\sigma(G)$。

A类不确定度可以由关系$u(G)=\dfrac{\sigma(G)}{\sqrt{N}}$得出。

3）B类不确定度

B类不确定度是针对单次测量估算的不确定度。

① 由测量设备确定的标准不确定度。

任何测量设备都不可能给出一个量的准确值。制造商一般会提供称为设备允差a的信息。非常严格的设备制造过程会得到含有非常小允差值的设备仪器（这同时伴随的是高额的设备费用）。

如果设备制造商没有提供设备的允差，我们利用设备的最小分度，记为g。

例如：实验室常见的刻度量筒和滴定管的标识分别是允差和最小分度（见图3-11）。

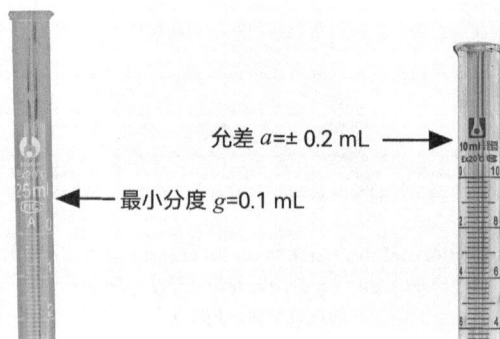

图3-11　刻度量筒（10 mL）和滴定管（25 mL）上的标识

Tableau 3–3　La relation entre l'incertitude élargie et le niveau de confiance

Niveau de confiance/%	68	95	99
Facteur d'élargissement	$k = 1$	$k = 2$	$k = 3$
Incertitude élargie $U(G)$	$U(G) = u(G)$	$U(G) = 2 \cdot u(G)$	$U(G) = 3 \cdot u(G)$

2) Incertitude de type A

L'incertitude de type A est estimée par analyse statistique d'une série de mesures G_i indépendantes. On calcule la valeur moyenne $\bar{G} = \dfrac{\sum_{i=1}^{N} G_i}{N}$ et l'écart type $\sigma(G)$.

L'incertitude type A est donnée par la relation $u(G) = \dfrac{\sigma(G)}{\sqrt{N}}$.

3) Incertitude de type B

L'incertitude de type B est estimée dans le cas d'une mesure unique.

① L'incertitude type dépend de l'appareil de mesure.

Aucun appareil de mesure ne peut donner la valeur exacte d'une grandeur. Le fabricant fournit une information appelée TOLÉRANCE du matériel, notée a. Un procédé de fabrication de l'appareil très contrôlé permet d'obtenir une TOLÉRANCE faible pour le matériel (et souvent un prix plus élevé...).

Si le fabricant ne fournit pas la tolérance, on utilise la graduation du matériel, notée g.

Exemples: Les indications du fabricant pour une éprouvette graduée de 10 mL et d'une burette graduée de 25 mL sont respectivement la tolérance et la graduation (Figure 3–11).

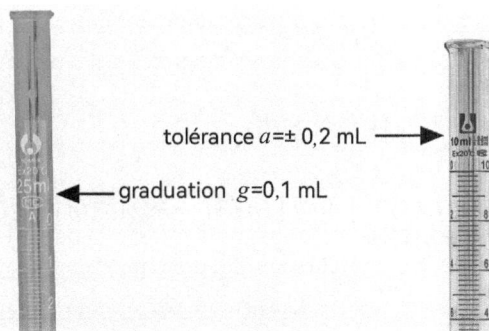

tolérance $a = \pm\,0{,}2$ mL

graduation $g = 0{,}1$ mL

Figure 3–11　Indication du fabricant pour une éprouvette graduée
(10 mL) et d'une burette graduée (25 mL)

根据制造商提供的信息，测量的标准不确定度可以通过以下关系式计算：

如已知信息为允差 a，标准不确定度 $u(G)$ 为 $u(G) = \dfrac{a}{\sqrt{3}}$；

如已知信息为最小分度 g，标准不确定度 $u(G) = \dfrac{g}{\sqrt{12}}$。

注意： 有些标准不确定度取决于实验方法

例如在比色滴定过程中，滴定终点体积 V_{eq} 是根据颜色指示剂的变化（即溶液颜色的变化）来确定的。为了估计 V_{eq} 的 B 类不确定度，需要考虑初始设置（零）、滴定管的允差、液滴的体积以及可能的滴定误差。然后通过以下关系估计 B 类不确定度：

$$u(V_{éq}) = \sqrt{\underbrace{\left(\frac{g}{\sqrt{12}}\right)^2}_{zéro} + \underbrace{\left(\frac{g}{\sqrt{12}} + V_{goutte} + V_{erreur}\right)^2}_{lecture}}$$

应用举例：

　　a. 量器是 10 mL 的刻度量筒时，标准不确定度 $u(V) = \dfrac{0.2}{\sqrt{3}} = 0.12$ mL。

　　b. 量器是 25 mL 的刻度滴定管时，标准不确定度

$$u(V) = \sqrt{\left(\frac{0.1}{\sqrt{12}}\right)^2 + \left(\frac{0.1}{\sqrt{12}} + 0.05\right)^2} \text{ mL} = 0.084 \text{ mL}。$$

② 由连锁反应确定的不确定度。

当一个量（例如 C_{HCl}）是通过测量量（例如 V_{eq}、V_0）和实验参数（例如 C_{NaOH}）之间的关系计算得出时，需要使用软件（例如 GUM MC）通过连锁反应估计其 B 类不确定性。

4）测量结果的表示

一个量 G 通常由以下几种表示方法：

$$G = \underbrace{\overline{G}}_{平均值} \pm \underbrace{U(G)}_{扩展不确定度} \text{ [单位]（在有一系列测量值情况下）}$$

Selon l'information donnée par le fabricant, l'incertitude type sur la mesure unique est calculée par la relation:

Si l'information donnée est la tolérance *a*, l'incertitude type est $u(G) = \dfrac{a}{\sqrt{3}}$

Si l'information donnée est la graduation *g*, l'incertitude type est $u(G) = \dfrac{g}{\sqrt{12}}$

Attention l'incertitude type dépend de la méthode expérimentale

Par exemple lors d'un titrage colorimétrique réalisé avec une burette graduée, le volume équivalent $V_{éq}$ est déterminé au virage de l'indicateur coloré (c'est à dire le changement de couleur de la solution). Pour estimer l'incertitude de type B sur $V_{éq}$, on tient compte du réglage initial (zéro), de la tolérance de la burette, du volume de la goutte et éventuellement de l'erreur de titrage (si le virage de l'indicateur est difficile à détecter). L'incertitude de type B est alors estimée par la relation:

$$u(V_{éq}) = \sqrt{\underbrace{\left(\frac{g}{\sqrt{12}}\right)^2}_{\text{zéro}} + \underbrace{\left(\frac{g}{\sqrt{12}} + V_{\text{goutte}} + V_{\text{erreur}}\right)^2}_{\text{lecture}}}$$

Application:

a. Si l'appareil de mesure est une éprouvette graduée de 10 mL, l'incertitude type est $u(V) = \dfrac{0,2}{\sqrt{3}} = 0,12$ mL

b. Si l'appareil de mesure est une burette graduée de 25 mL, l'incertitude type est $u(V) = \sqrt{\left(\dfrac{0,1}{\sqrt{12}}\right)^2 + \left(\dfrac{0,1}{\sqrt{12}} + 0,05\right)^2}$ mL $= 0,084$ mL

② L'incertitude type est déterminée par propagation

Quand la grandeur (par exemple C_{HCl}) est calculée avec une relation entre des grandeurs mesurées (par exemple $V_{éq}$, V_0) et des paramètres expérimentaux (par exemple C_{NaOH}), on estime l'incertitude de type B par propagation à l'aide d'un logiciel (par exemple GUM MC).

4) Expression

La grandeur *G* s'exprime généralement sous la forme:

$$G = \underset{\substack{\textit{VALEUR} \\ \textit{MOYENNE}}}{\overline{G}} \pm \underset{\substack{\textit{INCERTITUDE} \\ \textit{ÉLARGIE}}}{U(G)} \ [\textit{UNITÉ}]\ (\text{dans le cas d'une série de mesure})$$

$$= \underbrace{\bar{G}}_{测量值} \pm \underbrace{U(G)}_{扩展不确定度} \text{［单位］（在单独测量情况下）}$$

$$= \underbrace{\bar{G}}_{计算值} \pm \underbrace{U(G)}_{扩展不确定度} \text{［单位］（在有计算值的情况下）}$$

扩展不确定度一般用1位有效数字表示（当第一位不确定度小于3时，也可以用两位有效数字表示）：

$$G = 1.23 \pm 0.06 \text{［单位］（或} G = 1.234 \pm 0.012 \text{［单位］）}$$

举例：

错误表示方法：$G = 98.765\,4 \pm 0.543\,2$［单位］（或 $G = 98,765\,4 \pm 0,143\,2$［单位］）

正确表示方法：$G = 98.8 \pm 0.6$［单位］（或 $G = 98.77 \pm 0.15$［单位］）

错误表示方法：$G = 987.654 \pm 3.432$［单位］（或 $G = 987,654 \pm 2,432$［单位］）

正确表示方法：$G = 988 \pm 4$［单位］（或 $G = 987.7 \pm 2.5$［单位］）

测量值的有效数字由扩展不确定度的精确度决定。在扩展不确定度很显著的情况下，需要对测量值进行有效数字的舍弃：

举例：

错误表示方法：$G = 9\,876.543 \pm 0.22$［单位］

正确表示方法：$G = 9\,876.54 \pm 0.22$［单位］

在不确定度很小的情况下，需要对测量值进行有效数字的添加：

举例：

错误表示方法：$G = 987.65 \pm 0.000\,4$［单位］

正确表示方法：$G = 987.650\,0 \pm 0.000\,4$［单位］

注：在以上这种情况下，最后两位00是测量值G的有效数字

5）玻璃仪器刻度移液管、容量移液管、容量瓶的见差分别如下。

玻璃仪器的允差（参考中华人民共和国国家标准）

$$= \underbrace{\bar{G}}_{\substack{\text{VALEUR}\\\text{MESURÉE}}} \pm \underbrace{U(G)}_{\substack{\text{INCERTITUDE}\\\text{ÉLARGIE}}} [\textit{UNITÉ}] \text{ (dans le cas d'une mesure unique)}$$

$$= \underbrace{\bar{G}}_{\substack{\text{VALEUR}\\\text{CALCULÉE}}} \pm \underbrace{U(G)}_{\substack{\text{INCERTITUDE}\\\text{ÉLARGIE}}} [\textit{UNITÉ}] \text{ (dans le cas d'une mesure grandeur calculée)}$$

L'incertitude élargie U(G) s'exprime avec 1 chiffre significatif (ou 2 si le chiffre significatif est plus petit que 3):

$$G = 1{,}23 \pm 0{,}06 [\textit{UNITÉ}] \text{(ou } G = 1{,}234 \pm 0{,}012 [\textit{UNITÉ}])$$

Exemple:

Expression fausse: $G = 98{,}765\ 4 \pm 0{,}543\ 2 [\textit{UNITÉ}]$ (ou $G = 98{,}765\ 4 \pm 0{,}143\ 2 [\textit{UNITÉ}]$)

Expression correcte: $G = 98{,}8 \pm 0{,}6 [\textit{UNITÉ}]$ (ou $G = 98{,}77 \pm 0{,}15 [\textit{UNITÉ}]$)

Expression fausse: $G = 987{,}654 \pm 3{,}432 [\textit{UNITÉ}]$ (ou $G = 987{,}654 \pm 2{,}432 [\textit{UNITÉ}]$)

Expression correcte: $G = 988 \pm 4 [\textit{UNITÉ}]$ (ou $G = 987{,}7 \pm 2{,}5 [\textit{UNITÉ}]$)

Le nombre de chiffres significatifs de la valeur de G est fixé par la précision de l'incertitude élargie. En cas d'incertitude élargie importante, il faut arrondir la valeur G:

Exemple:

Expression fausse: $G = 9\ 876{,}543 \pm 0{,}22 [\textit{UNITÉ}]$

Expression correcte: $G = 9\ 876{,}54 \pm 0{,}22 [\textit{UNITÉ}]$

En cas d'incertitude faible, il faut compléter la valeur:

Exemple:

Expression fausse: $G = 987{,}65 \pm 0{,}000\ 4 [\textit{UNITÉ}]$

Expression correcte: $G = 987{,}650\ 0 \pm 0{,}000\ 4 [\textit{UNITÉ}]$

Remarque: dans ce cas, les chiffres 00 sont des chiffres significatifs pour la valeur de G.

5) Tolérance de la verrerie (Référence aux normes nationales de la République populaire de Chine)

表3-4 刻度移液管(分度吸量管,GB 12807—1991)

标称容量/mL	最小分度值/mL	容量允差值/mL	
		A级	B级
1	0.01	0.008	0.015
2	0.02	0.012	0.025
5	0.05	0.025	0.050
10	0.1	0.050	0.100
25	0.1	0.100	0.200
25	0.2	0.100	0.200
50	0.2	0.100	0.200

表3-5 容量移液管(单标线吸量管,GB 12808—1991)

标称容量/mL	容量允差值/mL	
	A级	B级
1	0.007	0.015
2	0.010	0.020
3或5	0.015	0.030
10	0.020	0.040
15	0.025	0.050
20或25	0.030	0.060
50	0.050	0.100
100	0.080	0.150

Tableau 3–4　Pipette graduée (GB 12807—1991)

Capacité nominale/mL	Graduation/mL	Tolérance/mL	
		Classe A	Classe B
1	0,01	0,008	0,015
2	0,02	0,012	0,025
5	0,05	0,025	0,050
10	0,1	0,050	0,100
25	0,1	0,100	0,200
25	0,2	0,100	0,200
50	0,2	0,100	0,200

Tableau 3–5　Pipette jaugée (GB 12808—1991)

Capacité nominale/mL	Tolérance /mL	
	Classe A	Classe B
1	0,007	0,015
2	0,010	0,020
3 ou 5	0,015	0,030
10	0,020	0,040
15	0,025	0,050
20 ou 25	0,030	0,060
50	0,050	0,100
100	0,080	0,150

表 3-6　容量瓶（单标线容量瓶，GB/T 12806—2011）

标称容量/mL	容量允差值/mL	
	A 级	B 级
1	0.010	0.020
2	0.010	0.030
5	0.020	0.040
10	0.020	0.040
20	0.03	0.06
25	0.03	0.06
50	0.05	0.10
100	0.10	0.20
200	0.15	0.30
250	0.15	0.30
500	0.25	0.50
1 000	0.40	0.80
2 000	0.60	1.20
5 000	1.20	2.40

6）测量仪器的允差

对于测量设备，允差取决于设备的精度、测量值 G 和设备的规格。制造商会提供设备的精度等级并提供表格或数学关系以确定测量的允差 a。

（1）酸度计（pH计）。

制造商提供了一个精确度等级。根据国标 GB/T 11165—2005 规定，对应的仪器的允差如下：

Tableau 3–6 Fiole jaugée (GB/T 12806—2011)

Capacité nominale/mL	Tolérance/mL	
	Classe A	Classe B
1	0,010	0,020
2	0,010	0,030
5	0,020	0,040
10	0,020	0,040
20	0,03	0,06
25	0,03	0,06
50	0,05	0,10
100	0,10	0,20
200	0,15	0,30
250	0,15	0,30
500	0,25	0,50
1 000	0,40	0,80
2 000	0,60	1,20
5 000	1,20	2,40

6) Tolérance des appareils de mesure

Pour les appareils de mesure, la tolérance dépend de la précision de l'appareil, de la grandeur mesurée G et du calibre de l'appareil. Le constructeur indique une classe de précision et fournit des tableaux ou une relation mathématique pour déterminer la tolérance a de la mesure.

(1) pH-mètre

Le fabricant fournit un niveau de précision. Selon la norme nationale GB/T 11165—2005, les tolérances correspondantes sont:

表3-7　pH计精确度等级

精确度等级	0.2	0.1	0.02	0.01	0.001
允差(pH)	± 0.2	± 0.1	± 0.02	± 0.02	± 0.01

例如：

一个精度为0.1级的数显pH计，对应的允差

$$a = 0.1$$

（2）万用表。

制造商在技术指标中会给出万用表准确度是一个关于读数误差 p、读数 G、量程误差 k 和该读数下的分辨率 R 的函数：

$$a = p \cdot |G| + kR$$

例如：

在一个电压表的技术指标中量程为400 mV时，分辨率 R 为0.1 mV，准确度标为 ±（0.8%+3），那么读数误差 $p = 0.8\%$，量程误差 $k = 3$。

如果读数 $G = 100.0$ mV，那么此时的允差为

$$a = p \cdot |G| + kR = 0.8\% \times 100.0 + 3 \times 0.1 = 1.1 (mV)$$

（3）电子天平。

在天平标签上，可以找到天平的准确度等级（Ⅰ～Ⅳ）、称量范围（最大；最小）、检定分度值和实际分度值等信息，如表3-7所示。

表3-8　实验室常用天平产品信息

准确度等级	测量范围	检定分度值(e)	显示分度值(d)
Ⅰ	10 mg～220 g	0.001 g	0.000 1 g
Ⅱ	500 mg～2 000 g	0.1 g	0.01 g

天平测量允差由以下表3-9确定（GB/T 26497—2022）。

Tableau 3–7　pH-métre niveau de précision (GB/T 11165—2005)

Niveau de précision	0,2	0,1	0,02	0,01	0,001
Tolérance(pH)	±0,2	±0,1	±0,02	±0,02	±0,01

Exemple:

Un pH-mètre numérique avec un niveau de précision de 0,1, la tolérance est

$$a = 0,1$$

(2) Multimètre

Le constructeur indique que la tolérance du multimètre est une fonction de la précision p, la mesure d'une grandeur G, l'erreur d'échelle k et le calibre R:

$$a = p \cdot |G| + kR$$

Exemple:

Pour un voltimètre à une échelle de 400 mV, le calibre R est de 0,1 mV et la précision est noté ±(0,8%+3), c'est-à-dire une précision $p = 0,8\%$ et une erreur d'échelle $k = 3$.

Si le voltmètre affiche une grandeur mesurée $G = 100,0$ mV. La tolérance a est

$$a = p \cdot |G| + kR = 0, 8\% \times 100,0 + 3 \times 0,1 = 1,1 \text{ mV}$$

(3) Balance de précision

Sur la plaque signalétique d'une balance, on retrouve les informations sur la classe (I à IV), la gamme de mesure (Max; Min), l'échelon de mesure et la division (Tableau 3–8):

Tableau 3–8　Informations des balances couramment utilisées en laboratoire

Classe	Gamme	Échelon de mesure (e)	Division (d)
I	10 mg–220 g	0,001 g	0,000 1 g
II	500 mg–2 000 g	0,1 g	0,01 g

La tolérance de l'appareil de mesure est fixée par le Tableau 3–9: (GB/T 26497–2022)

表3-9　最大容许误差与准确度等级对应表

最大容许误差MPE	准确度等级 I	准确度等级 II	准确度等级 III	准确度等级IV
+/− 0.5e	$0 \leqslant \frac{m}{e} \leqslant 50\,000$	$0 \leqslant \frac{m}{e} \leqslant 5\,0000$	$0 \leqslant \frac{m}{e} \leqslant 500$	$0 \leqslant \frac{m}{e} \leqslant 50$
+/− 1.0e	$50\,000 < \frac{m}{e} \leqslant 200\,000$	$5\,000 < \frac{m}{e} \leqslant 20\,000$	$500 < \frac{m}{e} \leqslant 2\,000$	$50 < \frac{m}{e} \leqslant 200$
+/− 1.5e	$200\,000 < \frac{m}{e}$	$20\,000 < \frac{m}{e} \leqslant 100\,000$	$2\,000 < \frac{m}{e} \leqslant 10\,000$	$200 < \frac{m}{e} \leqslant 1\,000$

根据使用天平的准确度等级和测量的质量，允差会有很大区别。

例如：

当选用实验室准确度等级为 I 的电子天平去称量约2.0 g 化合物时，由于 $\frac{m}{e} = \frac{2.0}{0.001} = 2\,000$ 在 $0 \leqslant \frac{m}{e} \leqslant 50\,000$ 范围内，因此，此时的允差为

$$a = 0.5e = 0.5 \times 0.001 \text{ g} = 0.5 \text{ mg}$$

注意不要混淆以下概念：

A类/B类不确定度分别对应于一系列测量的不确定度和单次测量的不确定度；

A类/B类玻璃仪器分别对应精确度高的玻璃仪器和精确度低的玻璃仪器；

等级 I 到等级IV的测量仪器对应于由高精确度测量仪器到低精确度测量仪器。

Tableau 3–9　La correspondance de tolérance pour différentes classes de balance

TOLÉRANCE	classe I	classe II	classe III	classe IV
+/− 0.5e	$0 \leqslant \dfrac{m}{e} \leqslant 50\,000$	$0 \leqslant \dfrac{m}{e} \leqslant 5\,000$	$0 \leqslant \dfrac{m}{e} \leqslant 500$	$0 \leqslant \dfrac{m}{e} \leqslant 50$
+/− 1.0e	$50\,000 < \dfrac{m}{e} \leqslant 200\,000$	$5\,000 < \dfrac{m}{e} \leqslant 20\,000$	$500 < \dfrac{m}{e} \leqslant 2\,000$	$50 < \dfrac{m}{e} \leqslant 200$
+/− 1.5e	$200\,000 < \dfrac{m}{e}$	$20\,000 < \dfrac{m}{e} \leqslant 100\,000$	$2\,000 < \dfrac{m}{e} \leqslant 10\,000$	$200 < \dfrac{m}{e} \leqslant 1\,000$

Selon la classe de la balance et la masse mesurée, la tolérance peut varier sensiblement.

Exemples:

Lorsqu'on utilise une balance de précision de classe I en laboratoire pour peser environ 2,0 g de composé, comme $\dfrac{m}{e} = \dfrac{2,0}{0,001} = 2\,000$ est dans la plage $0 \leqslant \dfrac{m}{e} \leqslant 50\,000$, la tolérance correspondante est:

$$a = 0,5e = 0,5 \times 0,001 \text{ g} = 0,5 \text{ mg}$$

ATTENTION: ne pas confondre

type A / type B　　　　l'incertitude d'une série de mesures / d'une mesure unique;

classe A / classe B　　la qualité de la verrerie + précis / − précis;

classe I à classe IV　　la qualité de l'appareil de mesure + précis à − précis.

3.5　相关软件使用说明

3.5.1　使用 Dozzzaqueux 软件进行建模

Dozzaqueux 软件用于模拟滴定过程中获得的 pH 曲线。 为了讲解该软件的使用方法，这里我们以强碱（NaOH 0.10 mol·L^{-1}）对强酸（HCl 0.10 mol·L^{-1}）的简单滴定为例。

（1）打开 Dozzaqueux 软件。软件可从以下网址下载：

　　http://jeanmarie.biansan.free.fr/dozzzaqueux.html.

（2）出现的第一页是烧杯中盛放的内容，即待滴定的溶液。 在选项卡"Acides et bases"（酸和碱）中，单击（左侧）"H$^+$ 离子"（图3-12）。

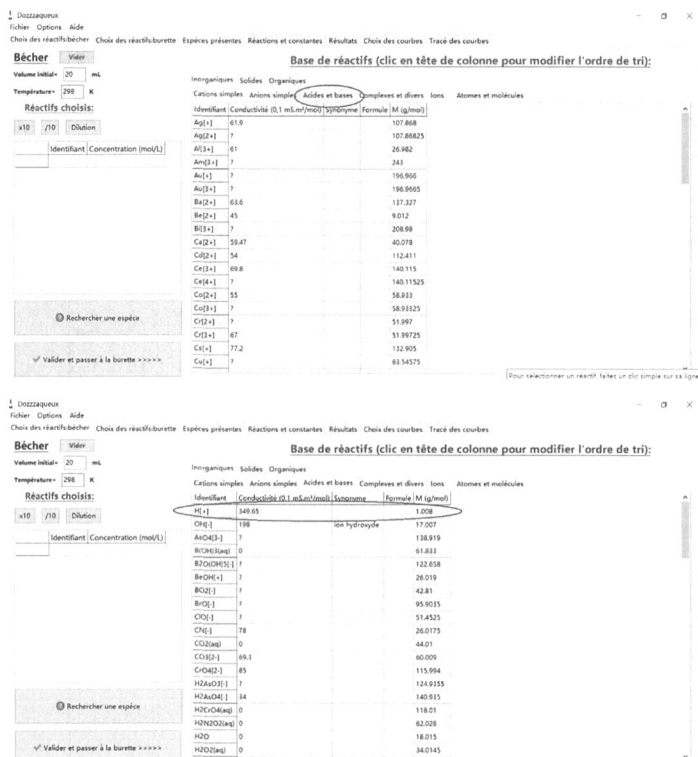

图 3-12　步骤 2

3.5 Utilisation des logiciels

3.5.1 Réaliser une simulation avec le logiciel Dozzzaqueux

Le logiciel Dozzzaqueux permet de simuler la courbe de pH obtenue lors d'un titrage. Pour prendre en main le logiciel, nous allons réaliser un titrage simple d'un acide fort (HCl 0,10 mol $\cdot$ L^{-1}) par une base forte (NaOH 0,10 mol $\cdot$ L^{-1}).

(1) Ouvrir le logiciel Dozzzaqueux, téléchargeable à l'adresse suivante: http://jeanmarie.biansan.free.fr/dozzzaqueux.html.

(2) La première page qui apparaît est le contenu du bécher, la solution à titrer. Dans l'onglet Acides et bases, cliquer (gauche) sur l'ion H$^+$(Figure 3–12).

Figure 3–12   Étape 2

（3）打开一个新页面后，需要输入 H^+ 离子的浓度（质量或物质的量）：$0.10 \text{ mol} \cdot L^{-1}$（图3-13）。

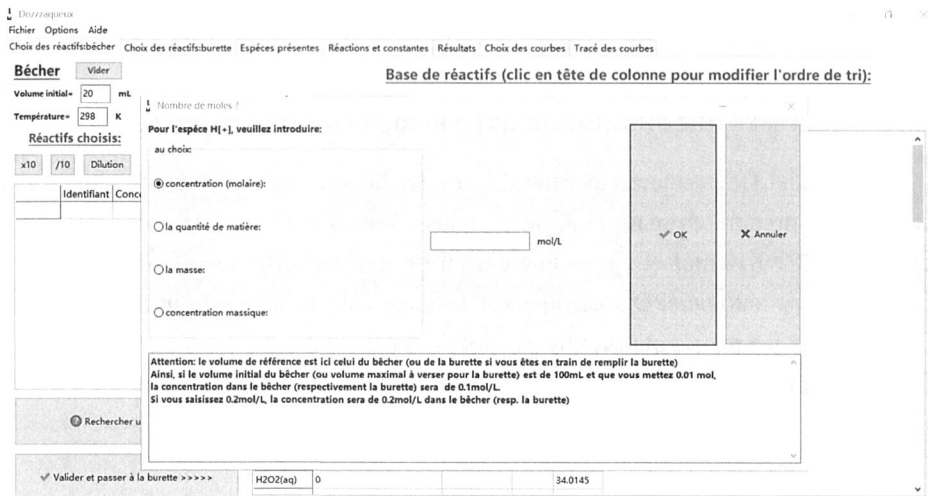

图3-13   步骤3

（4）在选项卡 "Anions simples"（常见阴离子）中对氯阴离子重复上述操作。并指定待滴定溶液的总体积：10.00 mL。此时溶液 S_0 已正确参数化，我们可以单击左下角 "Valider et passer à la burette" 确认并转到滴定管窗口（图3-14）。

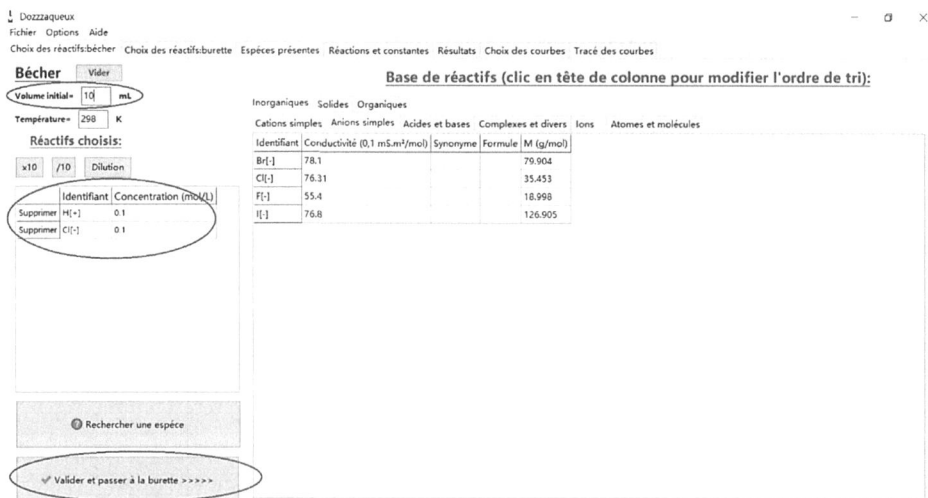

图3-14   步骤4

(3) Une page s'ouvre, il faut rentrer la concentration (la masse ou la quantité de matière) en ion H^+: 0,10 mol $\cdot L^{-1}$ (Figure 3–13).

Figure 3–13 Étape 3

(4) Répéter les opérations précédentes pour l'anion chlorure, dans Anions simples. Et préciser le volume totale de la solution à titrer: 10,00 mL. La solution S_0 est correctement paramétrée, on peut cliquer sur Valider et passer à la burette (Figure 3–14).

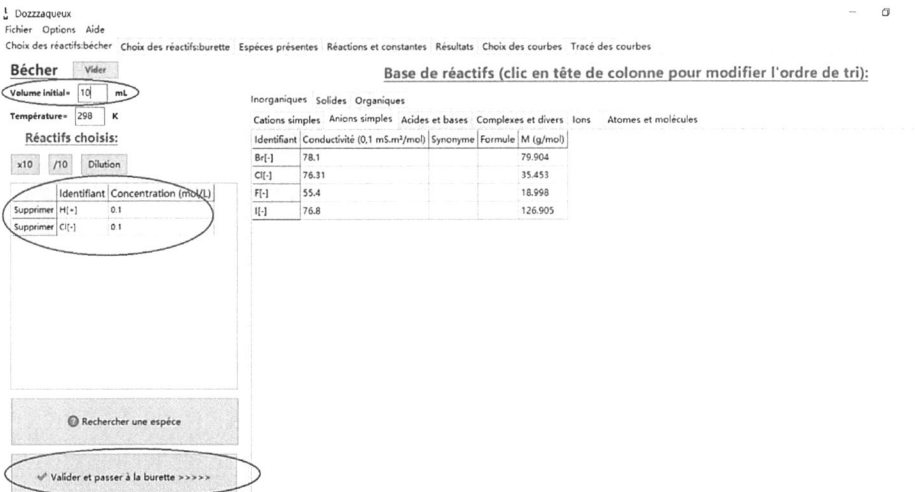

Figure 3–14 Étape 4

（5）随后打开了一个几乎相同的窗口：对滴定管重复前面的步骤。将要倒入的溶液 S_1 的最大体积设置为 20.00 mL。 之后可以单击左下角 "Valider et passer au recensement" 确认并转到检查窗口（图 3-15）。

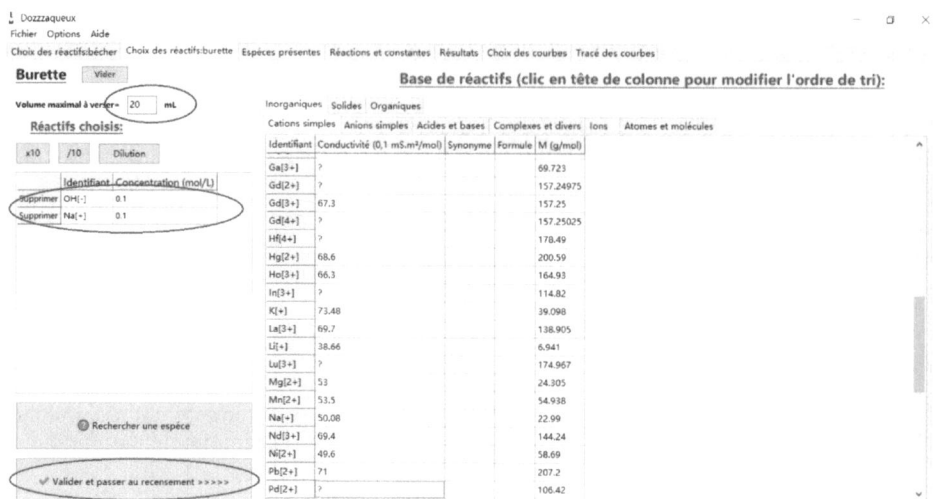

图 3-15　步骤 5

（6）在这个新窗口中，可以查看到模型中所有可能存在的化学物质。只需单击左下角 "Valider et passer aux constantes de réaction" 确认并转到反应常数窗口（图 3-16）。

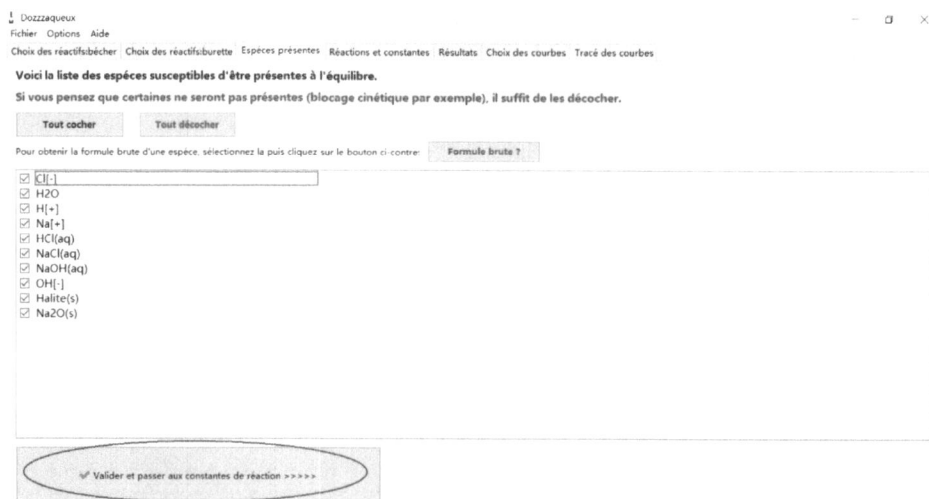

图 3-16　步骤 6

(5) Une fenêtre quasi-identique s'ouvre: on répète les étapes précédentes pour la burette. On choisit le volume maximal de solution S_1 à verser: 20,00 mL. Ensuite on peut cliquer sur Valider et passer au recensement (Figure 3–15).

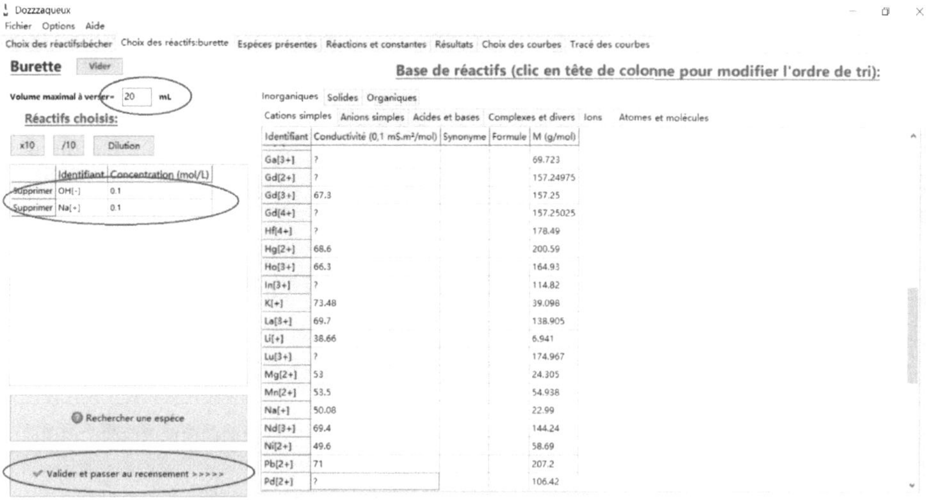

Figure 3–15　Étape 5

(6) Une fenêtre s'ouvre qui contient l'ensemble des espèces chimiques susceptibles d'être présentes. Il suffit de cliquer sur Valider et passer aux constantes de réaction (Figure 3–16).

Figure 3–6　Étape 6

（7）打开一个新窗口，这里显示出所有可用的平衡常数。 只需单击左下角 "Valider et lancer les calculs" 确认并转到开始计算窗口（图3-17）。

图3-17　步骤7

（8）一个包含所有计算值的窗口被打开。 只需单击 "Choisir les courbes à tracer" 选择要绘制的曲线（图3-18）。

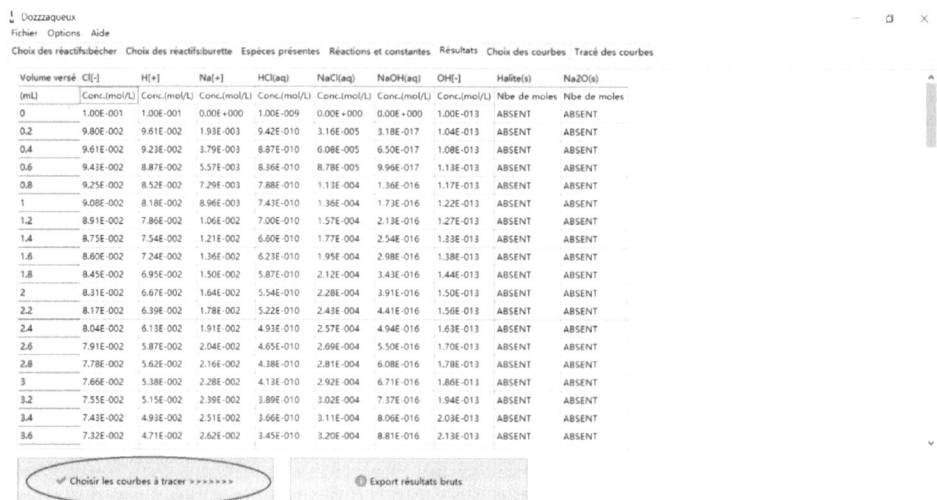

图3-18　步骤8

(7) Une fenêtre s'ouvre qui contient l'ensemble des constantes d'équilibre utilisables. Il suffit de cliquer sur Valider et lancer les calculs (Figure 3–17).

Figure 3–17　Étape 7

(8) Une fenêtre s'ouvre qui contient l'ensemble des valeurs calculées. Il suffit de cliquer sur Choisir les courbes à tracer (Figure 3–18).

Figure 3–18　Étape 8

（9）单击"Définir la grandeur portée en abscisse"定义横坐标显示范围（见图3-19）。

图3-19　步骤9

（10）选择倾倒的体积"volume versé"，然后确认"Valider"（图3-20）。

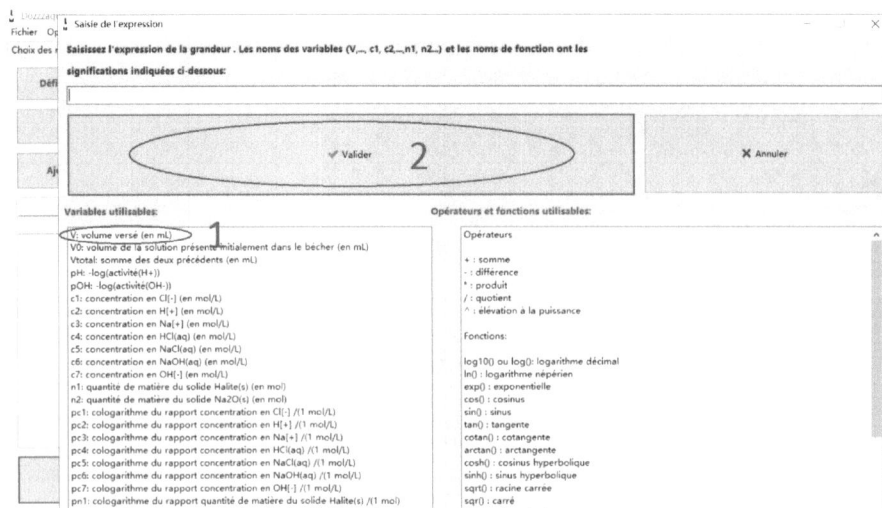

图3-20　步骤10

(9) Cliquer sur Définir la grandeur portée en abscisse (Figure 3–19).

Figure 3–19　Étape 9

(10) Sélectionner le volume versé, puis Valider (Figure 3–20).

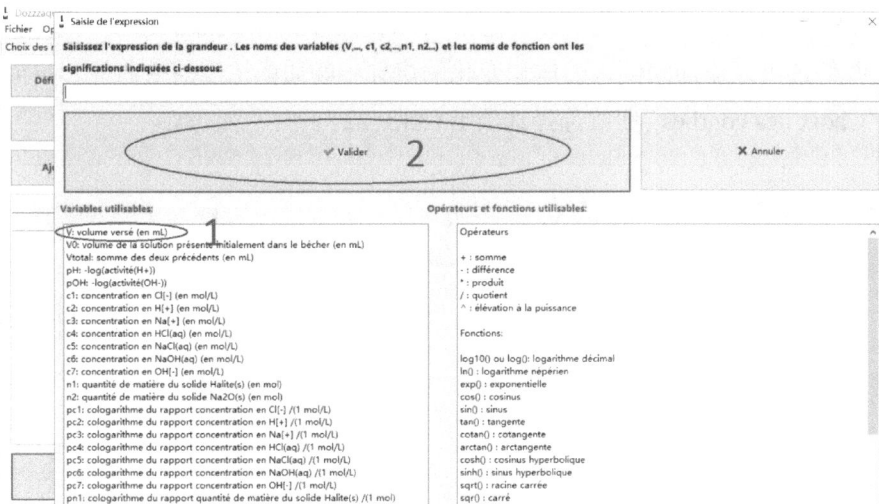

Figure 3–20　Étape 10

（11）以同样的方法，将 pH 值定义为曲线的纵坐标。方法是单击"Ajouter une grandeur en ordonnée"在纵坐标中添加物理量，然后选择 pH 并确认。出于图像美观的考虑，可以单击"Joindre les points"更改曲线的外观，然后单击"Valider et tracer les courbes"确认并绘制出曲线（图3-21）。

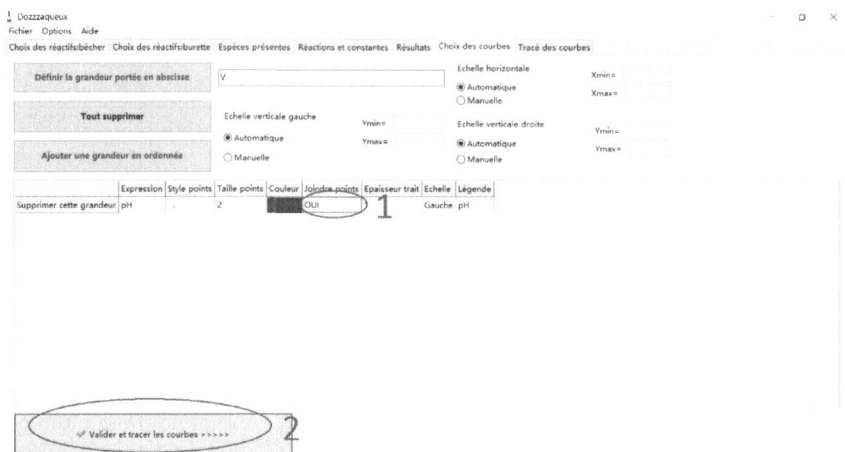

图3-21　步骤11

（12）得到图3-22所示的曲线。这时可以使用主窗口顶部的选项卡返回。此外，我们还可以添加随倒入的体积变化的烧杯中物质的浓度演变曲线。只需单击"Choix des courbes"曲线选择选项卡（图3-22）。

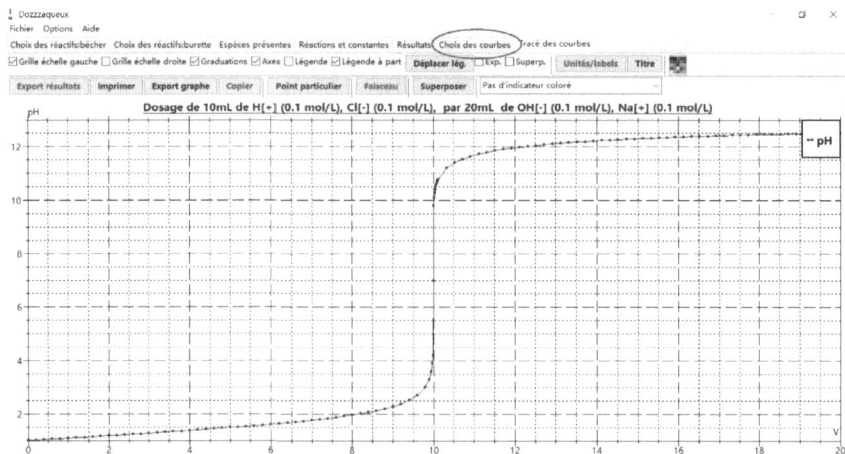

图3-22　步骤12

(11) De la même, manière définir le pH comme ordonnée de la courbe en cliquant sur Ajouter une grandeur en ordonnée puis en sélectionnant le pH et en validant. Pour des raisons esthétiques, on peut cliquer sous Joindre les points pour changer l'apparence de la courbe, puis on clique sur Valider et tracer les courbes (Figure 3–21)

Figure 3–21　Étape 11

(12) On obtient la courbe présentée sur la figure 3–22. On peut revenir en arrière grâce aux onglets en haut de la fenêtre principale. En particulier, on peut ajouter l'évolution des concentrations dans le bécher en fonction du volume versé. Pour cela il suffit de cliquer sur l'onglet Choix des courbes (Figure 3–22).

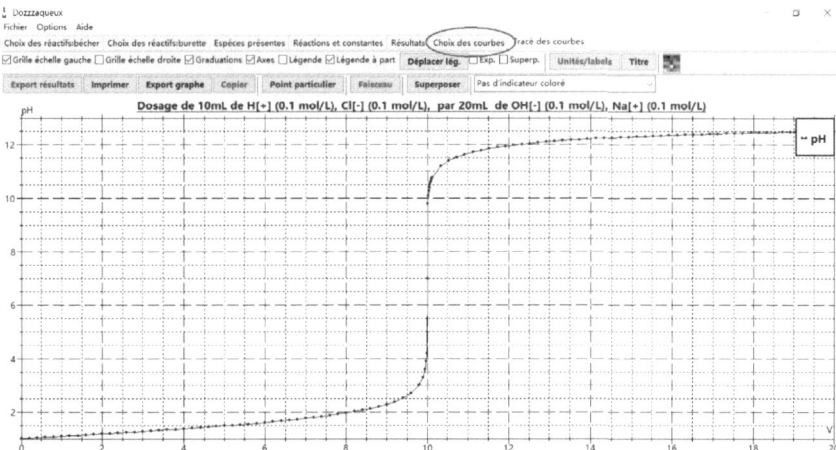

Figure 3–22　Étape 12

（13）再次点击"Ajouter une grandeur en ordonnée"向纵坐标加入物理量，选择H⁺离子的浓度，然后确认。这同样适用于加入 HO⁻ 离子的浓度变化曲线（见图3-23）。

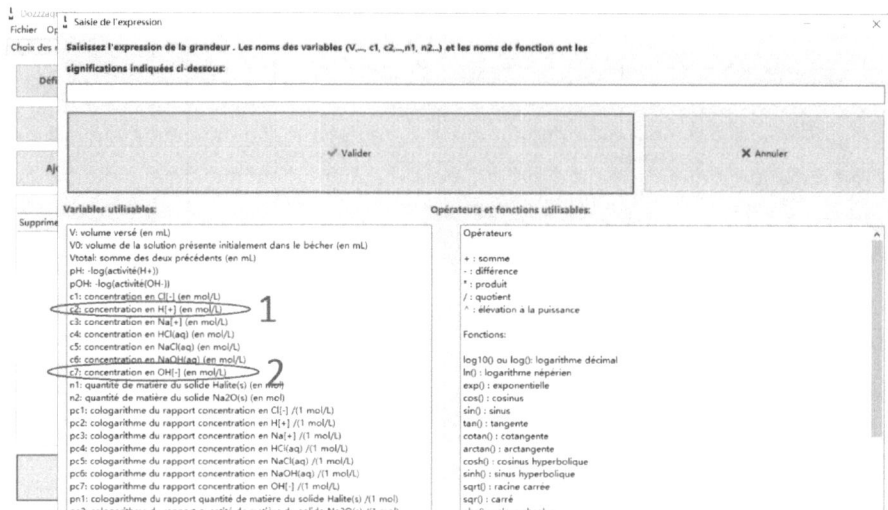

图3-23　步骤13

（14）新的物理量已出现在表格中，接下来需要单击标尺"échelle"，将浓度的纵坐标轴放在右侧。然后重新单击"Valider et tracer les courbes"确认并绘制曲线。

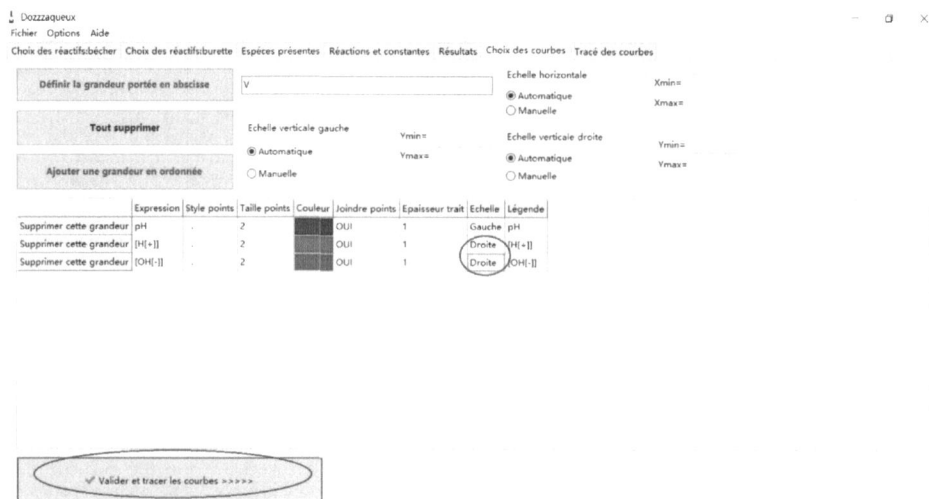

图3-24　步骤14

(13) On clique à nouveau sur Ajouter une grandeur en ordonnée, on sélectionne la concentration en ions H$^+$, puis on valide. De même pour la concentration en ions HO$^-$ (Figure 3–23).

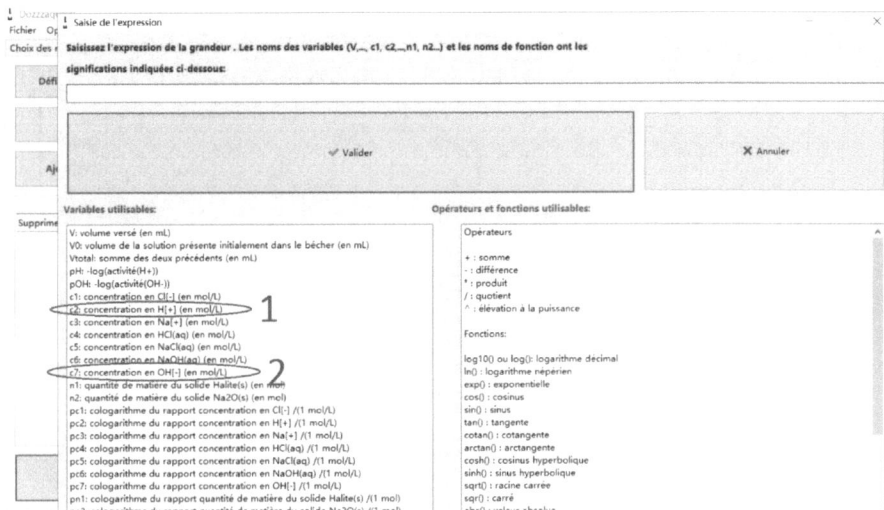

Figure 3–23　Étape 13

(14) Les grandeurs sont apparues dans le tableau, il faut alors cliquer sous échelle, pour placer l'axe des ordonnées des concentrations à droite. Puis on clique à nouveau sur Valider et tracer les courbes.

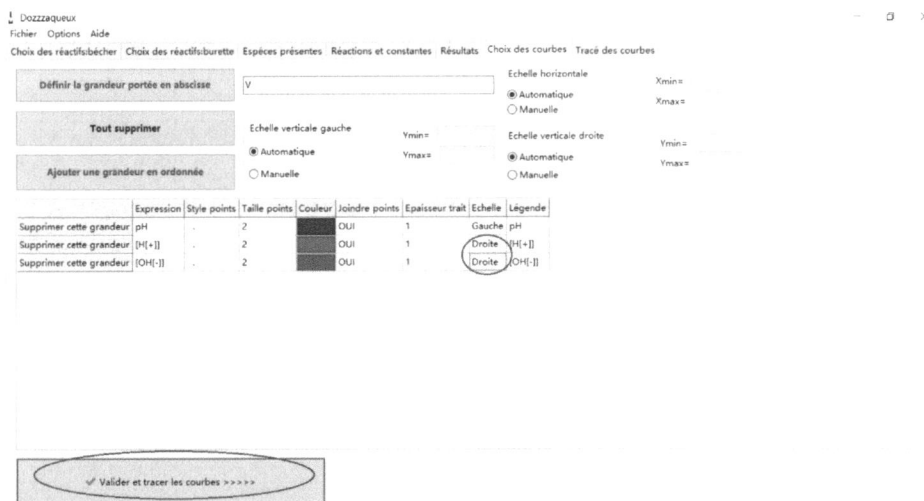

Figure 3–24　Étape 14

（15）我们由此获得图3-25所示的曲线。如需确定等效体积,我们可以单击特定点"Point particulier",它将显示系统在等效时的坐标（见图3-26中标记）。

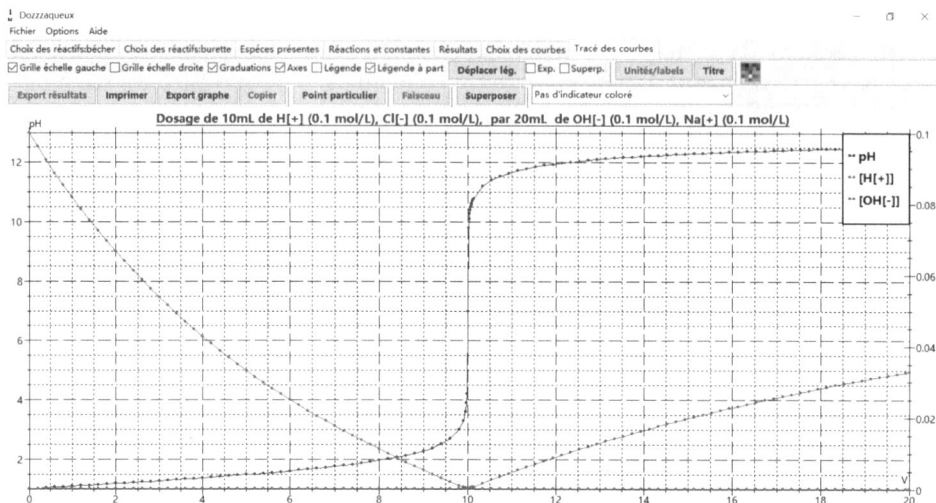

图3-25　步骤15

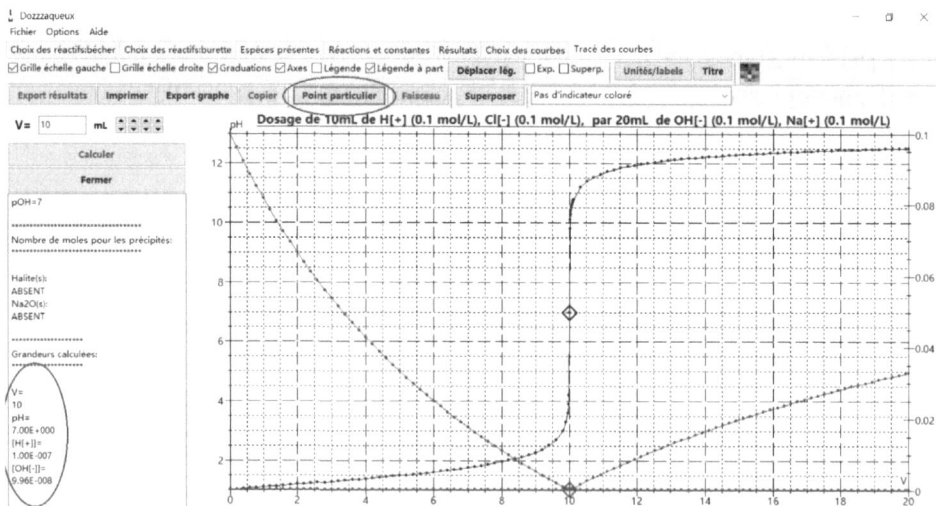

图3-26　步骤16

(15) On obtient ainsi les courbes présentées Figure 3–25, pour déterminer le volume équivalent, on peut cliquer sur Point particulier, ce qui fait apparaître les coordonnées du système à l'équivalence (voir Figure 3–26).

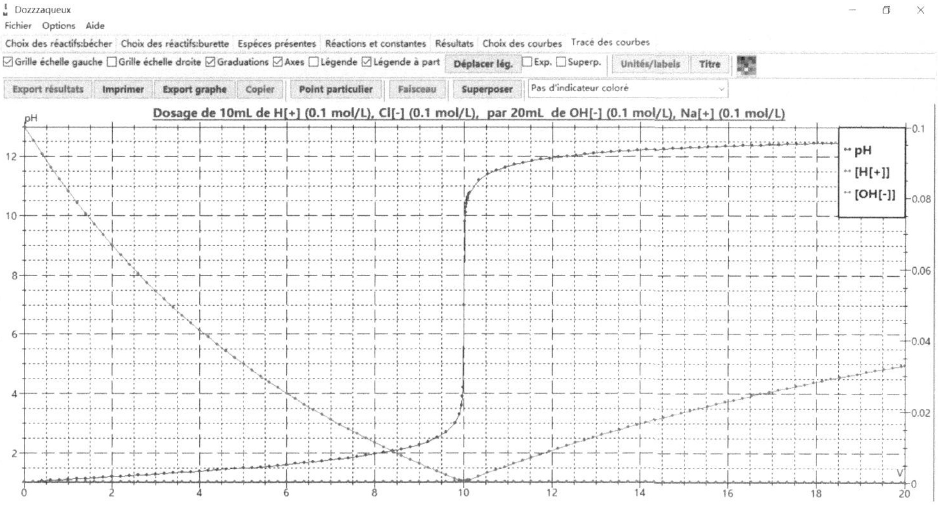

Figure 3–25　Étape 15

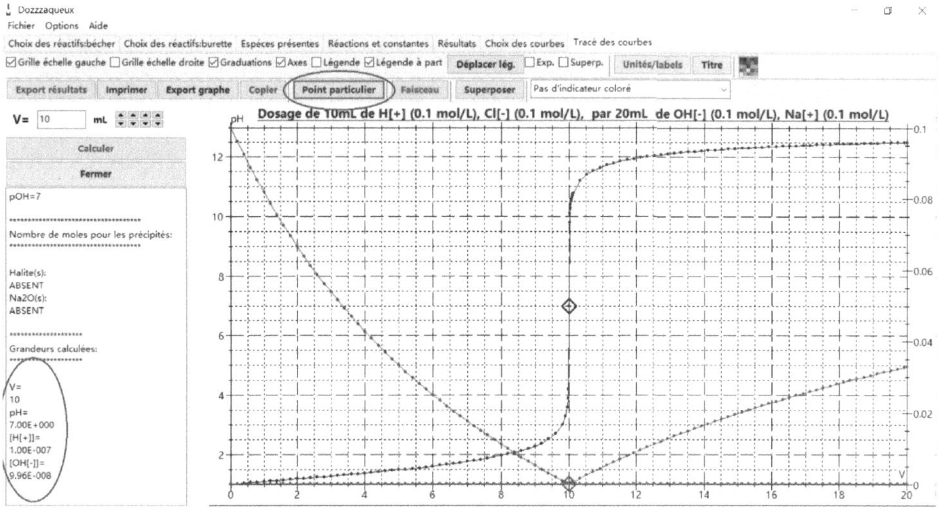

Figure 3–26　Étape 16

（16）最后，这些曲线可用于通过上方中央的"Pas d'indicateur coloré"变色指示剂下拉菜单来确定合适的指示剂。这个例子中，计量点是在 pH = 7 时，可以使用溴百里酚蓝(图3-27)。作为对比，溴酚蓝变色过早(图3-28)，而靛胭脂则过晚(图3-29)。

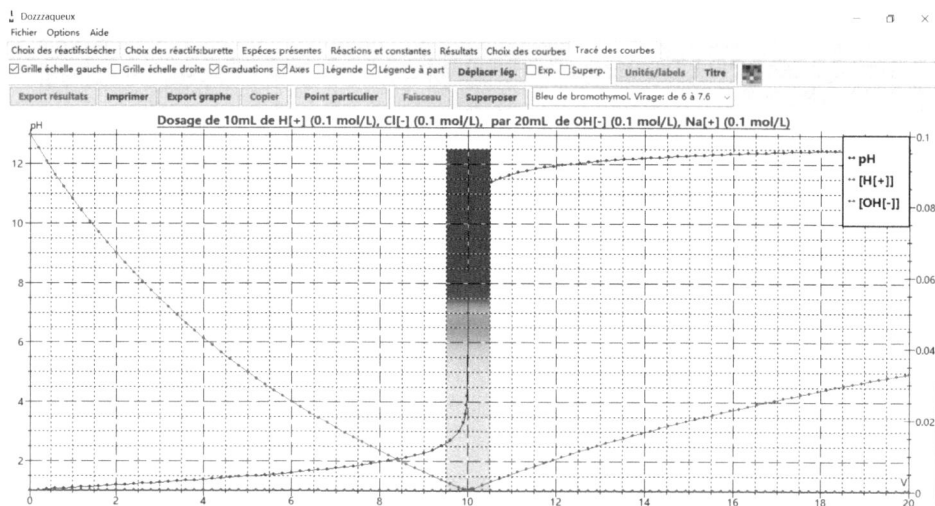

图3-27　溴百里酚蓝的色度标尺：变色区(颜色变化)对应于计量点

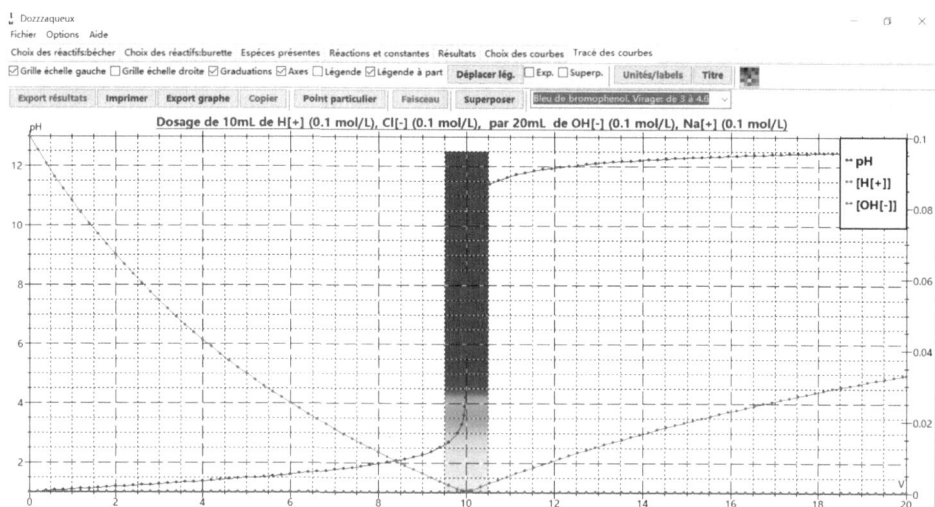

图3-28　溴酚蓝色度标尺：变色区(颜色变化)的 pH 值太低，无法指示计量点

(16) Enfin, on peut utiliser ces courbes pour déterminer un indicateur coloré approprié en cliquant sur le menu déroulant Pas d'indicateur coloré. Ici, l'équivalence est à pH = 7, le bleu de bromothymol est donc adéquate (Figure 3–27). Pour comparaison, le bleu de bromophénol change de couleur trop tôt (Figure 3–28), et le carmin d'indigo trop tard (Figure 3–29).

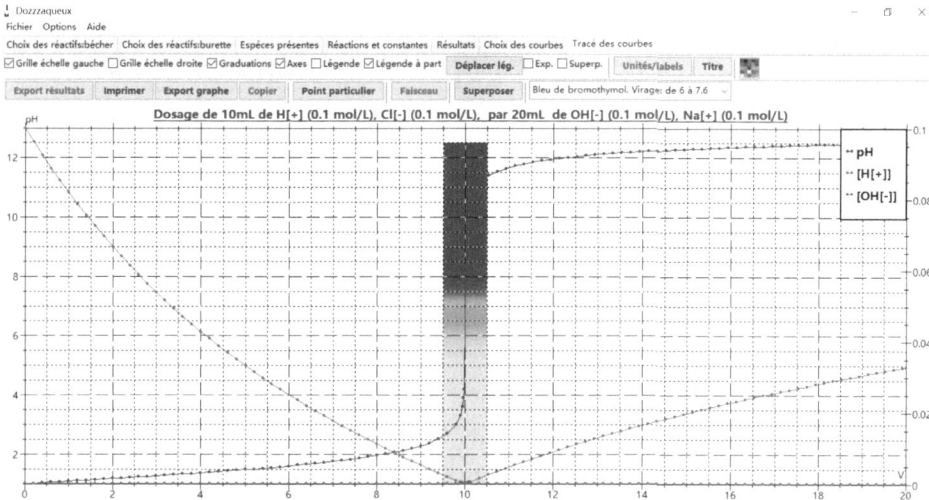

Figure 3–27　Échelle de teinte du bleu de bromothymol: la zone de virage (changement de couleur) correspond à l'équivalence

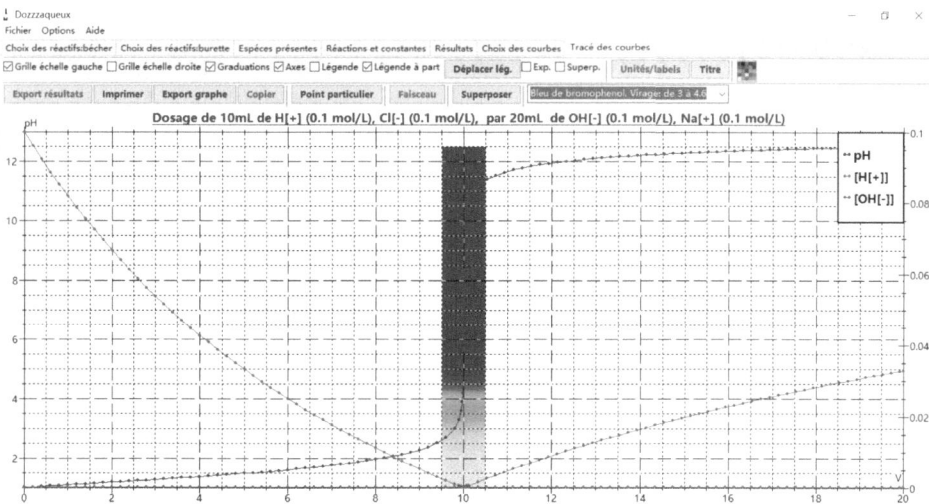

Figure 3–28　Échelle de teinte du bleu de bromophénol: la zone de virage (changement de couleur) a un pH trop faible pour indiquer l'équivalence

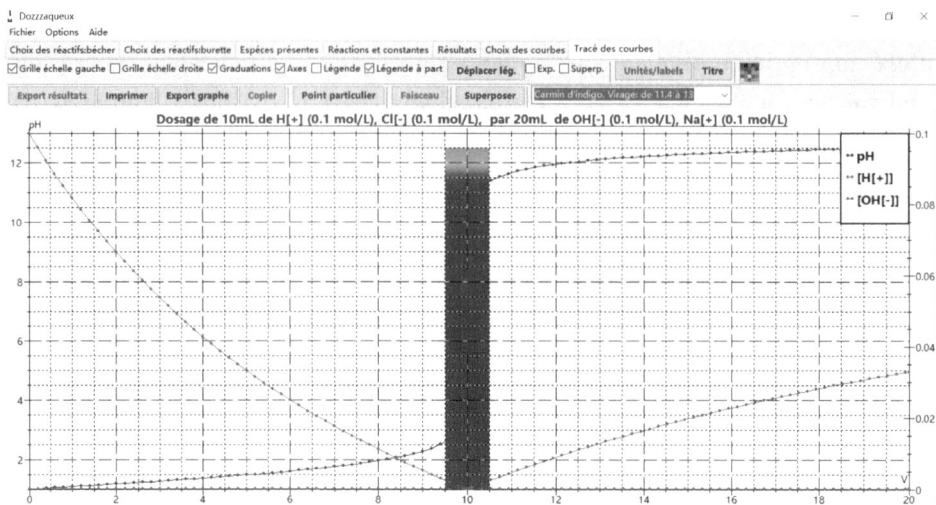

图3-29　靛蓝胭脂红色度标尺：变色区（颜色变化）的 pH 值太高，无法指示计量点

3.5.2　Regressi 软件的使用说明

Regressi 软件可以用来处理实验所得的数据。

软件可从以下网址下载：http://regressi.fr/WordPress/download/。

（1）打开 Regressi 软件。

（2）通过依次点击 Fichier/Nouveau/Clavier（如图 3-30 所示）来创建新的文档以输入实验数据。

图3-30　创建表格

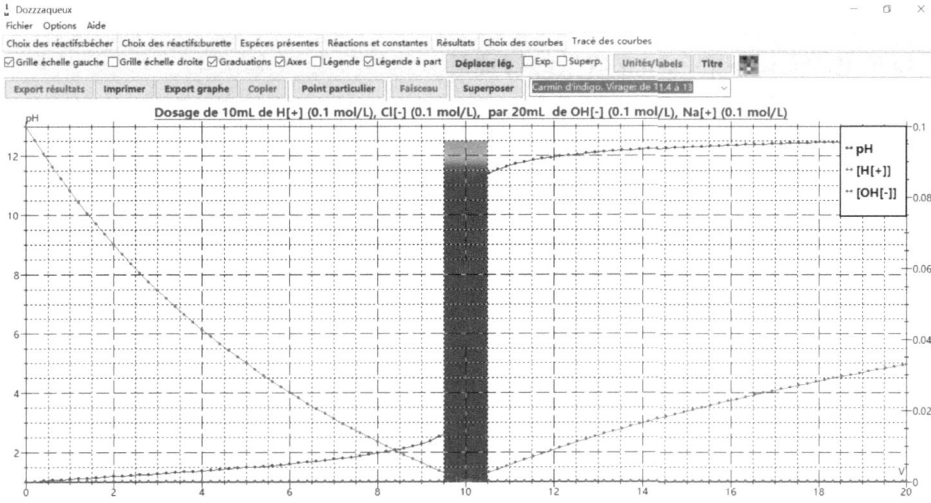

Figure 3–29　Échelle de teinte du carmin d'indigo: la zone de virage (changement de couleur) a un pH trop élevé pour indiquer l'équivalence

3.5.2　Traiter des données expérimentales avec Regressi

Le logiciel Regressi permet de traiter les données acquises lors d'une expérience., et il est téléchargeable à l'adresse suivante

http://regressi.fr/WordPress/download/

(1) Ouvrir le logiciel Regressi.

(2) Pour ouvrir un tableur et entrer des données, cliquer sur Fichier/Nouveau/ Clavier (Figure 3–30).

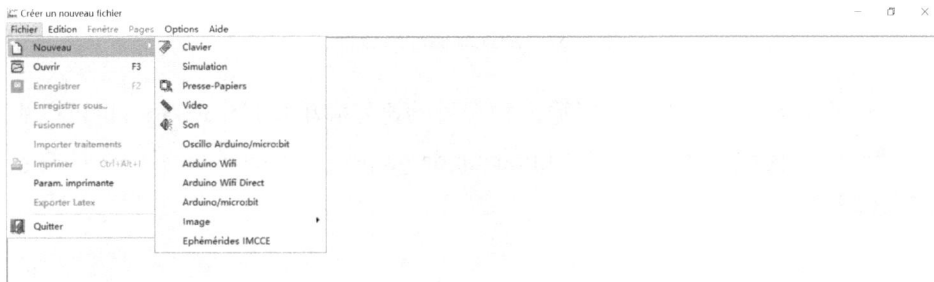

Figure 3–30　Étape 2 – ouvrir un tableur

（3）在打开的页面中，输入要处理的物理量符号和单位（如图3-31所示）。可以在电子表格中输入任意数量的物理量。然后单击"OK"。

图3-31　打开表格

（4）表格一旦建立，我们可以通过点击"Y+"或"Y_"按钮（如图3-32所示）来任意添加或删除数据列（即物理量），然后点击"OK"确认。

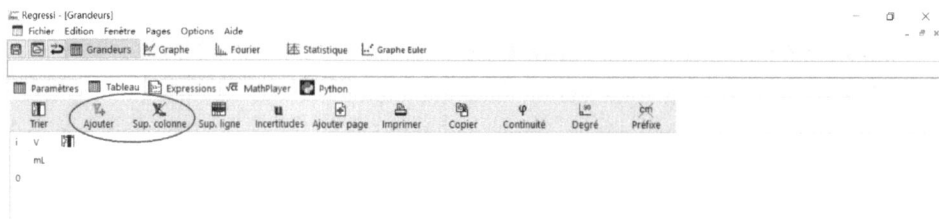

图3-32　加入或删除数据行

（5）在弹出的窗口中，可以输入物理量的符号和单位（图3-33）。也可以添加注释（例如物理量名称，选择"Etiquette de graphe = commentaire"一项，使它出现在图表上）。

(3) Une page s'ouvre, il faut rentrer le symbole et l'unité de la grandeur que l'on veut traiter (Figure 3–31). On peut saisir autant de grandeurs que l'on veut dans le tableur. Puis cliquer sur OK.

Figure 3–31　Étape 3 – ouvrir un tableur

(4) Une fois le tableur créé, on peut ajouter (ou supprimer) des grandeurs en appuyant sur le bouton Y^+ (ou Y^-) (Figure 3–32). Puis cliquer sur OK.

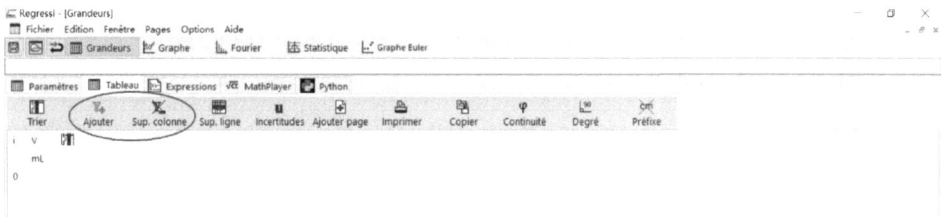

Figure 3–32　Étape 4 – ajouter une grandeur au tableur

(5) Une fenêtre apparaît, ou l'on rentre le symbole et l'unité de la grandeur à ajouter (Figure 3–33). On peut ajouter un commentaire (par exemple le nom de la grandeur, et cocher la case Etiquette de graphe = commentaire pour qu'il apparaisse sur le graphique).

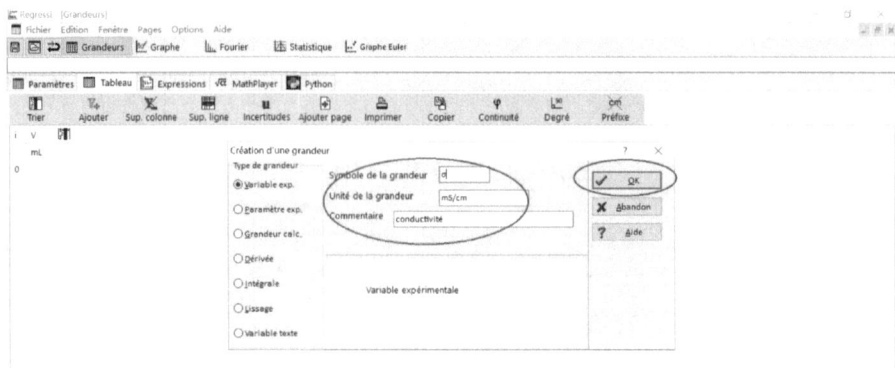

图 3-33　在数据表中增加物理量

（6）可以通过点击"u"按钮定义测量值的不确定度（如图 3-34），此时不确定度将自动添加到表格中。

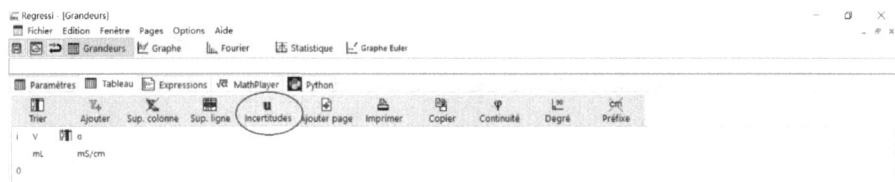

图 3-34　增加不确定度

（7）将所有实验所得数据输入到表格后，我们可以通过点击"Graphe"按钮来绘制曲线（如图 3-35 所示）。

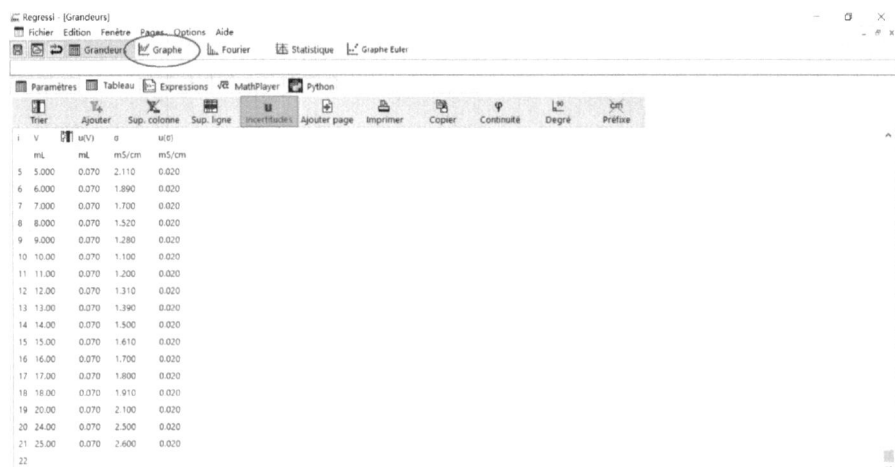

图 3-35　曲线的绘制

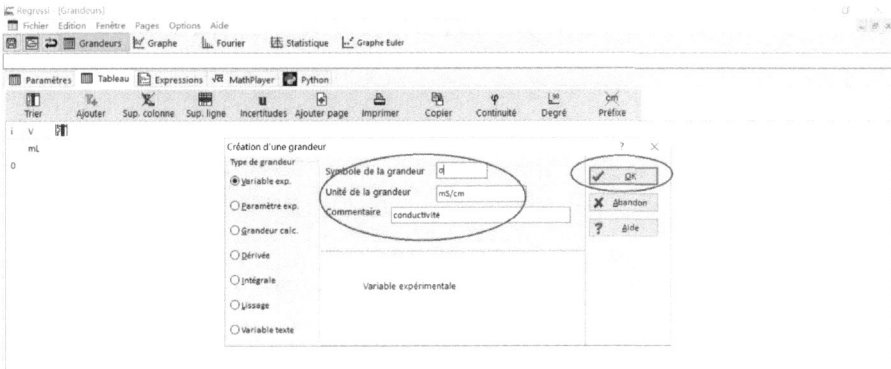

Figure 3–33　Étape 5 – ajouter une grandeur au tableur

(6) On peut ajouter les incertitudes sur les mesures réalisées grâce au bouton u. (Figure 3–34). Une colonne incertitude est ajoutée pour chaque grandeur du tableur.

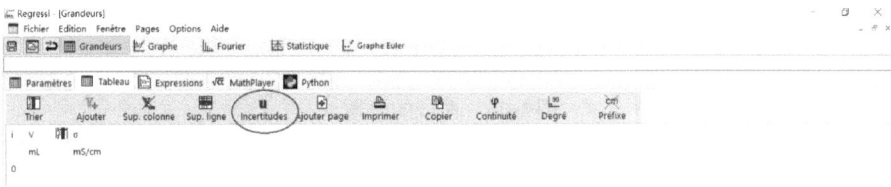

Figure 3–34　Étape 6 – ajouter des incertitudes

(7) Une fois l'acquisition des données expérimentales réalisée, on peut tracer un graphique, en cliquant sur le bouton Graphe (Figure 3–35).

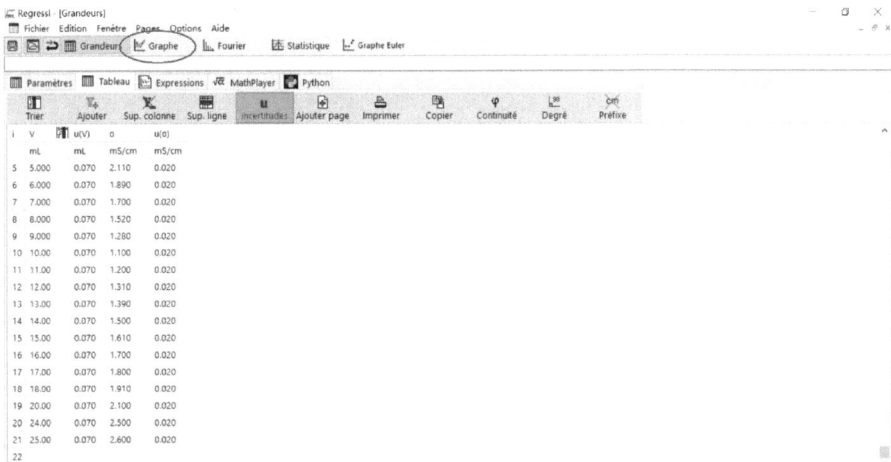

Figure 3–35　Étape 7 – réaliser un graphique

（8）在弹出的曲线窗口中，可以通过鼠标右键来实施对曲线的修改设置（见图3-36）。

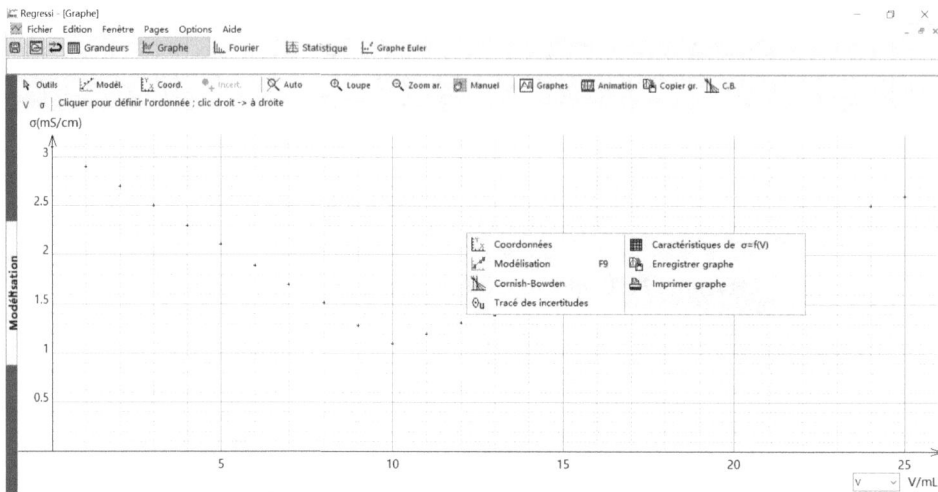

图3-36　曲线的设置

① 可以通过点击"Coordonnées"选项来设置物理量（图3-36）。在弹出的窗口中（图3-37），在黑色框出的区域，可以定义曲线的横纵坐标。在下面灰色框出的区域中，可以定义曲线的样式。在右上角虚线框出的区域中可以实施增加曲线的操作。一切设置完成后，点击"OK"按钮进行确认。

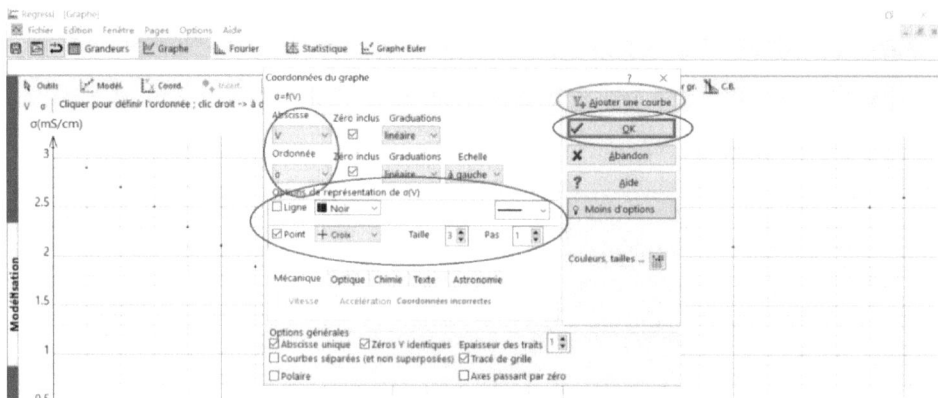

图3-37　曲线格式样式的设置

(8) Le logiciel ouvre un graphique que l'on peut modifier en faisant un clic droit avec la souris (Figure 3–36).

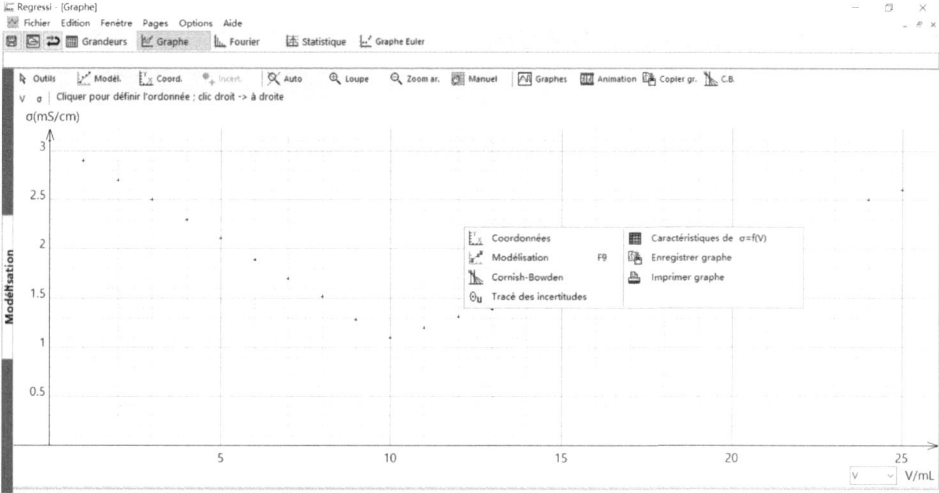

Figure 3–36　Étape 8 – modifier le graphique

① On peut modifier les grandeurs représentées en cliquant sur Coordonnées (Figure 3–36). Une fenêtre s'ouvre (Figure 3–37). Dans la partie supérieure (blanc), on peut définir les grandeurs abscisse et ordonnées. Dans la partie inférieure (gris), on peut modifier le style du graphique. En haut à droite (pointillé), on peut ajouter des courbes à représenter sur le même graphique. Quand tout est terminé, on clique sur OK.

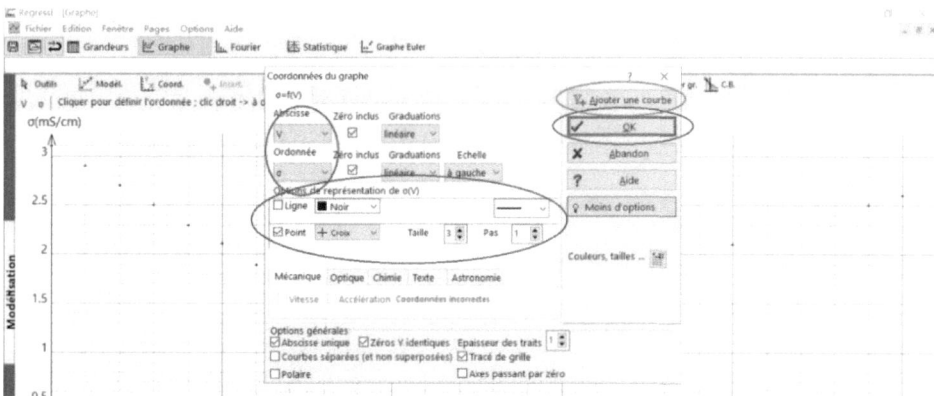

Figure 3–37　Étape 8 – modifier les données représentées et le style

② 通过点击"Tracé des incertitudes"选项（图3-36），物理量的不确定度棒会在曲线中显示。每一个测量值的不确定度通过其外部的圆圈来体现（图3-38）。可以通过"Options/Graphique"来设置是否显示不确定度。通常我们设置显示扩展不确定度，而非标准不确定度。

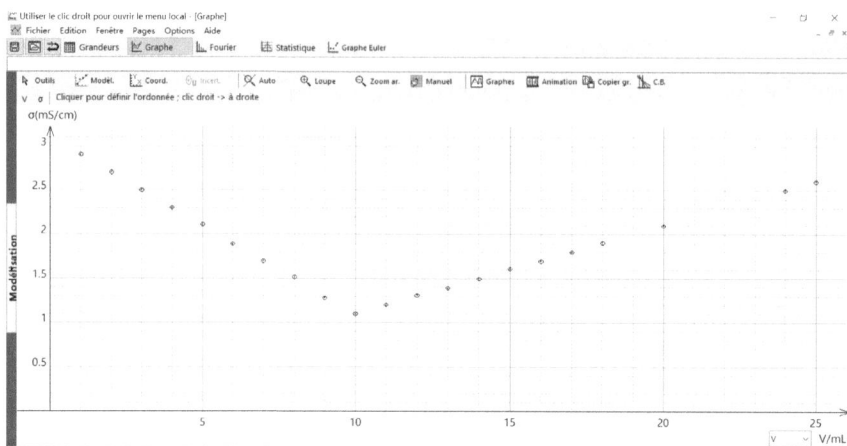

图3-38　不确定度在曲线中显示

（9）通过点击"Modélisation"选项（见图3-36），可以对所得的曲线进行数学函数建模。在左侧弹出的窗口中（图3-39），通过点击"Modèles"选项来选择预定义的数学函数，例如仿射函数。

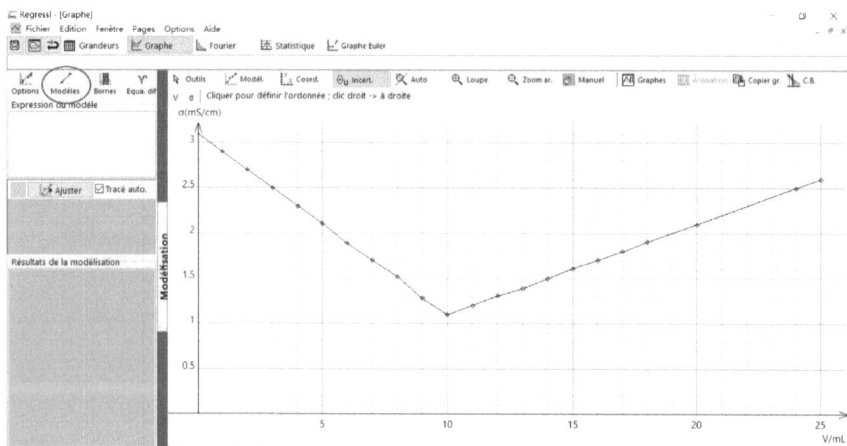

图3-39　对曲线进行数学建模

② On peut faire apparaître les barres d'incertitudes sur le graphique en cliquant sur Tracé des incertitudes (Figure 3–36). Des cercles correspondant à l'incertitude apparaissent sur chaque point (Figure 3–38). On peut modifier l'apparence des incertitudes dans Options/Graphique, notamment on peut choisir de représenter l'incertitude élargie plutôt que l'incertitude-type, et changer le style.

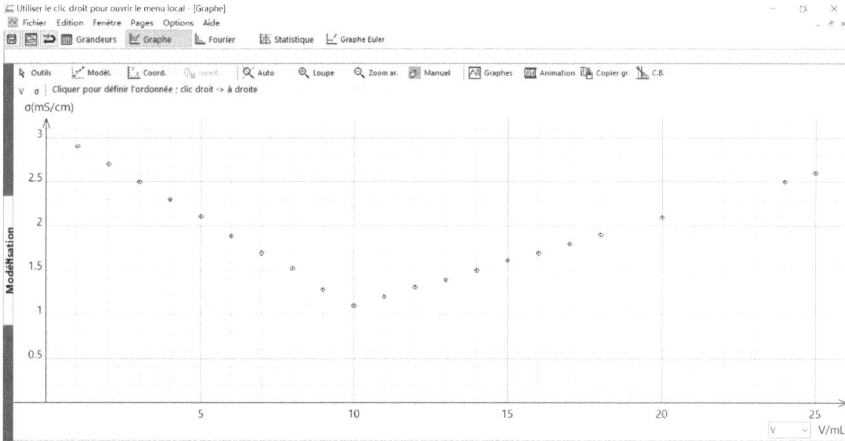

Figure 3–38　Étape 8 – Faire apparaître les incertitudes sur le graphique

(9) On peut modéliser les courbes obtenues par des équations mathématiques en cliquant sur Modélisation (Figure 3–36). Un onglet à gauche apparaît (Figure 3–39). En cliquant sur le bouton Modèles, on peut utiliser des fonctions mathématiques prédéfinies, comme une fonction affine.

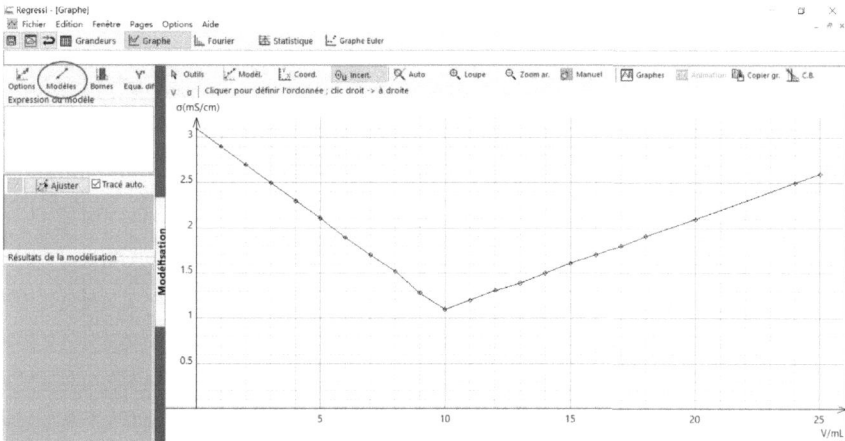

Figure 3–39　Étape 9 – modéliser les données

（10）这里，我们有两个可以由不同仿射函数建模的域。要获得第一个仿射函数的参数（重命名为a1和b1），需要移动（单击、拖动）定义建模域的两个边界线。

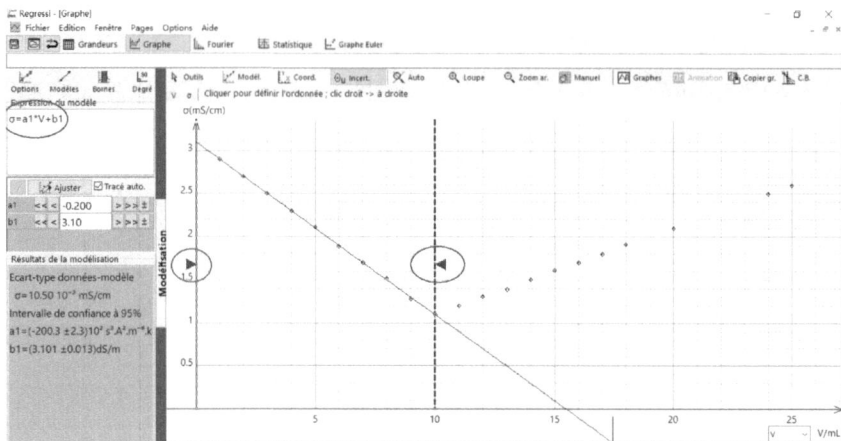

图3-40 定义建模域

（11）然后我们可以写第二个方程（用参数a2和b2表示），我们将条形图放在右侧的域中。软件根据当可置信水平取值为95%时的扩展不确定度自动计算出两条直线的交点（图3-41）。

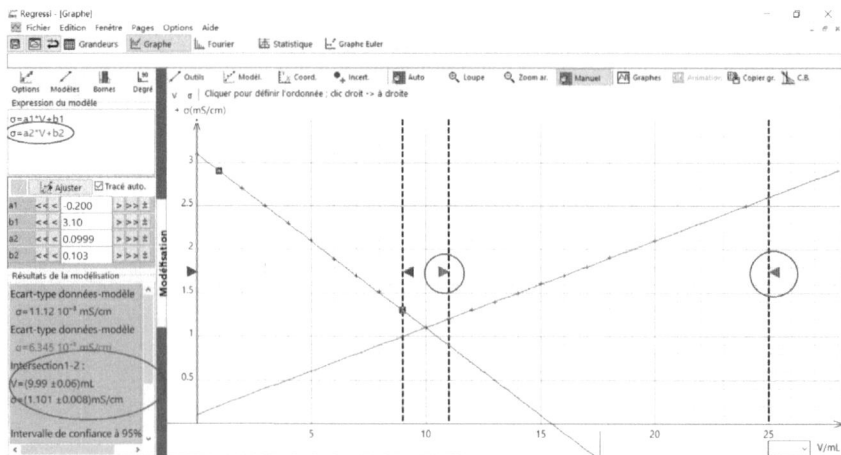

图3-41 定义建模域

(10) Ici, on a deux domaines modélisables par des fonctions affines différentes. Pour obtenir les paramètres (que l'on renomme $a1$ et $b1$) de la première fonction affine, il faut décaler (cliquer, glisser) les barres qui définissent le domaine de la modélisation (Figure 3–40).

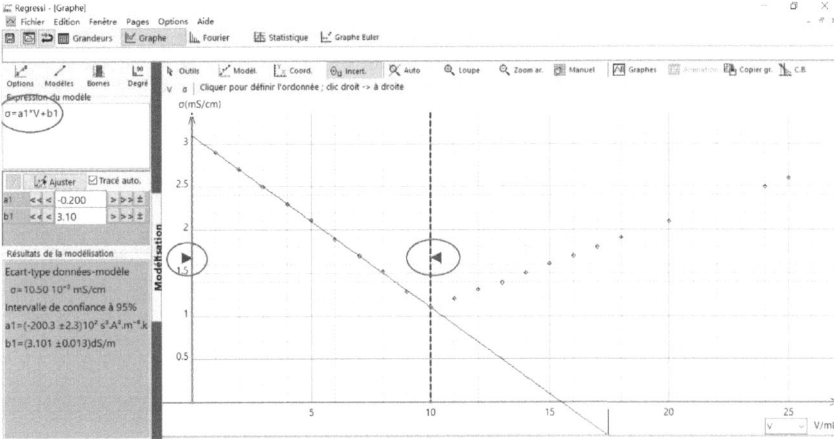

Figure 3–40　Étape 10 – définir le domaine de la modélisation

(11) On peut ensuite écrire une deuxième équation (avec des paramètres différents $a2$ et $b2$), et on place les barres dans le domaine de droite. Le logiciel calcule le point d'intersection des deux droites avec l'incertitude élargie pour un intervalle de confiance à 95% (Figure 3–41).

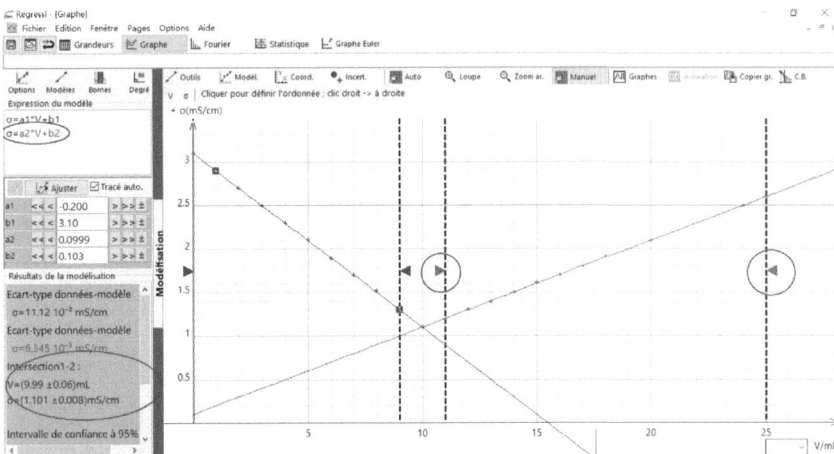

Figure 3–41　Étape 11 – définir le domaine de la modélisation

pH滴定情况举例

以下来讲解在pH滴定情况下,完成滴定操作,将所有数据都输入至表格后,如何处理数据。

① 将所有数据输入至表格后,可以得到图3-42所示的曲线pH $= f(V)$。

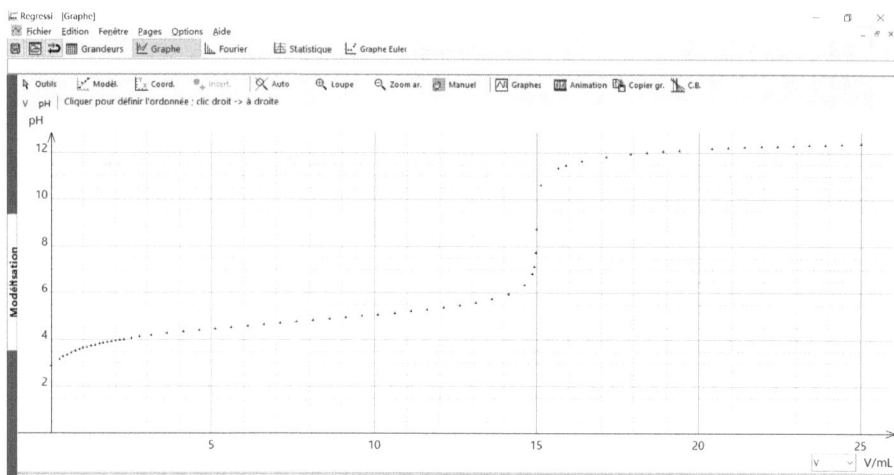

图3-42　曲线pH $= f(V)$

② 可以利用切线法得到滴定的等效体积值。点击"outils"选项,后点击"tangente"（图3-43）。

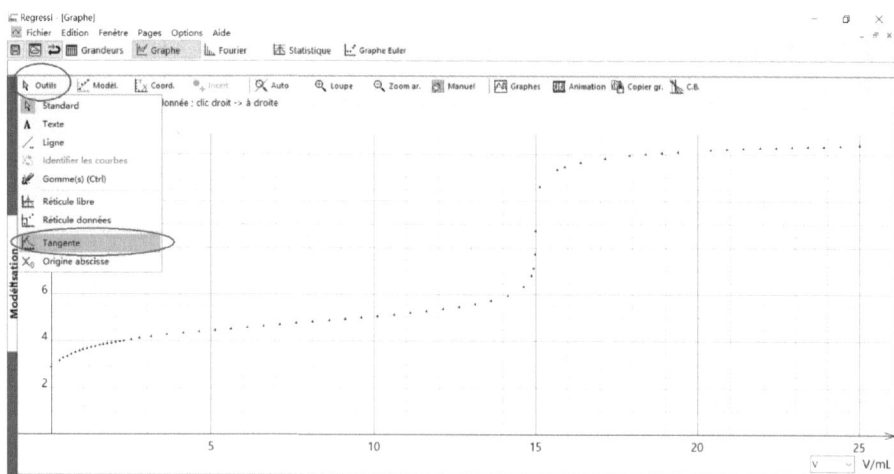

图3-43　切线法的应用

Cas d'un dosage pH-métrique

Nous réalisons maintenant un dosage pH-métrique, nous allons voir comment exploiter les données de la courbe obtenue.

① Une fois les données acquises dans le logiciel, on peut tracer la courbe pH = $f(V)$ (Figure 3–42).

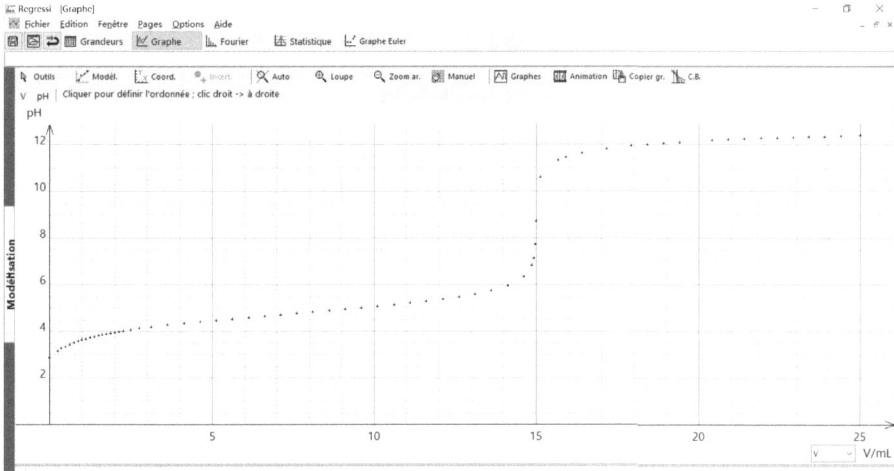

Figure 3–42　Étape 1 – obtention de la courbe pH $=f(V)$

② Pour déterminer le volume équivalent, on peut utiliser la méthode des tangentes. Il faut cliquer sur outils, puis sur tangente (Figure 3–43).

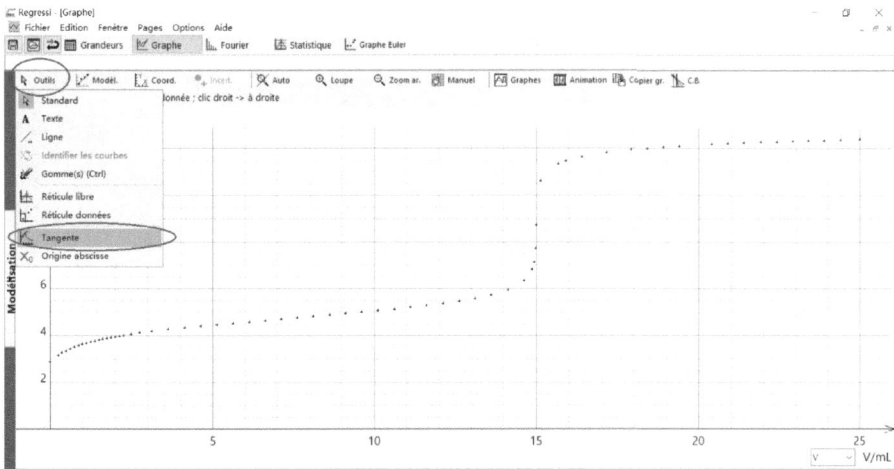

Figure 3–43　Étape 2 – utiliser la méthode des tangentes

③ 在弹出的窗口中需要选择具体的实现方法，其中 "méthode des tangentes (avec clic)" 是比较容易操作的方法（图3-44）。

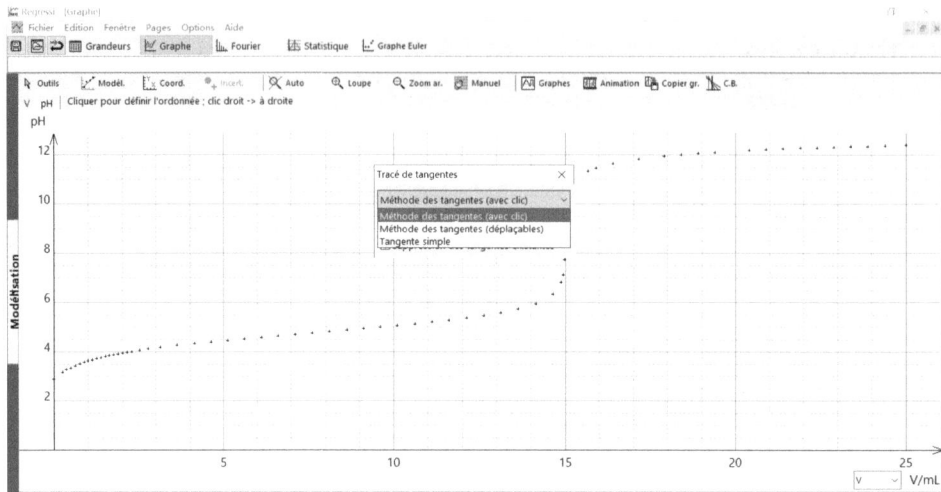

图3-44   选择方法

④ 接着通过选择曲线上的相应数值点，对应切线将会自动显示。软件会自动作出切线图，并给出对应的等效体积（图3-45）。

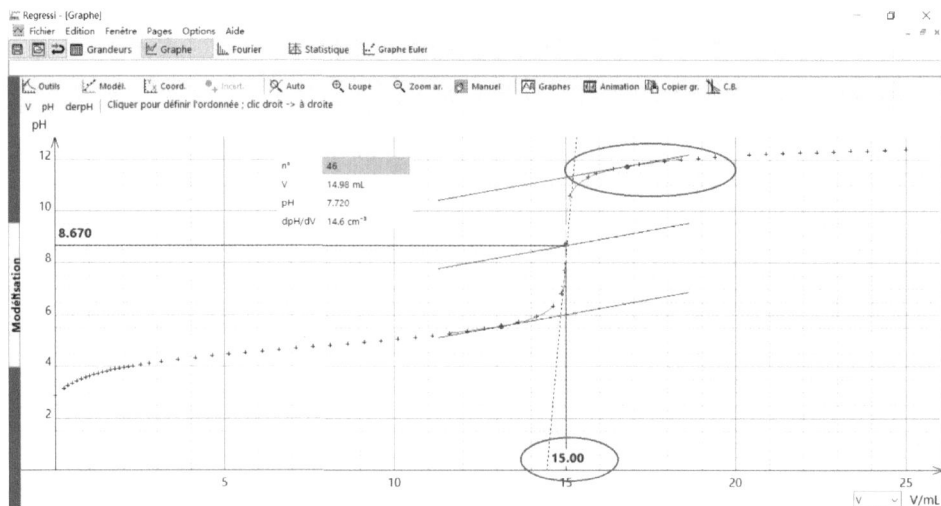

图3-45   等效体积的计算

③ Une fenêtre apparaît, avec plusieurs options (Figure 3–44). La méthode des tangentes (avec clic) est la plus simple à utiliser.

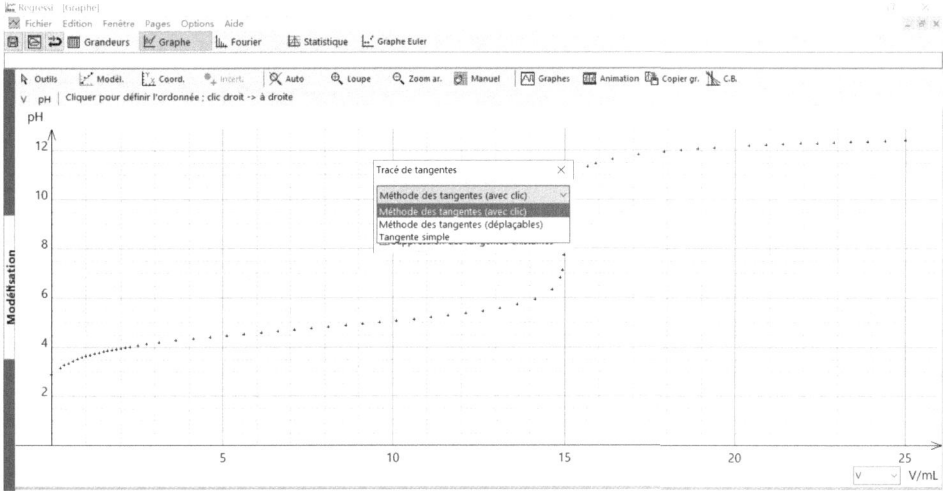

Figure 3–44　Étape 3 – choix de la méthode

④ Il faut ensuite cliquer sur un point de la courbe pour faire apparaître les tangentes. Le logiciel construit la figure, et on obtient le volume équivalent (Figure 3–45).

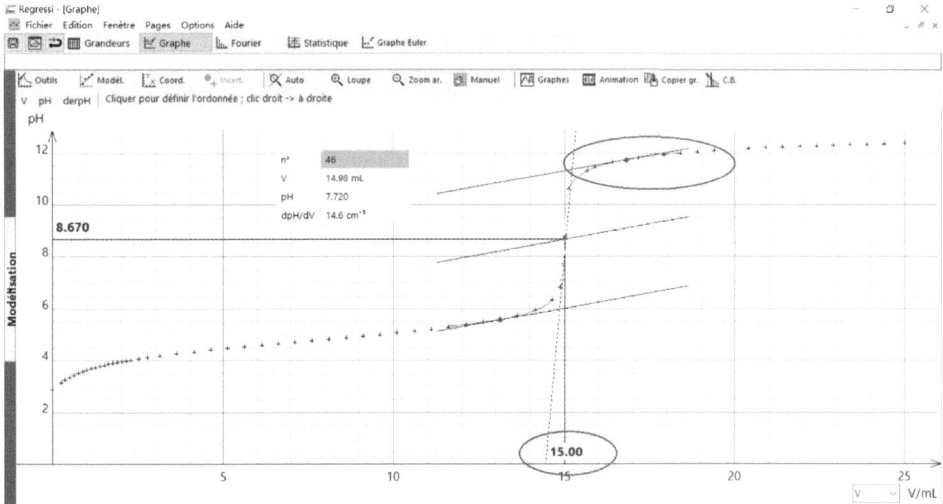

Figure 3–45　Étape 4 – tracé des tangentes

⑤ 如果我们在上一步中没有正确选择数值点，可以通过将鼠标放在曲线上，然后单击右键，选择"RàZ des tangentes"来调整（图3-46）。

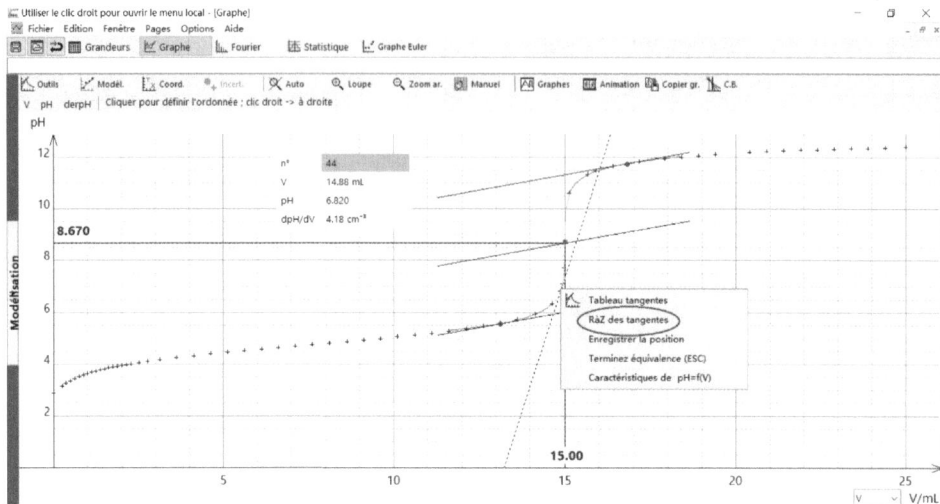

图3-46　调整切线点

⑥ 另一种方法是使用 pH 曲线的导数来找到等效体积。这需要在原有曲线中添加派生曲线。首先点击"Coord."按钮（图3-47）。

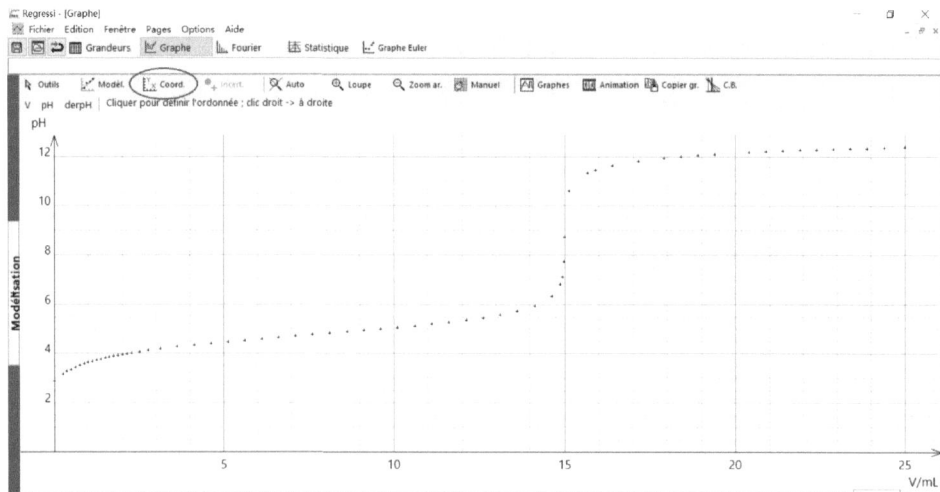

图3-47　增加一条曲线

⑤ S'il on a mal placé les tangentes, on peut les effacer en faisant un clic droit avec la souris sur le graphique et en cliquant sur RàZ des tangentes (Figure 3–46).

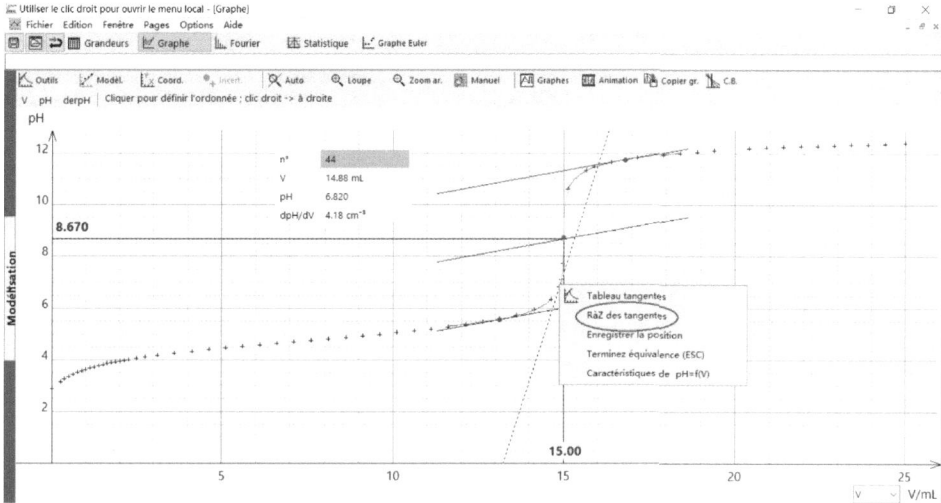

Figure 3–46　Étape 5 – suppression des tangentes

⑥ Une autre méthode consiste à utiliser la dérivée de la courbe de pH pour trouver le volume équivalent. Pour cela il faut ajouter la courbe dérivée sur le graphique. On clique sur le bouton Coord (Figure 3–47).

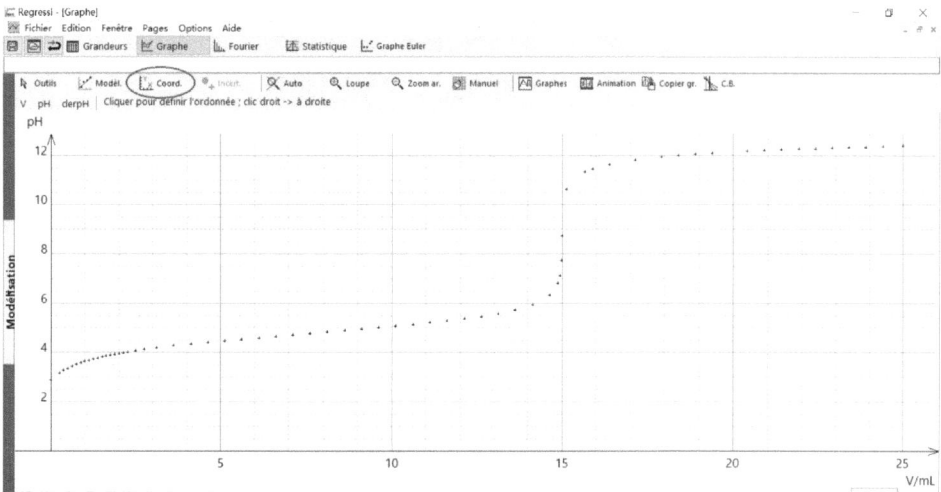

Figure 3–47　Étape 6 – ajouter une courbe

⑦ 再点击"Ajouter une courbe"（图3-48）。

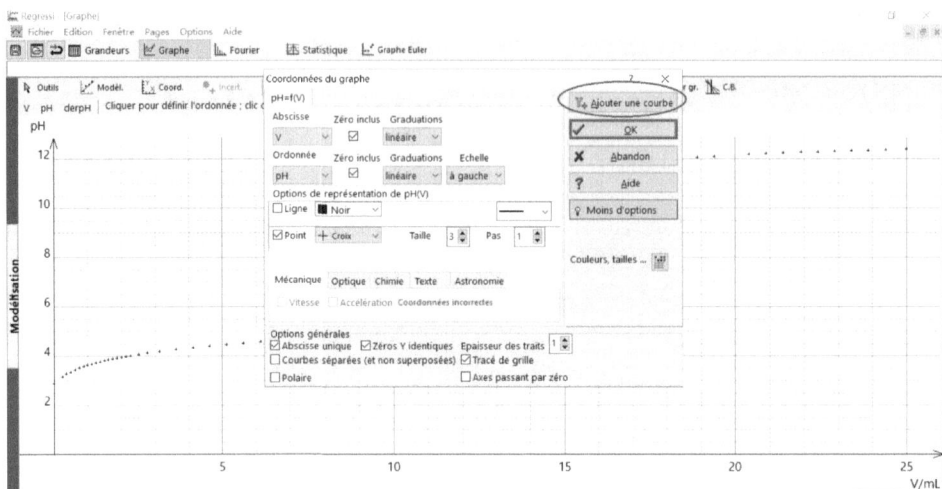

图3-48　增加一条曲线

⑧ 定义纵坐标为derpH（这是根据滴定体积得到的pH的派生pH）（图3-49）。点击"OK"，派生曲线即在原曲线上显示。

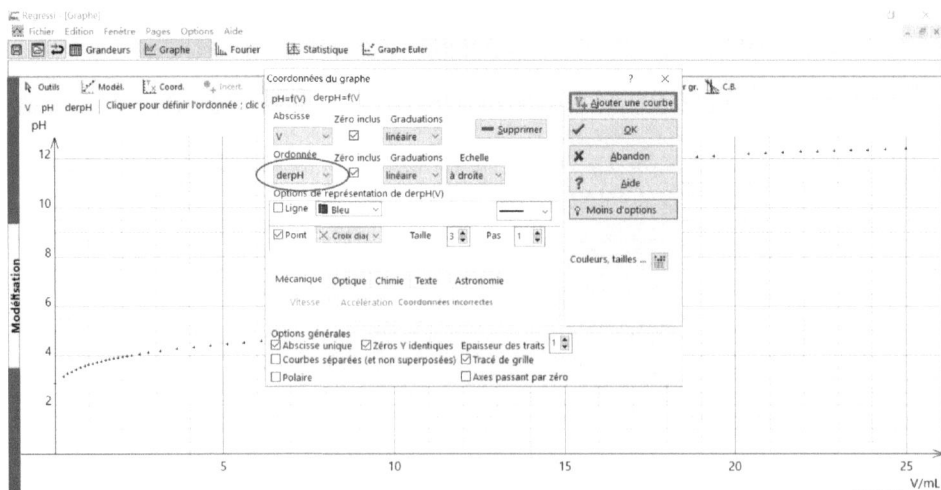

图3-49　设置添加的曲线

⑨ 此时，通过刻度工具可以得到等效体积的具体值。具体操作是单击"Outils"，后选择"Réticule données"选项（图3-50）。

⑦ On clique sur Ajouter une courbe (Figure 3–48).

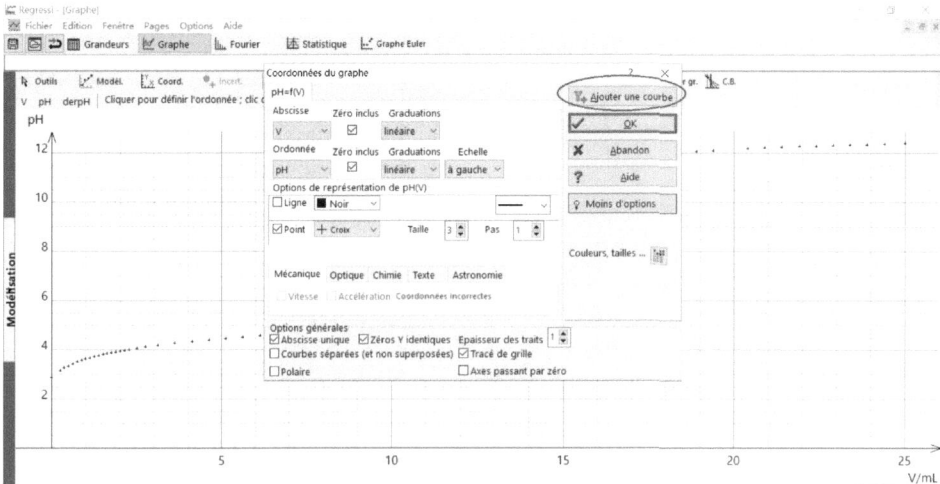

Figure 3–48　Étape 7 – ajouter une courbe

⑧ On choisit l'ordonnée derpH (c'est la dérivée du pH en fonction du volume). Puis on clique sur OK (Figure 20). La dérivée apparaît sur le graphique (Figure 3–49).

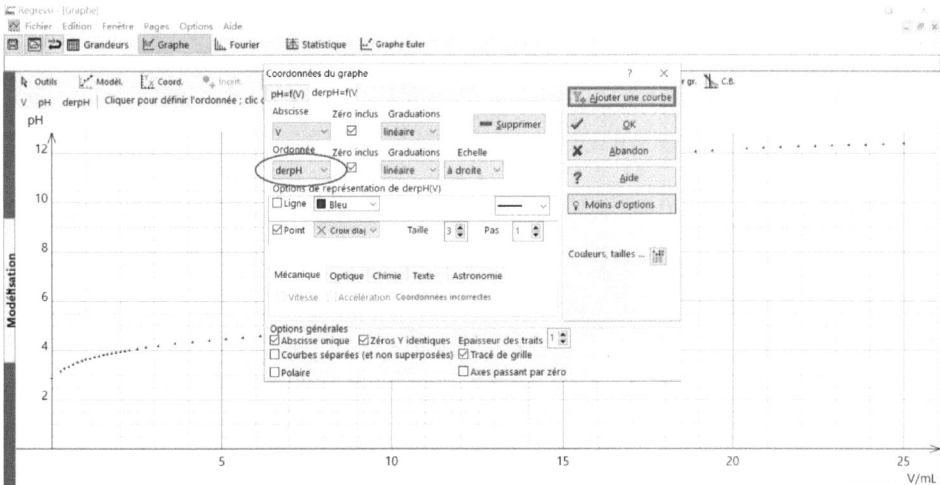

Figure 3–49　Étape 8 – sélection de la courbe à ajouter

⑨ Pour déterminer le volume équivalent, on peut maintenant utiliser l'outil réticule, en cliquant sur Outils, puis sur Réticule données (Figure 3–50).

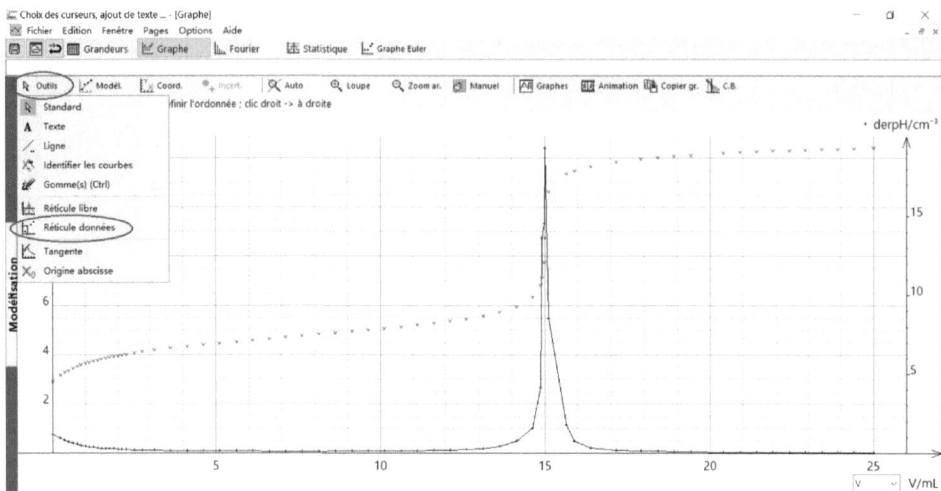

图3-50   刻度工具的使用

⑩ 在弹出的窗口中，选择要分析的曲线（图3-51）。

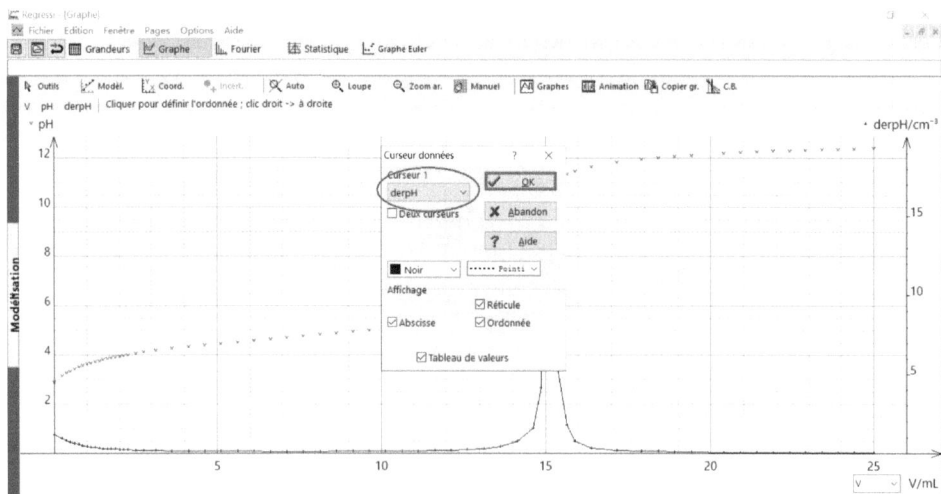

图3-51   选择要分析的曲线

⑪ 这时，可以通过按住鼠标左键移动十字准线。将十字准线移至曲线的顶端得到等效体积值（图3-52）。

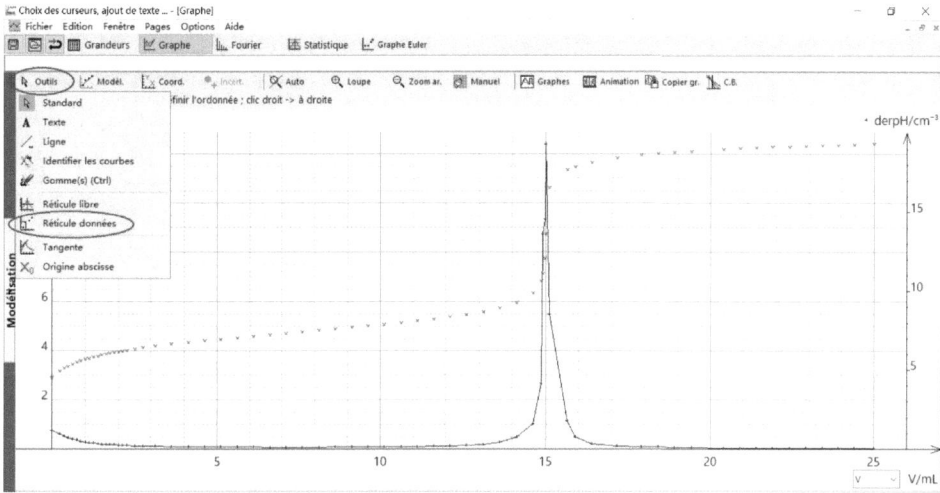

Figure 3–50　Étape 9 – utiliser l'outil réticule

⑩ Une fenêtre apparaît où l'on choisit la courbe à analyser (Figure 3–51).

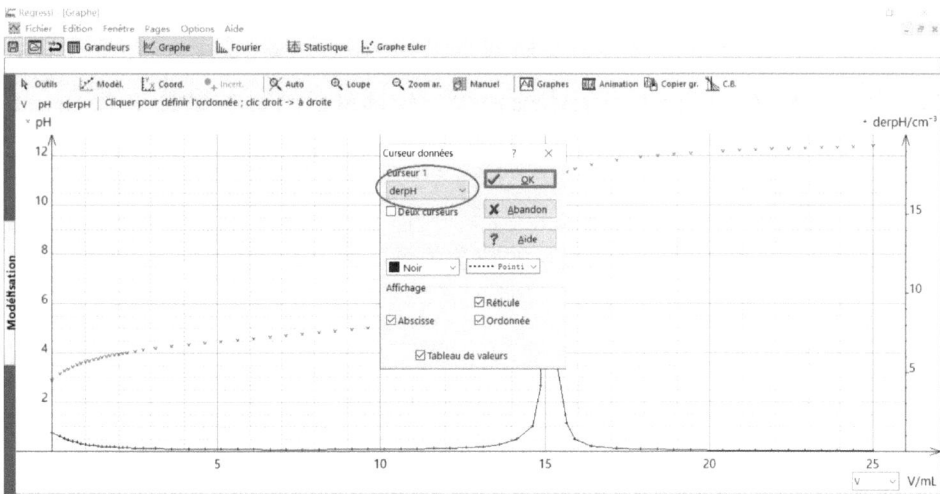

Figure 3–51　Étape 10 – choix de la courbe à analyser

⑪ En maintenant le clic gauche de la souris enfoncé, on peut déplacer le réticule sur la courbe. En se plaçant au sommet du pic, on mesure le volume équivalent (Figure 3–52).

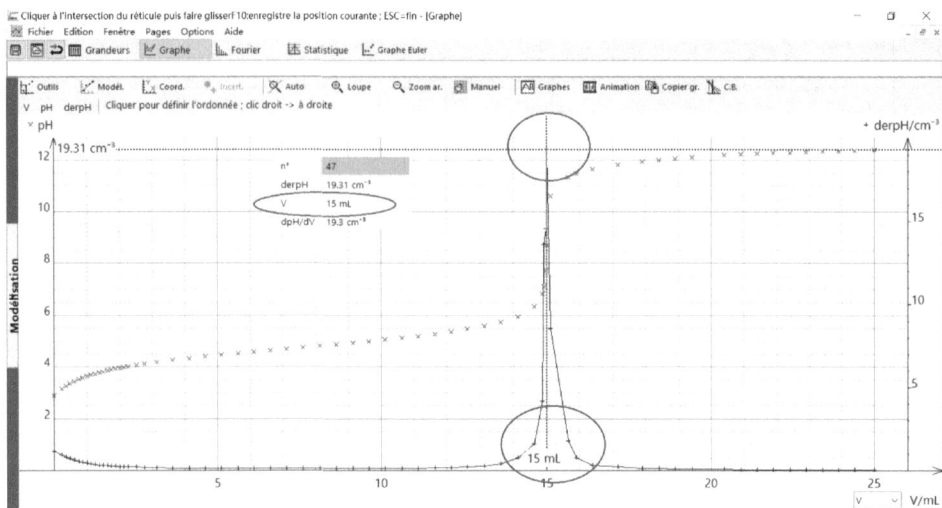

图3-52　用刻度工具得到等效体积

3.5.3　GUM MC软件评定不确定度

Gum MC 软件可以通过对实验测量值（或实验参数）相关的不确定度进行统计，计算出目标物理量的不确定度。软件可以从以下网址下载：http://jeanmarie.biansan.free.fr/gum_mc.html。

（1）数学关系。

输入允许从输入量计算输出量的数学关系。例如 $C = C_0 \dfrac{V_{éq}}{V_0}$。

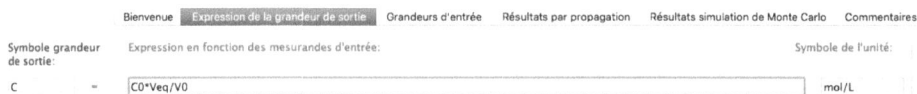

（2）输入量（已知量）的值。

将输入量的值输入到"Estimateur"一栏中（注意各物理量的单位）：即实验测量值或参考值或由教师提供的相关数据。

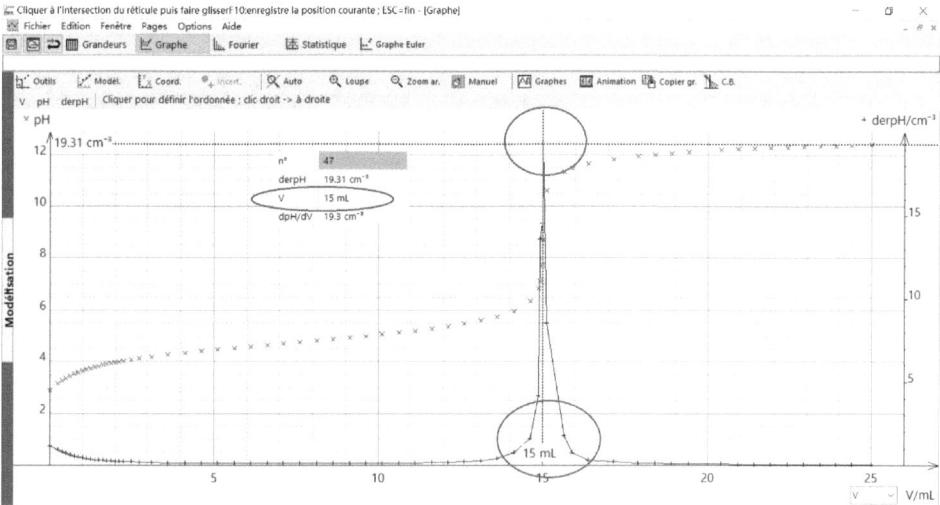

Figure 3–52　Étape 11 – mesure du volume équivalent grâce au réticule.

3.5.3　Évaluer l'incertitude avec GUM MC

Le logiciel Gum MC permet d'évaluer la propagation statistique de l'incertitude associée aux grandeurs mesurées pendant l'expérience (ou aux paramètres expérimentaux) sur l'incertitude associée à une grandeur obtenue par le calcul. Il est téléchargeable à l'adresse suivante: http://jeanmarie.biansan.free.fr/gum_mc.html.

(1) Relation mathématique.

Saisir la relation mathématique qui permet de calculer la grandeur de sortie à partir des grandeurs d'entrée. Par exemple $C = C_0 \dfrac{V_{\text{éq}}}{V_0}$

(2) Valeur des grandeurs d'entrée.

Saisir dans l'estimateur la valeur des grandeurs d'entrée: mesures expérimentales, lues dans une table de données ou fournies par le professeur. Il faut faire attention aux unités.

点击每个输入值对应的"Ajouter source erreur"栏中的⊞按钮,定义每个输入值的不确定度。

（3）A类不确定度的评定。

如果输入量来自一系列重复且独立的测量,则为A类不确定度。此时的平均值和实验标准偏差可以直接通过 GUM MC 计算。

注:确认关闭此窗口后,"Estimateur"一值会自动被平均值替换。

（4）B类不确定度的评定。

如果输入量来自单次测量结果或数据表,则为B类不确定度。这种情况下使用允差 a（$a=$ 半范围）或直接使用已知的标准不确定度进行评估。注意单位与之前的"Estimateur"值保持一致。

Mesurande	Estimateur	Ajouter source erreur	Supprimer source erreur	Symbole erreur	Type estimation	Incertitude-type	Type de distrib
CO	0.1	+					
VO	25	+					
VEQ	22.4	+					

On indique l'incertitude sur la grandeur d'entrée en cliquant sur le bouton $\boxed{+}$ "Ajouter source erreur"

(3) Évaluation de l'incertitude de type A.

Si la grandeur d'entrée vient d'une série de mesures répétées et indépendantes, on évalue l'incertitude de type A. La moyenne et l'écart-type expérimental peuvent être directement calculés par GUM MC.

Remarque: l'estimateur de la grandeur d'entrée est alors remplacé par la valeur moyenne.

(4) Évaluation de l'incertitude de type B.

Si la grandeur d'entrée vient d'une mesure unique ou d'une table de données, on évalue l'incertitude de type B avec la tolérance a (= demi-étendue) ou directement l'incertitude type si elle est connue. Il faut faire attention aux unités.

○ Evaluation de type A

Je possède N mesures répétées indépendantes de cette grandeur. L'évaluation de l'incertitude-type sera faite par l'analyse statistique de cette série d'observations.

✓ OK

⦿ Evaluation de type B

Je possède une seule mesure de cette grandeur. L'évaluation de l'incertitude-type sera faite par des moyens autres que l'analyse statistique de série d'observations:
- spécifications constructeur
- certificats de calibration
- connaissances par l'expérience du comportement du matériel
- incertitudes sur les données extraites de bases de référence

✗ Annuler

Loi de densité de probabilité ("PDF"): Type d'évaluation de l'incertitude-type:

Rectangulaire ▾ ○ Type A ⦿ Type B

Paramètres de la loi:

Nom
VEQ_zero

Et au choix:
○ Incertitude-type
0.0173206080756808
⦿ Demi-étendue a:
0.03

Distribution uniforme ou rectangulaire

L'incertitude-type vaut

Exemples d'utilisation:
- résolution d'un affichage numérique
- grandeur bornée par deux extrêmes connus
- incertitude constructeur sans autre précision
(on prend alors demi-étendue=valeur fournie)

✓ Valider et générer l'échantillon

Loi de densité de probabilité ("PDF"): Type d'évaluation de l'incertitude-type:

Rectangulaire ▾ ○ Type A ⦿ Type B

Paramètres de la loi:

Nom
VEQ_goutte

Et au choix:
⦿ Incertitude-type
0.05
○ Demi-étendue a:
0.0866025403794

Distribution uniforme ou rectangulaire

L'incertitude-type vaut

Exemples d'utilisation:
- résolution d'un affichage numérique
- grandeur bornée par deux extrêmes connus
- incertitude constructeur sans autre précision
(on prend alors demi-étendue=valeur fournie)

✓ Valider et générer l'échantillon

Bienvenue　Expression de la grandeur de sortie　Grandeurs d'entrée　Résultats par propagation　Résultats simulation de Monte Carlo　Commentaire

Mesurande	Estimateur	Ajouter source erreur	Supprimer source erreur	Symbole erreur	Type estimation	Incertitude-type	Type de distribution
C0	0.0998461538461538	+					
			-	C0_S1	A	0.00227259637421142	Student
V0	25	+					
			-	V0_S1	B	0.0173205080756888	Rectangulaire
VEQ	22.4	+					
			-	VEQ_zero	B	0.0173205080756888	Rectangulaire
			-	VEQ_lecture	B	0.0173205080756888	Rectangulaire
			-	VEQ_goutte	B	0.05	Rectangulaire

（5）不确定度的传播和扩展不确定度。

在下一步中，软件会给出不同置信区间下的标准不确定度$u(C)$和扩展不确定度$U(C)$。默认情况下，我们选择扩展不确定性$U(C)$为95%置信水平时对应的结果：

Bienvenue　Expression de la grandeur de sortie　Grandeurs d'entrée　Résultats par propagation　Résultats simulation de Monte Carlo　Commentaire

Estimations　Intervalles de confiance: version 1　Intervalles de confiance: version 2　Comparaison à une valeur de référence

Intervalles de confiance, calcul approché en approximant la distribution de sortie par une distribution normale:

Taux de confiance	Facteur d'élargissement k	Incertitude élargie U	Intervalle [y-U ; y+U]	Ecriture finale (1 chiffre sur incertitude)	Ecriture finale (2 chiffres sur incertitude)
75%	1.15	0.00236 unité	[0.08710 ; 0.09182]	(0.089±0.003)unité	(0.0895±0.0024)unité
95%	1.96	0.00402 unité	[0.08545 ; 0.09348]	(0.089±0.004)unité	(0.0895±0.0041)unité
99%	2.58	0.00528 unité	[0.08418 ; 0.09474]	(0.089±0.006)unité	(0.0895±0.0053)unité

(5) Propagation d'incertitude et incertitude élargie.

Dans l'étape suivante, le logiciel estime l'incertitude type u(C) et l'incertitude élargie U(C) pour différents intervalles de confiance. On retient généralement l'incertitude élargie U(C) pour un intervalle de confiance de 95% :

我们用以下形式来表示最终结果：

$$C = 0.089 \ \pm \ 0.004 \ \text{mol} \cdot \text{L}^{-1}$$

（6）结果的确认。

如果测量量有参考值，可以使用该软件对实验结果进行验证。实际上，测量结果可以根据参考值 G_{ref} 是否落在95%置信区间 $[G_{\text{exp}} - U(G); \ G_{\text{exp}} + U(G)]$，即 $\dfrac{|G_{\text{exp}} - G_{\text{ref}}|}{u(G)} \leqslant 2$ 进行判定。根据参考值的具体量，判定测量结果是否可以接受。

参考值（$\text{mol} \cdot \text{L}^{-1}$）	0.089 4	0.093 56	0.100 0
$\dfrac{\lvert C_{\text{exp}} - C_{\text{ref}} \rvert}{u(C)}$	0.030	2.0	5.1
确认	☑	☑（极限）	☒

On exprime le résultat expérimental sous la forme:

$$C = 0.089 \pm 0.004 \text{ mol} \cdot \text{L}^{-1}$$

(6) Validation du résultat.

Si on possède une valeur de référence, on peut valider le résultat de l'expérience à l'aide du logiciel. En effet, le résultat est considéré comme acceptable si la grandeur de référence $G_{\text{réf}}$ appartient à l'intervalle de confiance à 95% $[G_{\text{exp}} - U(G); G_{\text{exp}} + U(G)]$ soit $\dfrac{|G_{\text{exp}} - G_{\text{ref}}|}{u(G)} \leqslant 2$. Selon la valeur de référence, le résultat est acceptable ou non.

Valeur de référence(mol · L^{-1})	0,089 4	0,093 56	0,100 0
$\dfrac{|C_{\text{exp}} - C_{\text{ref}}|}{u(C)}$	0,030	2,0	5,1
Validation	☑	☑ (limite)	☒

3.6　实验能力评估标准细则表

在本书的第一部分中，关于实验能力评估的所有项目都已一一列出，这里列举出我们在实践中应用的部分实验能力评估细则，供各位老师根据学生的具体情况制定更加符合实际的评估细则作参考。

3.6 Critères d'évaluation pour les capacités expérimentales

Dans la première partie du livre, nous avons listé les compétences expérimentales évaluées dans notre pratique pédagogique, voici quelques exemples de critères que nous appliquons dans la pratique pour évaluer les compétences expérimentales des étudiants. Il ne s'agit que de quelques exemples, il appartient à chacun de définir des critères d'évaluation, en fonction de la situation.

表3-10 实验能力评估标准细则表

评估内容	优秀(100%)	良好(80%)	合格(60%)	不足(40%)
遵守实验室关于一次性防护手套的使用规范	防护手套的使用符合安全防护规则。	在没有防护手套时佩戴了一次性防护手套。	带着具有安全隐患的防护手套碰触公共设施、设备、脸颊等。	在有必要带一次性防护手套时，忘记佩戴了防护手套。
测量电导率	使用前将电极和温度探头固定在电极架上；测量前清洗并拭干电极和温度探头，或用目标溶液测量电极和温度探头；电极片完全浸入待测液。		电极和温度探头未固定；测量前后没有清洗、拭干电极或没有润洗电极（包括温度探头）。	读数时电极片没有完全没入待测液导致读数错误。
使用数据处理软件(科学电子表格)	能给出实验物理量及其标准不确定度；使用合适的公式或者函数计算输出量；需要对已有的公式或函数进行适用性分析和调整；所作曲线经过了必要处理，在显示器上能够清晰展示；基于合适的模型建模，建模或计算结果进行了评估并进行了完整记录（估计值+拓展不确定度+单位）。	表格结构混乱；缺少表头信息；图表信息不全。	不确定度信息未出现在实验数据中或建模结果中。	未掌握软件使用方法。

Tableau 3-10　Critères d'évaluation pour les capacités expérimentales

Item	Excellent (100%)	Bien (80%)	Satisfaisant (60%)	Insuffisant (40%)
Respecter les consignes de sécurité (gants)	Le port des gants est adapté aux précautions d'usage attendues.	Les gants sont portés dans des conditions qui ne nécessitent pas le port des gants.	Port des gants dangereux: les gants ne sont pas enlevés avant de toucher du matériel commun ou le visage.	Les gants ne sont pas portés dans des conditions qui nécessitent le port des gants.
Mesurer une conductance-conductivité	Fixer la cellule conductimétrique et la sonde de température sur un support avant utilisation; laver et sécher la cellule et la sonde avant la mesure ou rincer la cellule et la sonde de température avec la solution analysée; la cellule est bien immergée pendant la mesure.		La cellule et la sonde de température ne sont pas fixées pendant la mesure; pas de lavage ou de rinçage de la cellule ou la sonde avant et après la mesure.	La lecture est fausse parce que la cellule n'est pas complètement immergée.
Utiliser un logiciel de traitement numérique des données expérimentales (tableur scientifique)	Les grandeurs expérimentales et leur incertitude type sont saisies, les grandeurs de sorties sont calculées avec une formule ou une fonction adaptée; l'affichage du graphe est bien configuré et ajusté à la fenêtre; la modélisation est basée sur un modèle adapté; le résultat de la modélisation est évalué et relevé complètement (estimateur + incertitude élargie+unité).	La structure des tableaux est confuse; absence d'informations d'entête; les informations du graphique sont incomplètes.	Les incertitudes ne sont pas prises en compte.	Le logiciel n'est pas maitrisé.

（续表）

表 3-10　实验能力评估标准细则表

评估内容	优秀（100%）	良好（80%）	合格（60%）	不足（40%）
实施滴定操作	滴定管用滴定液进行了润洗；在滴定管出口处无气泡；液面的最下方在零刻度线位置；测量是以液面最下方作为标准的；滴定终点所用滴定液体积前有预估；滴定终点所用滴定液体积正确。	滴定终点所用滴定体积合理但有不超过两次不规范操作。	滴定终点所用滴定液体积合理但有三次不规范操作。	滴定终点所用滴定液体积不合理。
实施利用颜色指示剂确定滴定终点的滴定	能够预判滴定终点最终颜色保持30秒以上；搅拌充分，容器壁上没有无法参加反应的液滴；滴定终点精确到滴，对滴定管进行读数的有效位数正确。	滴定终点所用滴定液体积合理，但出现一项不规范操作。	滴定终点所用滴定液体积合理，但出现两项不规范操作。	滴定终点所用滴定液体积不合理。
实施 pH 滴定	pH探头浸没良好，无损坏风险（与烧杯边缘和磁子的距离合适；溶液处于搅拌状态；pH曲线跃迁附近的测量数量增加（例：在跃迁之外每0.5 mL测量一次pH，在跃迁时每0.1 mL测量一次pH）。		未在跃迁附近增加测量数量。	实施对pH探头存在危险的操作，获得的曲线无法得到令人信服的滴定终点体积。

Tableau 3–10　Critères d'évaluation pour les capacités expérimentales　(suite)

Item	Excellent (100%)	Bien (80%)	Satisfaisant (60%)	Insuffisant (40%)
Réaliser un titrage	La burette est rincée avec la solution titrante; absence de bulle en sortie de burette; le zéro est correctement ajusté en faisant descendre le ménisque; la mesure est réalisée par rapport au bas du ménisque; le volume équivalent est estimé par calcul ou essai rapide; le volume équivalent obtenu est cohérent.	Le volume équivalent est cohérent; mais avec au plus deux infractions.	Le volume équivalent est cohérent mais avec plus de trois infractions.	Le volume équivalent est incohérent.
Réaliser un titrage colorimétrique	Le changement de couleur et le volume équivalent sont connus; la couleur finale est stable pendant plus de 30 secondes; l'agitation est bien contrôlée, sans gouttelettes sur les parois du récipient qui ne peuvent pas participer à la réaction; titrage à la goutte près; le nombre de chiffres significatifs pour le volume équivalente est correct.	Le volume équivalent est cohérent; mais avec 1 infraction.	Le volume équivalent est cohérent; mais avec deux infractions.	Le volume équivalent est incohérent.
Réaliser le suivi pH-métrique d'un titrage	La sonde pH est bien immergée, à distance suffisante des bords et du barreau aimanté; la solution est agitée; le nombre de points d'acquisition est augmenté au niveau du saut de pH (ex: 1 point/0,5 mL hors du saut − 1 point/0,1 mL pendant le saut).		Pas d'augmentation du nombre de points d'acquisition pendant le saut.	Manipulation dangereuse pour l'électrode; la courbe obtenue ne permet pas une lecture convaincante du volume équivalent.

（续表）

表3-10　实验能力评估标准细则表

评估内容	优秀（100%）	良好（80%）	合格（60%）	不足（40%）
通过稀释制备一种溶液	所有的玻璃仪器均经过了检查；用定容或刻度移液管量取母液的容器需要润洗；移液管中的母液全部转移至容量瓶中；容量瓶定容后充分振荡，溶液稀释容均匀。	玻璃仪器选择正确，但出现一处不规范操作。	玻璃仪器选择正确，但出现不超过三处不规范操作。	玻璃仪器选择错误，或出现超过三处不规范操作。
加热回流装置的搭建	仪器组装正确；使用了干净的玻璃仪器；铁夹选择正确，安装在了合适的位置并夹紧装置可以安全正确撤出；冷凝回流合适水流速度并以合适水流速度工作。	加入过多的夹子或夹子固定的过干紧；装置安装不垂直；冷凝回流速度过大。	铁夹型号选择不当或位置安装不对。	无法将加热装置安全撤出；整个装置不密封；存在安全隐患。
实施薄层层析分析	薄层层析结果容易分析；利用毛细管进行点样；点样线足够高；利用干净的手套或镊子对层析板进行操作；在展开过程中未移动展开槽；将层析板取出后及时标出层析液最高处。	薄层层析结果可以分析，但有一项不规范操作。	薄层层析结果可以分析，但有多项不规范操作。	薄层层析结果无法分析。

Tableau 3–10　Critères d'évaluation pour les capacités expérimentales (suite)

Item	Excellent (100%)	Bien (80%)	Satisfaisant (60%)	Insuffisant (40%)
Préparer une solution par dilution	La verrerie est conditionnée, la solution mère est prélevée avec une verrerie adaptée (pipette jaugée, voire graduée), la pipette pour prélever la solution mère est rincée avec la solution mère; la solution est transférée quantitativement; le trait de jauge est ajusté, la solution est homogénéisée.	Le choix de la verrerie est correct avec 1 infraction.	Le choix de la verrerie est correct avec 3 infractions.	Le choix de la verrerie est incorrect ou avec plus de 3 infractions.
Réaliser un montage à reflux	L'assemblage est correct; la verrerie est propre; les pinces sont adaptées, bien placées et bien ajustées; le chauffe ballon peut être retiré; l'entrée et la sortie d'eau sont correctes et le débit d'eau est normal.	Pince inutile ou trop serrée; le montage n'est pas droit; le débit de l'eau est trop fort.	Pince inadaptée ou mal positionnée.	Impossible d'enlever le chauffe ballon; le montage n'est pas étanche; problème de sécurité.
Réaliser une CCM	La CCM peut être facilement interprétée; le dépôt est fait avec un capillaire, assez loin des bords de la plaque, avec un co-dépôt; le dépôt est vérifié avant élution si possible; la plaque est manipulée avec une pince ou avec des gants propres; pendant l'élution, la cuve n'est pas déplacée; le front d'élution est marqué dès la sortie de la cuve.	La CCM peut être interprétée, mais une infraction est observée.	La CCM peut être interprétée, mais plusieurs infractions sont observées.	La CCM ne peut pas être interprétée.

（续表）

表3-10　实验能力评估标准细则表

评估内容	优秀(100%)	良好(80%)	合格(60%)	不足(40%)
表示测量结果	能够用数值和不确定度正确地表示测量结果。	没有标明置信水平。	混淆标准不确定度和扩展不确定度的概念。在书写表示结果过程中，没有保持不确定度和测量值的一致性。	测量结果表示中没有给出不确定度或给出的不确定度不合理。
利用公式或软件计算复合不确定度	输出量根据输入量和参数正确表示；正确定义输入量的估计值和不确定度(类型/半范围)；能够正确表示出给定置信区间的扩展不确定度。		错误识别标准不确定度(允差)，从而输入量错误；在输出时，错误识别标准(68%)不确定度和半扩展不确定度和扩展不确定度标准(95%)。	未掌握软件使用方法。
比较一个参考值和测量值(折光率)	折光率和扩增不确定度是由软件计算得到的；通过与参考值的对比得出相应结果；学生可以得出被分析产品纯度的信息。	同上，但是没有得出与产品纯度相关的结论。	折光率没有和对应的不确定度一起给出，与参考值对比时对比的是它们的相对差值。	没有对折光率进行校正，也没有和参考值进行比较。

Tableau 3-10　Critères d'évaluation pour les capacités expérimentales　(suite)

Item	Excellent (100%)	Bien (80%)	Satisfaisant (60%)	Insuffisant (40%)
Exprimer le résultat d'une mesure	Le résultat est exprimé par une valeur et une incertitude associée à un niveau de confiance.	Le niveau de confiance n'est pas précisé.	Confusion entre incertitude type et incertitude élargie. Mauvais accord entre l'écriture de la grandeur et de l'incertitude élargie.	L'incertitude n'est pas précisée ou incohérente.
Calculer une incertitude composée à l'aide d'une formule ou d'un logiciel	La grandeur de sortie est correctement exprimée en fonction des grandeurs d'entrée et des paramètres; l'estimateur et l'incertitude (type/demi-étendue) des grandeurs d'entrée sont bien saisies; l'incertitude élargie pour l'intervalle de confiance indiqué est bien repérée.		Confusion entre incertitude-type et demi-étendue (= tolérance) pour les grandeurs d'entrée; confusion entre incertitude type (68%) et élargie (95%) pour la grandeur de sortie.	Le logiciel n'est pas maitrisé.
Commenter un résultat en le comparant à une valeur de référence (indice de réfraction)	L'indice corrigé et son incertitude élargie sont calculés à l'aide d'un logiciel, le résultat est validé par comparaison avec la valeur de référence, l'étudiant conclut sur le niveau de pureté de l'échantillon analysé.	Idem mais pas de conclusion sur le niveau de pureté.	L'indice corrigé est calculé sans incertitude associée, comparaison avec la valeur de référence par écart relatif.	Pas de calcul de l'indice corrigé, pas de comparaison avec la valeur de référence.

（续表）

表3-10 实验能力评估标准细则表

评估内容	优秀(100%)	良好(80%)	合格(60%)	不足(40%)
"精确地"称量"约"一定质量的固体	称量前后天平都保持清洁（称量盘干净、干燥），进行去皮操作；正确去皮操作；记录固体的质量和不确定度；遵循"精确地"称量"约"一定质量的原则。	出现一项不规范操作。	出现小于三项不规范操作，例如用不干净的天平直接进行称量操作；任称量后对天平没有进行打扫；没有记录不确定度。	没有遵循"精确地"称量"约"一定质量的原则；例如用天平称量准确的2.500 g固体；在天平上有固体撒落。
测量折光率	正确地调试仪器；读取了实时温度，并根据温度测量结果进行了校对；使用后对仪器进行了清洗并保持打开位置。		仪器调节正确；但折光率读数不精确（未读小数点后第四位小数）。	仪器调节有误；没有读取实时温度；使用后没有及时清理仪器。
液液萃取	在向分液漏斗加入溶液时，分液漏斗在支撑架上且下方放置有锥形瓶；萃取溶剂分批加入并用量筒量取；振荡时间足够长和剧烈；及时的进行排气；分液时将塞子取下；在通风橱内进行萃取操作。	再分液时忘记取下塞子。	轻微的振荡；分液漏斗下方放置有锥形瓶；加入未量体积的萃取剂。	萃取溶剂没有分批加入；没有排气操作；在分液漏斗内盛有溶液时将分液漏斗拿上通风橱；将合并的有机相转移至脏的或湿的锥形瓶中。

Tableau 3-10　Critères d'évaluation pour les capacités expérimentales

(suite)

Item	Excellent (100%)	Bien (80%)	Satisfaisant (60%)	Insuffisant (40%)
Peser un solide "exactement environ"	La balance est propre en arrivant et en partant; faire la tare, ajouter le solide, mesurer et noter la masse de solide et son incertitude, bien respecter la consigne "exactement environ".	1 infraction.	< 3 infractions (par exemple la balance est sale à l'arrivée et pas de nettoyage avant/après les mesures + ne note pas m0 /incertitude).	Ne respecte pas la consigne "exactement environ": par exemple essaie de mesurer exactement 2,500 g; présence de solide sur le plateau de la balance.
Mesurer un indice de réfraction	Bon réglage de l'appareil, relève l'indice et la température (pour le calcul l'indice corrigé); nettoyage et laisse en position ouverte après la mesure.		Bon réglage de l'appareil, mais lecture imprécise de l'indice de réfraction (absence du 4ème chiffre).	Mauvais réglage; ne relève pas la température; pas de nettoyage de l'appareil après utilisation.
Réaliser une extraction liquide-liquide	L'ampoule est sur le support au-dessus d'un erlenmeyer au moment du remplissage; le volume du solvant extracteur est fractionné et mesuré avec une éprouvette graduée; agitation longue et vigoureuse et dégazage régulier, décantation en enlevant le bouchon; travail sous la sorbonne.	Oubli du bouchon après extraction.	L'agitation est trop faible, pas d'erlenmeyer, pas de mesure du volume du solvant extracteur avec l'éprouvette graduée.	Le solvant d'extraction n'est pas fractionné; pas de dégazage; sortie de la sorbonne pendant l'extraction; l'ampoule est en main au moment du remplissage; l'étudiant verse la phase organique dans un erlenmeyer sale ou mouillé.

（续表）

表3-10　实验能力评估标准细则表

评估内容	优秀（100%）	良好（80%）	合格（60%）	不足（40%）
常压分馏蒸馏装置	反应装置安装正确；使用了干燥的玻璃仪器；铁夹和接口夹选择正确并安装在合适的位置；冷凝回流水以合适流速度工作；温度计不是过高地安装在蒸馏头位置。	装置安装稳定但是铁夹选择不当或安装位置不对；装置安装不垂直。	安装顺序不对（提前将蒸馏头蒸馏管冷凝管等安装在一起）；乱用接口夹。	无法将加热套安全撤出；使用了未干燥的玻璃仪器进行搭建；不密封；存在安全隐患。

Tableau 3-10　Critères d'évaluation pour les capacités expérimentales (suite)

Item	Excellent (100%)	Bien (80%)	Satisfaisant (60%)	Insuffisant (40%)
Réaliser un montage distillation fractionnée à P°	L'assemblage est réalisé dans l'ordre (pas de pré-assemblage); la verrerie est sèche; les pinces et clips sont adaptés et bien placés; le chauffe ballon peut être retiré ou sa hauteur ajustée; l'eau du robinet est ouverte avec le débit pas trop fort; le thermomètre n'est pas trop haut dans la tête de colonne.	Le montage est stable mais avec une pince inadaptée ou mal positionnée; le montage n'est pas vertical.	L'ordre d'assemblage n'est pas respecté (pré-assemblage du bloc colonne+tête+refrigérant+ allonge); Mauvaise gestion des clips.	Impossible d'enlever le chauffe ballon, montage non sec, non étanche; problème de sécurité.